Uni-Taschenbücher 429

UTB

Eine Arbeitsgemeinschaft der Verlage

Birkhäuser Verlag Basel und Stuttgart
Wilhelm Fink Verlag München
Gustav Fischer Verlag Stuttgart
Francke Verlag München
Paul Haupt Verlag Bern und Stuttgart
Dr. Alfred Hüthig Verlag Heidelberg
J. C. B. Mohr (Paul Siebeck) Tübingen
Quelle & Meyer Heidelberg
Ernst Reinhardt Verlag München und Basel
F. K. Schattauer Verlag Stuttgart-New York
Ferdinand Schöningh Verlag Paderborn
Dr. Dietrich Steinkopff Verlag Darmstadt
Eugen Ulmer Verlag Stuttgart
Vandenhoeck & Ruprecht in Göttingen und Zürich
Verlag Dokumentation München-Pullach

Lars Olof Björn

Photobiologie
Licht und Organismen

Aus dem Schwedischen übersetzt von
Greta Schöllhorn und Peter Heidemann

90 Abbildungen und 8 Tabellen
sowie 16 Bildtafeln

Gustav Fischer Verlag · Stuttgart · 1975

Originaltitel: Ljus och liv
Veröffentlicht bei:
Bokförlaget Aldus/Bonniers, Stockholm
© 1973 L. O. Björn

Anschrift des Verfassers:

Professor Dr. Lars Olof Björn
Växtfysiologiska institutionen, Fack
22007 Lund, Schweden

CIP-Kurztitelaufnahme der Deutschen Bibliothek

Björn, Lars Olof
Photobiologie: Licht u. Organismen
(Uni-Taschenbücher; Nr. 429)
Einheitssacht.: Ljus och liv ‹dt.›
ISBN 3-437-20141-7

ISBN 3-437-20141-7

© Gustav Fischer Verlag · Stuttgart · 1975
Alle Rechte vorbehalten
Satz: Friedrich Pustet, Graphischer Großbetrieb, Regensburg
Druck: Sulzberg-Druck, Sulzberg im Allgäu
Einband: Großbuchbinderei Sigloch, Stuttgart
Printed in Germany

Aus dem Sonnensang König Echnaton's

Wie herrlich ist dein Aufgang am Rande des Himmels, o lebender Aton, Ursprung des Lebens!
Wenn du am östlichen Himmel aufsteigst, füllst du das ganze Land mit deiner Schönheit.
Du bist schön und groß und glänzest hoch über allem Land.
Deine Strahlen umarmen die Länder, so weit deine Schöpfung reicht.
Du bist Ra, du nimmst die Menschen alle gefangen mit deiner Liebe und bezwingst sie für deinen geliebten Sohn.
Obschon du fern bist, fallen deine Strahlen auf die Erde, und die Gesichter sind dein Spiegelbild.

Hell wird die Erde, wenn du am Himmelsrande aufgehst und als Aton am Tage scheinst.
Du vertreibst die Dunkelheit, sobald du deine Strahlen verschenkst.
Dann glänzt Ägypten im Festkleid.
Die Menschen erwachen und stehen auf; denn du hast sie aufgerichtet.
Sie waschen ihre Glieder und greifen nach den Kleidern.
Im Anblick deines Aufganges erheben sie die Arme zur Anbetung.
Und das ganze Land geht an die Arbeit.

Alles Vieh grast zufrieden von seinen Kräutern; Bäume und Gräser ergrünen neu.
Die Vögel flattern aus ihren Nestern und heben die Schwingen zu deiner Verehrung.
Das Wild springt munter umher.
Die Vögel und alles, was Flügel hat, freut sich, wenn du über ihnen aufgegangen bist.

Die Schiffe fahren stromab und stromauf, und alle Wege sind offen, weil du ihnen leuchtest.
Die Fische im Strom springen vor dir.
Deine Strahlen sind mitten im Meer.

Du läßt die Frucht sich entwickeln in den Frauen; du bist es, der den Samen in den Männern schafft,
Du schenkst Leben dem Knaben in seiner Mutter Schoß;
Du bist es, der ihn beruhigt, damit er nicht weint.

Du schaffst die Jahreszeiten, damit sich alles, was du geschaffen hast, entwickle.
Die Überschwemmungszeit, um die Erde zu kühlen,
Den Sommer, damit du sie erwärmst.
Du hast den Himmel, den fernen, geschaffen, damit du an ihm aufgehen, damit du alles schauen kannst, was du geschaffen hast.
Als du allein warst, aufsteigend in deiner Gestalt als lebender Aton, aufgehend, strahlend, dich entfernend und wiederkommend.
Du hast Millionen Gestalten geschaffen aus dir: in Städten, Dörfern, auf den Äckern, auf der Landstraße und am Strom.
Alle Augen sehen dich über sich, wenn du als Aton des Tages über der Erde stehst.
Du hast ihre Augen geschaffen, damit auch sie sehen können, was du geschaffen hast.

Du bist in meinem Herzen. Niemand kennt dich außer deinem Sohn Echnaton.
Du hast ihn in deine Pläne eingeweiht und in deine Stärke.
Die Erde ist durch deine Hand erstanden, wie du es gewollt hast.
Die Menschen leben, wenn du aufgehst; wenn du untergehst sterben sie, denn du bist die Lebenszeit selber und man lebt durch dich.
Alle Augen sind auf deine Schönheit gerichtet, bis du untergehst.

(Dieser Text wurde dem Werk «Die Sonne», erschienen 1962 im Hanns Reich Verlag, München, entnommen.)

Vorwort

Sonnenanbetung ist in vielen Teilen der Welt üblich gewesen, besonders bei kulturell hochstehenden Völkern (Japanern, Inkas, Ägyptern; vergleiche Seite V und Tafel 1). Wir finden deutliche Spuren von Sonnenanbetung auch in der Bibel.
Das Licht ist also seit ältesten Zeiten als etwas Heiliges angesehen worden, als etwas für das Dasein des Menschen ganz und gar Unentbehrliches – und dies mit Recht. Die Wissenschaft unserer Zeit hat gezeigt, daß nicht nur wir Menschen, sondern alle Lebewesen auf der Erde in ihrer Existenz vom Licht vollkommen abhängig sind.
Die Energie für die Lebensprozesse stammt schließlich von der Sonnenstrahlung, die grüne Pflanzen aufgenommen und in chemischer Form gebunden haben. Aber die Sonnenstrahlen versorgen das Leben auf der Erde nicht nur mit Energie. Sie spielen auch eine entscheidende Rolle für die Orientierung der Organismen in Zeit und Raum. Im Tierreich ist – unabhängig voneinander – ein hochentwickelter Sehsinn innerhalb verschiedener Stämme entstanden, und die Pflanzen führen lichtbedingte Richtungsbewegungen in ihrem Suchen nach dem Sonnenschein, d. h. einem Teil ihrer Nahrung – aus. Die Länge der täglichen Lichtperioden entscheidet, wann im Jahr die Vögel ziehen und Blumen Knospen ansetzen. Die Lichtverhältnisse entscheiden, ob sich der Stamm der Kartoffelpflanze zu einem grünen Stengel oder zu einer braunen Knolle entwickelt und ob die Blattläuse Flügel bekommen oder nicht. Die Biene findet den Weg zur Blume und wieder zurück zum Stock, indem sie die Polarisationsebene des Sonnenlichts bestimmt.
Das Licht spendet aber nicht nur die Energie, die die Lebensprozesse in Gang hält und auf vielfältige Art regelnd auf sie einwirkt. Man ist auch der Meinung, daß das kurzwellige (ultraviolette) Licht bei Entstehung und Entwicklung des Lebens eine Rolle gespielt hat.
Diese wenigen Beispiele sollen zeigen, was man unter dem Wissenschaftszweig «Photobiologie» versteht.
Es ist die Aufgabe dieses kleinen Buches, auf populär-wissenschaftliche Weise etwas davon zu berichten, was man auf diesem Gebiet bereits erforscht hat, aber auch den Leser mit einigen Fragestellungen zu konfrontieren, deren Antworten noch im Dunkeln liegen.
Mein Dank gilt all denen, die mir bei diesem Buch geholfen haben, und besonders:
Prof. H. Gams, Innsbruck, der mich dazu ermuntert hat, eine deutsche Ausgabe des Buches in Angriff zu nehmen; meiner Schwester Greta

Schöllhorn, Friedrichshafen, und Peter Heidemann, Freiburg, die das Buch übersetzt haben; Prof. H. Ziegler, München, der es auf seine sachlich richtige Übersetzung durchgesehen hat. Außerdem danke ich Lena Mundt-Larsson und Christine Sjöland und all denen, die Abbildungen zur Verfügung gestellt haben, und – was ich besonders betonen möchte – danke ich meiner Familie, die in der Küche essen mußte, weil der Eßtisch vor Manuskriptblättern überquoll.

LARS OLOF BJÖRN

Inhalt

Echnatons Sonnengesang V
Vorwort VII
Inhaltsverzeichnis IX

Kapitel 1
Physikalische und chemische Grundlagen 1
Die Natur des Lichts 1
Der Ursprung des Lichts 4
Die Absorption des Lichts in Materie 5
Photochemische Reaktionen 7
Materie, Energie und Ordnung 9

Kapitel 2
Die Energieversorgung der Lebensprozesse: Die Photosynthese 15
Einleitung 15
Kurze Pflanzenanatomie 22
Die Eigenschaften des Chlorophyllmoleküls 24
Die Energieniveaus des Chlorophyllmoleküls 26
Carotinoide 30
Die Elektronentransportkette 32
Photosynthetische Phosphorylierung 35
Photosynthesebakterien 39
Assimilation von Kohlendioxid 41
Antennenpigmente 44
Photobiologische Hilfsprozesse für die Photosynthese 49

Kapitel 3
Leuchtende Lebewesen 56

Kapitel 4
Der Sehsinn 67
Die Konstruktion der Sehorgane 67
Mikrowellentechnik im Mikromaßstab 79
Die Funktion der Sehzellen 83
Farben im Pflanzen- und Tierreich 101
Die Entwicklung der Blütenpflanzen und Insekten 101
Schutzfarben und schützende Verkleidung 103
Mimikry (Nachahmung) 103

Kapitel 5
Orientierung im Raum 105
Einfache Richtungsorientierung 105
Kompaßorientierung mit Hilfe von Himmelskörpern 116

Kapitel 6
Orientierung in der Zeit 128
Die innere Uhr 128
Phytochrom 133
Der photoperiodische Kalender 141

Kapitel 7
Die Photobiologie der Haut 152
Sonnenbräune 152
Von Licht verursachte Krankheiten 155
Vitamin D und Krankheiten, die von Licht verhindert werden .. 158

Kapitel 8
Die Bedeutung des Lichts für die Entstehung und Entwicklung des Lebens 162
Die Nukleinsäuren und die kurzwellige ultraviolette Strahlung . 162
Der Ursprung des Lebens 168
Die Asymmetrie der lebenden Materie 172

Kapitel 9
Licht und Kosmos 179
Spektralanalyse 179
Die Relativitätstheorie 180

Kapitel 10
Photochemischer Smog 183

Kapitel 11
Künstliches Licht 188
Künstliche Lichtquellen 188
Arbeitsbeleuchtung 192
Licht im Straßenverkehr 193
Beleuchtung bei Haustieren 195
Elektrische Beleuchtung im Gartenbau 197

Appendix 199
Literaturverzeichnis 201
Register 207

Kapitel 1

Physikalische und chemische Grundlagen

Die Natur des Lichts

Was ist Licht? Wir wissen, daß Licht, das uns von der Sonne und von anderen Himmelskörpern erreicht, durch den «leeren» Raum gekommen ist. Licht ist offensichtlich etwas, das (im Gegensatz z. B. zu Schall und Leben) unabhängig von der Materie existieren kann. Da das Licht von Materie nicht gestört wird, pflanzt es sich geradlinig fort. Aus diesen und anderen Beobachtungen hat man die Schlußfolgerung gezogen, daß das Licht aus einem Strom sehr kleiner Teilchen besteht *(Photonen* oder *Lichtquanten).*

Gewisse Phänomene können aber nicht mit Hilfe dieser Quantentheorie des Lichts erklärt werden. In manchen Fällen zeigt das Licht ein Verhalten, das an Wellen auf einer Wasseroberfläche erinnert, und man spricht deshalb auch vom Licht als *Wellenbewegung.* Das Farbenspiel, das in einer dünnen Ölschicht auf der Wasseroberfläche oder in einer Seifenblase entsteht, kann nicht mit der Quantentheorie erklärt werden. Dagegen paßt die Wellentheorie sehr gut, wenn man berücksichtigt, wie verschiedene Wellensysteme einander dadurch auslöschen können, daß «Wellenberge» «Wellentäler» ausfüllen. Das Licht, das auf der oberen Grenzfläche eines Ölfilms reflektiert wird, und das auf der unteren, bilden zwei verschiedene Wellensysteme. Wenn dabei eine bestimmte Farbkomponente ausgelöscht wird, sehen wir die Komplementärfarbe (der Ölfilm sieht z. B. grün aus, wenn die rote Farbe ausgelöscht wird).

Wir wissen alle, was Wellen auf einer Wasseroberfläche sind, und mit ein wenig mehr Anstrengung können wir uns auch Schallwellen als Schwingungen der Moleküle in der Luft vorstellen. Aber was sind Wellen im «leeren» Raum? Was vibriert dort? Die Physiker sprechen von elektromagnetischer Wellenbewegung, aber dieser Ausdruck verlangt eine nähere Erklärung.

Eine elektromagnetische Wellenbewegung besteht aus einem Wechsel zwischen elektrischen und magnetischen Feldern. Ein elektrisches Feld beeinflußt ein positiv geladenes Teilchen mit einer Kraft in die Richtung des Feldes, wogegen ein negativ geladenes Teilchen von einer Kraft in die entgegengesetzte Richtung beeinflußt wird. Auch ein magnetisches Feld beeinflußt ein geladenes Teilchen, das sich in diesem magnetischen Feld bewegt. Nach der Wellentheorie ist man der Ansicht, daß ein Lichtstrahl aus einer Serie kurzlebiger, elektrischer und magnetischer Felder besteht, die einander unaufhörlich abwechseln. Bei einem Lichtstrahl, der waagrecht in Richtung Nord-Süd geht, haben wir z. B. in einem Augenblick ein nach Osten gerichtetes elektrisches Feld, und ein gerade nach oben gerichtetes Magnetfeld, danach ein elektrisches nach Westen gerichtetes Feld und ein gerade nach unten gerichtetes Magnetfeld, worauf sich das Ganze wiederholt.

Wenn wir künftig von der Schwingungsebene oder Polarisationsebene sprechen, meinen wir die Ebene des elektrischen Feldes (im obengenannten Fall = Horizontalebene). Sonnenlicht oder Licht von einer Lampe besteht aus einer Mischung vieler verschiedener Wellensysteme mit verschiedenen Schwingungsrichtungen und Schwingungsgeschwindigkeiten *(Frequenzen)*. Es hat daher keine bestimmte *Polarisationsebene*, d. h. es ist unpolarisiert. Ein Lichtstrahl mit einer bestimmten Schwingungsrichtung ist im Gegensatz dazu *polarisiert*. Ein anderer Typ von Polarisation bei Licht ist die *Zirkularpolarisation,* die im Kapitel 8 beschrieben wird.

Materie ist aus geladenen Teilchen (positiven Atomkernen und negativen Elektronen) aufgebaut. Wenn eine Lichtwelle zwischen diese geladenen Teilchen eindringt, werden sie von den Kräften der elektrischen und magnetischen Felder beeinflußt. (Man spricht oft zusammenfassend von elektromagnetischen Feldern.) Wir werden nachher näher behandeln, wie die leichtbeweglichen Elektronen beeinflußt werden und wie ihre Bahnen in den Molekülen vom elektromagnetischen Feld des Lichts verändert werden können.

Die Lichtwellen pflanzen sich mit einer Geschwindigkeit fort, die im Vakuum immer konstant ist, nämlich ca. 300.000 km/sek. (genauer 299.792,4562 km/sek.). Die Schwingung kann sich auch durch verschiedene Arten von Materie fortpflanzen, jedoch immer mit niedrigerer Geschwindigkeit.

Um die Jahrhundertwende hatte man die Quantentheorie über das Licht ganz und gar aufgegeben und die Wellenbewegungstheorie akzeptiert. Bald danach wurden Entdeckungen gemacht, wie das Licht Materie beeinflußt (photoelektrische und photochemische Effekte), die nur mit der Quantentheorie erklärt werden konnten. Wir müssen also akzeptieren, daß es in manchen Fällen am geeignetsten ist, das Licht als Teilchenstrom zu betrachten, in anderen Fällen besser, es als eine elektromagnetische Wellenbewegung aufzufassen. Diese *dualistische*

Betrachtungsweise der physikalischen Wirklichkeit ist später dahingehend erweitert worden, daß man manchmal Materie als Wellenbewegungsphänomen, manchmal als Teilchenphänomen behandelt.
Es gibt Licht von verschiedener Farbe, und man hat das früh mit der Möglichkeit in Verbindung gebracht, daß die elektromagnetischen Wellen verschiedene Wellenlängen haben könnten. Diese Wellenlängen des Lichts hat man später mit so großer Präzision gemessen, daß sie als Grundlage für unsere Definition von Längeneinheiten dienen. Ein Meter wird demnach als 1.650.763,73 mal die Wellenlänge im Vakuum für eine bestimmte Sorte roten Lichts definiert. Licht mit der Wellenlänge 0,0004–0,0005 mm ergibt verschiedene Nuancen von violett, blau und blaugrün, 0,0005–0,0006 mm grün und gelb, 0,0006–0,00075 mm orange und rot. Es gibt auch Strahlung mit kürzerer (ultraviolette Strahlung) und längerer (infrarote Strahlung) Wellenlänge. Außerhalb dieser Spektralgebiete gibt es noch andere Strahlungen (siehe Abb. 1).
Anstatt die Wellenlänge des Lichts anzugeben (wird in Zukunft mit λ, dem griechischen Buchstaben Lambda, bezeichnet) kann man seine Frequenz angeben, d. h. Anzahl Schwingungen pro Sekunde (wird weiterhin mit ν bezeichnet, dem griechischen Buchstaben ny).
Wenn wir die Ausbreitungsgeschwindigkeit des Lichts mit c bezeichnen, gilt immer der Zusammenhang $c = \lambda \cdot \nu$. Je kürzer die Wellenlänge ist, desto höher ist also die Frequenz. Eine andere wichtige Beziehung ist $E = h \cdot \nu$, wobei E die Energie pro Photon angibt und h die sogenannte

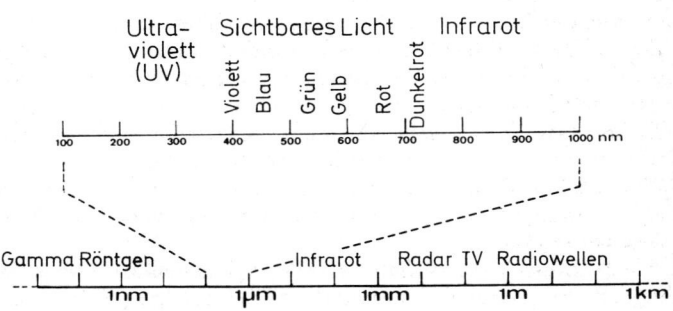

Abb. 1: Übersicht über das elektromagnetische Strahlungsspektrum mit Angabe der Wellenlängen für verschiedene Strahlungen. Außer den allgemein bekannten kommen folgende Abkürzungen vor:
μm = Mikrometer (Mikron),
nm = Nanometer (Millimikron)
UV = ultraviolett

Plancksche Konstante ist. Die letzte Gleichung gibt an, daß die Energie jedes Photons umso größer ist, je höher die Frequenz (je kürzer die Wellenlänge) ist. Ein Photon von orangem Licht ($\lambda = 0{,}0006$ mm) hat nur $2/3$ so hohe Energie wie ein Photon von violettem Licht ($\lambda = 0{,}0004$ mm).

Weil die Lichtwellenlängen so klein sind, werden sie gewöhnlich in *Mikrometer* (μm = ein millionstel Meter = ein tausendstel mm) oder *Nanometer* (nm = 10^{-9} Meter = ein millionstel mm) angegeben.

Licht und andere elektromagnetische Strahlung nehmen einen größeren Raum der physikalischen Wirklichkeit ein, als man sich wohl normalerweise vorstellt. Im ganzen Universum gibt es wahrscheinlich viele Millionen mal so viele Photonen wie andere (materiebauende) Elementarteilchen. In unserer unmittelbaren Umgebung sind die Verhältnisse nicht so, aber die riesigen «leeren» Räume zwischen den Himmelskörpern werden in allen Richtungen von Photonen durchströmt, von denen viele mehrere Milliarden Jahre mit einer Geschwindigkeit von 299.792,4562 km/sek. unterwegs waren, ohne auf irgendein Materieteilchen zu stoßen.

Der Ursprung des Lichts

Nahezu das gesamte natürliche Licht auf der Erdoberfläche stammt von der Sonne. Ein Teil des Lichts, das wir wahrnehmen, erreicht uns in Form von direktem «Sonnenschein», andere Teile werden zuerst von Mond, Wolken oder Gegenständen auf der Erdoberfläche reflektiert. Das blaue Himmelslicht ist Sonnenlicht, das seine Richtung während der Reise durch die Atmosphäre geändert hat.

Die Energie, die die Sonne in Form von Licht ausstrahlt, kommt aus deren Inneren. Durch die hohe Temperatur, die dort herrscht (zwischen 10 und 20 Millionen Grad), wird Materie in Energie umgewandelt. Dies ereignet sich, wenn Protonen (Kerne der Wasserstoffatome) miteinander reagieren und dabei Alphateilchen (Kerne der Heliumatome) und positive Betateilchen (Positronen) entstehen. Der Nettoverlauf kann so beschrieben werden:

4 Protonen → 1 Alphateilchen + 2 Betateilchen + Energie

Die entstandenen Alpha- und Betateilchen wiegen nur 99,3% der verbrauchten Protonen; die restlichen 0,7% der Masse werden in Energie umgewandelt. Die Reaktion läuft in Wirklichkeit in mehreren Stufen ab und dauert im Durchschnitt viele Millionen Jahre. Die Energie tritt nicht direkt in Form von Licht auf. Ein Teil wird als Bewegungsenergie (Wärme) der entstandenen Teilchen freigemacht, der Hauptanteil aber als sehr kurzwellige Photonen (Gammastrahlung). Die Energie jedes Gammaphotons ist ungefähr eine Million mal größer als die eines Lichtphotons. Während die Energie zur Oberfläche der Sonne hindrängt, werden die energiereichen Photonen einzeln durch verschiedene Prozesse in mehr und mehr energiearme umgewandelt. Wenn die Energie die Sonnenoberfläche erreicht hat, ist dieser Teilungsprozeß so weit fortgeschritten, daß das Ergebnis sichtbares Licht ist. Jedes der ursprünglichen großen «Energiepakete» ist dann in ungefähr eine Million kleinerer «Pakete» aufgeteilt worden.

Die Absorption des Lichts in Materie

Die Elektronen eines Moleküls können verschiedene Bahnen einschlagen, je nach den verschiedenen Energiezuständen (Energieniveaus) des Moleküls. Meistens befindet sich ein Molekül im energieärmsten Elektronenzustand, dem Grundzustand. Durch Absorption eines genügend energiereichen Photons (ultravioletter Strahlung oder sichtbaren Lichts) kann das Molekül Energie aufnehmen und in einen energiereicheren – *angeregten* – Zustand übergehen. Gleichzeitig verschwindet das Photon. Einfach ausgedrückt kann man sagen, daß das Elektron vom elektromagnetischen Feld (von der elektromagnetischen Welle) des Lichts einen «Stoß» erhält und daß das Feld gleichzeitig zusammenbricht. Die elektronische Energie kann nur in gewissen, bestimmten Stufen erhöht werden, da ja die Elektronen nicht irgendwelche beliebigen Bahnen einschlagen können.
Es werden auch solche Photonen absorbiert, deren Energie nicht exakt mit einer elektronischen Energiemenge übereinstimmt, da ein Teil der Energie des Photons z. B. in Vibrationsenergie umgewandelt und mit der Zeit als Wärmeenergie an andere Moleküle verteilt werden kann. Die Wahrscheinlichkeit, daß eine Absorption stattfindet, hängt jedoch erheblich von der Photonenenergie ab. Die Wahrscheinlichkeit ist am größten, wenn die Photonenenergie etwas größer ist als der Energieunterschied zwischen einem angeregten Zustand und dem Grundzustand. In biologischen Zusammenhängen stellt man im allgemeinen keine Diagramme darüber auf, wie die Wahrscheinlichkeit der Absorption von der Energie einzelner Photonen abhängt. Stattdessen verwendet man Diagramme, die den Zusammenhang zwischen Lichtabsorptionsfähigkeit und Wellenlänge zeigen. Dies ist im Prinzip gleichwertig: die Lichtabsorptionsfähigkeit, d. h. die Fähigkeit, einen Lichtstrahl abzu-

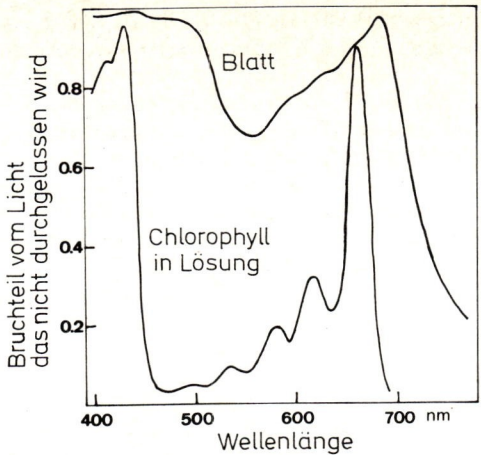

Abb. 2: Absorptionsspektren für ein Spinatblatt (obere Kurve) und für in Äther gelöstes Chlorophyll a. Auf der waagrechten Achse (Abszisse) sind die Wellenlängen des Lichts aufgetragen, auf der senkrechten (Ordinate) der Bruchteil des Lichts, der nicht durchgelassen wird (d. h. der Anteil, der entweder absorbiert oder reflektiert wird). Der Höchstwert der Kurve des Spinatblattes bei ca. 680 nm rührt daher, daß das Blatt Chlorophyll enthält. Man beachte, daß dieser Höchstwert von Chlorophyll a im Blatt bei einer längeren Wellenlänge erreicht wird als der entsprechende Höchstwert bei dem in Äther gelösten Chlorophyll a. Damit die Kurve für gelöstes Chlorophyll a die unterschiedliche Absorptionsfähigkeit bei verschiedenen Wellenlängen deutlich zeigt, wurde die Messung mit sehr verdünnter Lösung durchgeführt und die Kurve dann in der Höhe vergrößert. Bei Messung mit konzentrierter Lösung wäre die Kurve ausgeglichener geworden.

schwächen, der durch ein Präparat geht, ist proportional zu der Absorptionswahrscheinlichkeit einzelner Photonen in einzelnen Molekülen. Die Wellenlänge des Lichts ist umgekehrt proportional zur Photonenenergie (Seite 4).
Ein Diagramm der obengenannten Art nennt man *Absorptionsspektrum*. Das Absorptionsspektrum hängt eng mit der Farbe eines Stoffes oder eines Gegenstandes zusammen, da ja nur das Licht, das nicht vom betrachteten Gegenstand absorbiert wird, unser Auge erreichen und Eindrücke vermitteln kann. Als Beispiel wird in Abbildung 2 das Absorptionsspektrum eines Spinatblattes gezeigt. Man sieht, daß die Spektralbereiche, die am wenigstens absorbiert werden, im Dunkelroten, Infraroten (Wellenlänge über 720 nm) und Grünen (Wellenlänge

ca. 520–580 nm) liegen. Unsere Augen können langwellige Strahlung nicht wahrnehmen, und das Spinatblatt sieht deshalb vollkommen grün aus.

Im Spinatblatt gibt es viele verschiedene Stoffe (*Pigmente* = Farbstoffe), die Licht absorbieren und ihren Beitrag zur Farbe leisten. Sie können einzeln extrahiert, getrennt und untersucht werden, sodaß man wenigstens annähernd feststellen kann, welchen Beitrag jeder Stoff zur Absorption im lebenden Blatt liefert. Eine Schwierigkeit besteht darin, daß ein Stoff in gewisser Weise seine Absorptionseigenschaften ändert, wenn er aus seinem natürlichen Zusammenhang in der Zelle herausgetrennt wird. Die Energieverhältnisse der Moleküle sind etwas verschieden, je nach dem, ob sie sich in einer Flüssigkeit frei bewegen können, oder ob sie mit anderen Molekülen zusammenhängen und auf besondere Art geordnet sind.

Der wichtigste Farbstoff im Spinatblatt ist Chlorophyll a. Abbildung 2 zeigt auch das Absorptionsspektrum von Chlorophyll a, das in reiner Form in Äther gelöst ist. Die Verschiedenheit der beiden Kurven rührt nicht nur daher, daß ein Teil der Farbstoffe des Blattes in der Lösung fehlt. Chlorophyll a selbst hat im Blatt ein anderes Absorptionsspektrum als in der Lösung, bedingt u. a. dadurch, daß es im Blatt an Protein gebunden ist. Nicht alle Moleküle aus Chlorophyll a sind auf die gleiche Art an Protein oder an exakt gleiche Proteinmoleküle gebunden. Aus diesem Grund ergeben die verschiedenen Chlorophyllmoleküle eine ganze Reihe unterschiedlicher Absorptionsspektren, die alle addiert werden und zusammen mit den übrigen Farbstoffen das totale Absorptionsspektrum des Blattes ergeben. Diese Verhältnisse lassen sich nur sehr schwer klarlegen. Trotzdem hat man große Mühe darauf verwandt zu erklären, was mit der Lichtenergie geschieht, die vom Blatt absorbiert wird. Mehr davon in Kapitel 2. Die Verschiedenheit der Absorptionsspektren von gleichen Farbstoffmolekülen, die an verschiedene Proteinmoleküle gebunden sind, ist auch ausschlaggebend für die Funktion des Auges und unsere Fähigkeit, Farben zu sehen. Dies wird in Kapitel 4 näher behandelt.

Photochemische Reaktionen

Jede photochemische Reaktion beginnt damit, daß Licht absorbiert wird. Nur Photonen, die absorbiert werden, können also eine Wirkung erzielen. Diese Regel (Grotthuß-Draper-Gesetz) scheint recht selbstverständlich, aber wie wir noch sehen werden, kann man sie als Ausgangspunkt für Überlegungen nehmen, die wichtige Auskünfte über photochemische und photobiologische Abläufe geben.

Eine bedeutungsvolle Anwendung des Grotthuß-Draper-Gesetzes ist die Bestimmung von *Wirkungsspektren,* um festzustellen, welche Moleküle die in verschiedenen Prozessen wirksamen Photonen absorbieren. Ein Wirkungsspektrum ist ein Diagramm, das den Zusammenhang zwischen Wellenlänge und photochemischem (oder biologischem) Effekt zeigt. Je mehr Licht vom aktiven Stoff absorbiert wird, desto größer wird der Effekt. Deshalb wird das Wirkungsspektrum dem Absorptionsspektrum des aktiven Stoffes ähneln. Durch einen Vergleich des Wirkungsspektrums mit Absorptionsspektren verschiedener Stoffe kann man also feststellen, welcher Stoff der aktive Lichtabsorbator des betreffenden Prozesses ist.

Diese Aussage kann vielleicht an Hand eines Beispieles erläutert werden: Abbildung 43A zeigt die relative Empfindlichkeit der menschlichen Netzhaut für schwaches Licht verschiedener Wellenlänge (also das Wirkungsspektrum für das Sehen bei schwachem Licht, sogenanntes Dämmerungssehen). In derselben Abbildung wird auch das Absorptionsspektrum eines Stoffes (Sehpurpur oder Rhodopsin) gezeigt, den man aus der Netzhaut des Auges isoliert hat. Aus der Ähnlichkeit der beiden Kurven kann man folgern, daß der Sehpurpur der aktive Absorbator des Sehens in der Dämmerung ist (siehe weiter Seite 92).

Ebenso wichtig wie das Grotthuß-Draper-Gesetz ist das Gesetz von Einstein, nach dem jedes Photon in einer primären photochemischen Reaktion mit nur einem Molekül (oder Ion oder Atom) reagiert. Bei experimenteller Untersuchung photochemischer Reaktionen findet man gewöhnlich, daß die Anzahl reagierender Moleküle entweder größer oder kleiner ist als die Anzahl absorbierter Photonen (man sagt, daß der Quantenaustausch der Reaktion größer bzw. kleiner als 1 ist). Das rührt daher, daß der beobachtete Prozeß aus mehreren Teilreaktionen besteht. Die Bestimmung des Quantenaustausches ist eines der Verfahren, die man verwendet, um festzustellen, wie diese Teilreaktionen verlaufen.

Ein Beispiel zur Erläuterung: wenn Jodwasserstoffgas (chemische Formel HJ) mit ultraviolettem Licht bestrahlt wird, entsteht molekulares Jod (J_2) und Wasserstoff (H_2). Messungen zeigen, daß zwei Jodwasserstoffmoleküle auf ein absorbiertes Photon reagieren, d. h. der Quantenaustausch ist 2. Das ist so zu erklären, daß die Reaktion in folgenden Stufen abläuft (das Photon wird mit $h\nu$ bezeichnet):

(1) $HJ + h\nu \rightarrow H + J$
(2) $H + HJ \rightarrow H_2 + J$

(3) $J + J \to J_2$
Nettoreaktion (1 + 2 + 3) $2 HJ + h\nu \to H_2 + J_2$

Die primäre photochemische Reaktion ist in diesem Fall (1), während (2) und (3) von (1) verursachte, sekundäre «Dunkelreaktionen» sind. Wir sehen, daß der Quantenaustausch der primären, photochemischen Reaktion 1 ist.

Jodwasserstoff ist farblos und absorbiert also sichtbares Licht nicht. Bei Bestrahlung mit sichtbarem Licht erfolgt auch keine Umwandlung in Jod und Wasserstoff, was mit dem Grotthuß-Draper-Gesetz übereinstimmt.

Primäre photochemische Reaktionen unterscheiden sich von den sekundären «Dunkelreaktionen» dadurch, daß die erstgenannten mit beinahe derselben Geschwindigkeit bei verschiedenen Temperaturen ablaufen, während die «Dunkelreaktionen» wie chemische Reaktionen im allgemeinen bei höherer Temperatur schneller vor sich gehen. Das gilt, solange die Temperatur nicht so hoch wird, daß die wärmeempfindlichen, biologischen Katalysatoren oder Strukturen zerstört werden, die für die Reaktionen notwendig sind.

Die verschiedene Temperaturabhängigkeit primärer Lichtreaktionen und sekundärer «Dunkelreaktionen» wird oft zur Erklärung des Ablaufes von Reaktionen herangezogen. Wenn man ein Reaktionssystem bei niedriger Temperatur beleuchtet, kann man die Produkte der primären Reaktion sammeln und untersuchen, bevor sekundäre Reaktionen stattfinden können. Erhöht man nach und nach die Temperatur, kann man verschiedene sekundäre Reaktionen auslösen. In dieser Weise ist man u. a. bei der Erforschung der Photochemie des Sehens vorgegangen (Seite 89).

Materie, Energie und Ordnung

Damit Leben existieren kann, sind u. a. zwei physikalische Grundvoraussetzungen notwendig: Materie und Energie. Vom rein physikalischen Standpunkt aus gesehen kann man sagen, daß das Leben selbst eine besondere Art gegenseitiger Beeinflussung von Materie und Energie ist. Sowohl Materie als auch Energie sind unzerstörbar. Wir können in der folgenden Überlegung außerachtlassen, daß sie unter gewissen Umständen ineinander umgewandelt werden können (siehe S. 4). Es besteht aber ein wesentlicher Unterschied zwischen dem Verhalten von Materie und Energie im Wechselspiel der Lebensprozesse. Die Materieteilchen – die Atome – durchlaufen sie in einem ständigen Kreislauf. Die Atome werden in einer unübersehbaren Menge von Kombinationen miteinander verbunden und beliebig oft umkombiniert, bleiben aber im Grunde unverändert. Sie können einige ihrer Elektronen verlieren, bekommen aber früher oder später andere Elektronen, die genau gleich sind, zurück. Die meisten Atome, die den Körper des werten Lesers aufbauen, sind bereits wiederholt von verschiedenen Pflanzen und Tieren verwendet worden, ein Teil auch von Menschen vergangener Gene-

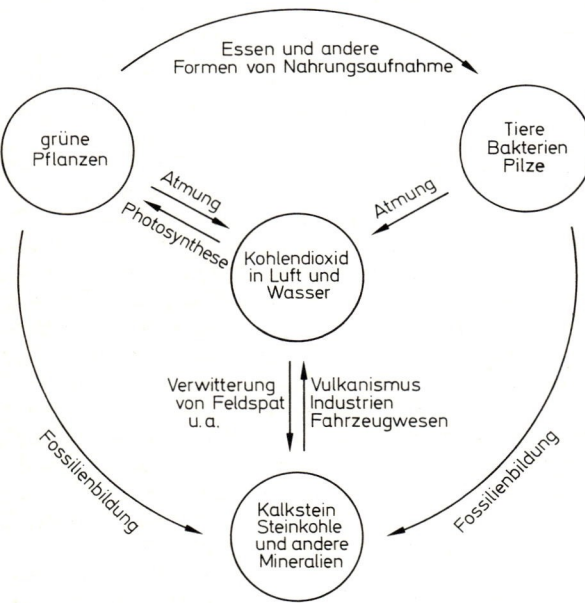

Abb. 3: Der Kreislauf des Kohlenstoffs auf der Erdoberfläche. Das Schema ist stark vereinfacht. Der mineralische Kohlenstoff kommt teils in oxidierter Form (Kalkstein und andere Karbonate), teils in reduzierter Form (Steinkohle und Öl) vor. Die wichtige Kohlenstoffgruppe, die aus modernden Tier- und Pflanzenüberresten besteht, wurde hier nicht berücksichtigt. Der oberste Pfeil deutet die wichtige Tatsache an, daß die Organismen, die nicht selbst Photosynthese ausführen, direkt oder indirekt von den chlorophyllhaltigen Pflanzen abhängig sind. Diese produzieren sowohl den Sauerstoff wie die organischen Verbindungen, die andere Lebewesen brauchen. In der Schöpfungsgeschichte heißt es: «Aber allen Tieren auf Erden und allen Vögeln unter dem Himmel und allem Gewürm, das auf Erden lebt, habe ich alles grüne Kraut zur Nahrung gegeben.»

rationen. Abbildung 3 zeigt ein Schema über den Kreislauf einer Sorte Atome, der Kohlenstoffatome. Ähnliche Diagramme kann man für andere Atomarten aufstellen.
Die kleinsten Teile der Energie, die Energiequanten, haben dagegen keinen Kreislauf, sondern durchlaufen die physikalischen (einschließlich der chemischen und biologischen) Prozesse ein einziges Mal und in einer einzigen Richtung. Die Energie wird nach und nach in immer zahlreichere und immer kleinere Quanten aufgeteilt. Man kann sagen, daß eine ständige Umwandlung hochwertiger Energie (verpackt in einer kleinen Anzahl großer «Pakete») in niederwertige Energie (verpackt in einer großen Anzahl kleiner «Pakete») stattfindet.
Wärme ist die «niederwertigste» Energieform. Innerhalb eines Gebietes, *in dem die Temperatur überall gleich ist,* kann Wärme nicht in eine andere Energieform umgewandelt werden, dagegen können alle anderen Energieformen in Wärme umgewandelt werden. Wärme gleicht einer schlechten Währung, die man leicht bekommt, aber schlecht gegen eine bessere umtauschen kann. Kurzwellige Strahlung mit energiereichen Photonen ist dagegen eine wahrhaft harte Währung.
Wärme ist eine Form von Bewegungsenergie der Atome und Moleküle, aber es ist bezeichnend, daß die Bewegung ungeordnet und zufällig ist. Die Umwandlung anderer Energieformen in Wärme bedeutet deshalb eine Vergrößerung der Unordnung. Das Gesetz von der ständigen Vergrößerung der totalen Unordnung des Universums zeigt, in welche Richtung die Zeit «marschiert». Die Entwicklung der Welt ist nicht umkehrbar; wir können nur in Gedanken unser Leben rückwärts leben.
In einem Gebiet, in dem die Temperatur nicht überall die gleiche ist, kann Wärme *teilweise* in andere Energie umgewandelt werden. Eine solche Umwandlung trägt aber dazu bei, den Temperaturunterschied auszugleichen und bedeutet daher keine Umkehrung der «Marschrichtung» der Zeit. Wenn das Gebiet von der Außenwelt abgeschnitten ist (oder das ganze Universum umfaßt), wird die *totale* Unordnung doch zunehmen. In einem Gebiet mit Temperaturunterschieden (z. B. Universum mit dem Temperaturunterschied zwischen Sonne und Erde) kann jedoch, wie wir sehen werden, die Ordnung innerhalb eines kleinen Gebietes zunehmen. Dieser Teil muß dann Energie von außen empfangen und niederwertigere (aus kleineren Quanten bestehende) als die aufgenommene Energie abgeben.
Wenn wir uns auf unseren kleinen Teil der Welt, die Oberfläche der Erdkugel, beschränken, können wir sagen, daß die physikalischen Prozesse zum großen Teil vom Strom der hochwertigen Energie, die die Erde in Form von Sonnenstrahlung erreicht, betrieben werden. Nachdem die Energie die Lebensprozesse, Winde, Wasserfälle und vieles an-

dere mehr in Gang gehalten hat, wird sie an den Weltraum in Form von langwelliger Strahlung wieder abgegeben. Für Strahlungsenergie gilt ja, daß die Größe der Energiequanten proportional zur Frequenz und umgekehrt proportional zur Wellenlänge ist (siehe Seite 3). Da das eingestrahlte Sonnenlicht eine Wellenlänge von der Größenordnung 0,5 µm (500 nm) und die ausgestrahlte Energie eine Wellenlänge von der Größenordnung 10 µm (siehe Abb. 4) hat, sind die Energiequanten während der verschiedenen Prozesse hier zu einem im Durchschnitt ca. Zwanzigstel ihrer ursprünglichen Größe abgebaut. Diese Aufteilung großer «Energiepakete» in eine größere Anzahl kleiner «Pakete» ist eine Fortsetzung des Aufteilungsprozesses innerhalb der Sonne, auf den schon hingewiesen wurde. Eine weitere Veränderung der Energie wird dadurch bewirkt, daß das Sonnenlicht die Erde in einer gewissen, genau bestimmten Richtung erreicht und an einem Teil der Erdoberfläche in einem sehr exakten Tagesrhythmus wechselt, während die Wärmestrahlung die Erde in alle Richtungen ohne größere Tagesschwankungen verläßt. All das ist Ausdruck der Vernichtung der Ordnung.

Wir sehen also, daß eine bestimmte Energieform für die Lebensprozesse notwendig ist, genau so wie eine bestimmte Art von Materie. Die Materie kann immer wieder verwendet werden und es ist daher keine Zufuhr von neuer Materie erforderlich. Die Energie wird dagegen in eine unbrauchbare Form verwandelt und muß daher ständig ausgetauscht werden.

Bei den Lebewesen als Ganzes betrachtet erfolgt keine nennenswerte *Netto*-Zufuhr weder von Materie noch von Energie. Dagegen findet eine ständige Zufuhr von Ordnung (oder was dasselbe ist) eine Beseitigung der Unordnung statt. Obwohl verschiedene Prozesse Unordnung produzieren und die Unordnung im ganzen Universum steigt, kann die Ordnung der Lebewesen aufrechterhalten und sogar gesteigert werden, weil Unordnung mit der Wärmestrahlung der Erde abgegeben wird. Die Atomkombinationen und die Energieumsätze können sehr komplizierte Muster beibehalten, die sich sogar nach und nach entwickeln und ihre Komplexität steigern. Man kann sagen, daß der Energiestrom der Sonne sich durch die lebende Welt ergießt und die Unordnung, die dort entsteht, in den Weltraum hinausschwemmt. In wissenschaftlichen Zusammenhängen verwendet man statt Unordnung den besser bestimmbaren, aber nahe verwandten Begriff *Entropie*. Man kann in exakten Formeln ausdrücken, wie viel Entropie auf verschiedene Strahlungsarten folgt. Uns genügt es zu wissen, daß die Strahlungsenergie, die die Erde verläßt, mehr Unordnung enthält, als die entsprechende Menge Sonnenstrahlungsenergie, die auf der Erde ankommt. Wenn der Energiestrom versiegen würde, würde die Lebensmaschinerie nicht

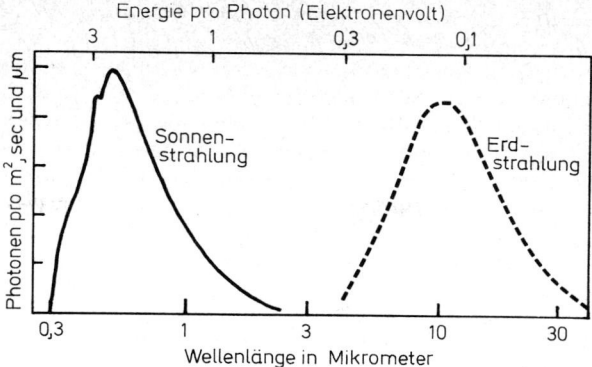

Abb. 4: Vergleich zwischen den Strahlungsspektren der Sonne und der Erde im Weltraum (außerhalb der Atmosphäre). Der Sonnenstrahlung an der Erdoberfläche fehlen bestimmte Spektralbereiche infolge der Absorption der Atmosphäre (vergleiche Abb. 78, 80 und 90). Auf der Abszisse sind unten die Wellenlängen der ausgesandten Strahlung, λ, angegeben, oben die Energie der Photonen, E. Der Zusammenhang der beiden Skalen wird durch die Gleichung $E = h \cdot c/\lambda$ gegeben, wobei h die Plancksche Konstante und c die Fortpflanzungsgeschwindigkeit der Strahlung ist. Energetisch betrachtet liegt zwischen den beiden Kurven «der Spielraum des Lebens auf der Erde».

mehr funktionieren, und zwar auf Grund der allen Prozessen innewohnenden Tendenz, Unordnung zu produzieren.

Ordnung wird auf vielerlei Art und Weise den Lebewesen von der Strahlung zugeführt. Beim Photosyntheseprozeß vollziehen sich viele chemische Umwandlungen. Kohlenstoffatome, die in Form von Kohlendioxydmolekülen ganz ohne Ordnung in der Luft herumgeflogen sind, werden u. a. in regelmäßige Ringe geordnet, die ihrerseits regelmäßige, schraubenförmige Ketten bilden (Stärkemoleküle). Andere Atome werden in kompliziertere Muster geordnet, und die verschiedenen Moleküle, die entstanden sind, werden zu Zellen und größeren Einheiten zusammengefügt, alles nach einem bestimmten Schema. Der «Bauplan», nach dem all dies dirigiert wird, ist im genetischen Code der Nukleinsäuren (Seite 162 ff.) fixiert. Dadurch, daß die Unordnung vom Energiestrom weggeschwemmt wird, kann der «Nukleinsäurebauplan» in genügend vielen Exemplaren vervielfältigt und auch verschiedene Atomarten danach geordnet werden. Da man ja im Prinzip die Konstruktion des Bauplans (des genetischen Code) kennt, kann man beginnen, Berechnungen über den Inhalt an «Information» oder Ordnung anzustellen.

Ordnung wird auch von Licht in Lebensabläufe überführt, wenn die gerichtete Sonnenstrahlung in einem Vogelauge absorbiert und mit der Zeit als diffuse Wärmestrahlung wiedergefunden wird, während der Vogel, statt planlos umherzuirren, über das weglose Meer zu dem Fels hinzieht, an dem er Jahr für Jahr genistet hat (Kapitel 5). Umsetzungen ähnlicher Art finden auch statt, wenn der Tages- und Jahresrhythmus des Tageslichts auf Rhythmen der Lebewesen übertragen wird (Kapitel 6).

Kapitel 2

Die Energieversorgung der Lebensprozesse: Die Photosynthese

Einleitung

Durch den Prozeß der Photosynthese wird hochwertige Energie von der Sonnenstrahlung und damit sozusagen Ordnung für die Maschinerie des Lebens eingefangen. Die Photosynthese findet nur in chlorophyllhaltigen (im allgemeinen grünen) Pflanzenzellen und einigen, ebenfalls chlorophyllhaltigen Bakterien statt. Nur die zur Photosynthese befähigten Pflanzen und Bakterien können leben, ohne energiereiche Verbindungen anderer Lebewesen ausnützen zu müssen. Sie können mit Hilfe von Sonnenlicht aus anorganischen Stoffen alle chemischen Verbindungen herstellen, die sie für den Aufbau ihrer Zellen und für die in ihnen stattfindenden Lebensprozesse brauchen. Alle anderen Lebewesen ernähren sich direkt oder indirekt von chlorophyllhaltigen Pflanzen. Der Prozeß der Photosynthese in den höheren Pflanzen kann wie folgt beschrieben werden:

Anorganische Stoffe + Sonnenlicht → Pflanzenmaterial (organische Stoffe) + Sauerstoff

(Das Schema gilt nicht für photosynthetisierende Bakterien.)
Nach dem obigen Schema wird Lichtenergie verbraucht, die scheinbar nicht mehr als andere Energieform auftaucht. Wir wissen jedoch, daß die Energie unzerstörbar ist und nicht verschwinden kann. Deutlich ist, daß die entstandenen organischen Stoffe zusammen mit dem Sauerstoff mehr Energie enthalten als die anorganischen Stoffe und daß also Lichtenergie in chemische Energie umgewandelt wurde. Die chemische Energie ihrerseits kann dadurch in andere Energiearten umgewandelt werden, daß die organischen Stoffe verbrannt und damit wieder anorganische Stoffe hergestellt werden:

organische Stoffe + Sauerstoff → anorganische Stoffe + Energie

Beispiel hierfür ist die Erzeugung von Bewegungs- und Wärmeenergie in unseren Körpern, wenn organische Stoffe, die wir gegessen haben, beim Atmen verbrannt werden. Die organischen Verbindungen in unserer Nahrung kommen entweder direkt von Pflanzen oder auch indirekt, z. B. in Form von Milch, Butter, Käse und Fleisch von Kühen, die ihrerseits Pflanzen gefressen haben. Ein anderes Beispiel für Freisetzung chemischer Energie, die bei der Photosynthese gebunden wurde, ist die Wärmeenergie, die man beim Verbrennen von Holz und Steinkohle (= fossiles Pflanzenmaterial) erhält. Ein weiteres Beispiel ist die Bewegungsenergie unserer Autos, denn auch die organischen Stoffe in Benzin und Öl stammen von einer Photosynthese, die vor langer Zeit in Pflanzen stattfand.

Es ist wichtig zu verstehen, daß die Verbrennungsprozesse, z. B. die Atmung in unseren Körpern, keine genaue Umkehrung des Photosyntheseprozesses bedeuten. Man kann zwar sagen, daß sie in bezug auf die Materie zurück zum Ausgangspunkt führen: als Endprodukt bekommen wir die gleichen anorganischen Stoffe, die Ausgangsmaterial für die Photosynthese waren. Aber in bezug auf den Energieumsatz handelt es sich nicht um eine Umkehrung. Wir können nie die gesamte verbrauchte Lichtenergie in Form von Licht wiedergewinnen. Auch wenn wir Pflanzenmaterial, z. B. Holz oder Steinkohle in einem Kraftwerk verbrennen und die gewonnene elektrische Energie verwenden, um eine Glühbirne zum Leuchten zu bringen, bedeutet das doch keine Rückkehr zur Ausgangsposition. Ein großer Teil der Energie geht in Form von niederwertiger Wärmeenergie verloren.

Weil es so viel Sauerstoff in unserer Umgebung gibt, erscheint es uns selbstverständlich, die Photosynthese primär unter dem Aspekt der Überführung von Strahlungsenergie in chemische Energie organischer Stoffe zu sehen. Wir nennen diese Substanzen oft energiereiche Verbindungen. Manchmal ist es aber nützlich, sich klarzumachen, daß für die Wiederverwendung der chemischen Energie in Verbrennungsprozessen Sauerstoff notwendig ist, der ebenfalls der Photosynthese seine Freisetzung verdankt.

Es gibt Bakterien, die weder von Photosynthese noch von organischen Verbindungen leben, die von anderen Lebewesen «hergestellt» wurden. Sie bekommen ihre Energie durch Verbrennung *anorganischer* Stoffe, z. B. Schwefel aus vulkanischen Quellen. Da auch diese Verbrennung Sauerstoff erfordert, sind auch diese Bakterien vom Photosyntheseprozeß indirekt abhängig.

Wenn weiterhin von energiereichen Stoffen die Rede ist, setzen wir voraus, daß sie im Zusammenhang mit ihrem natürlichen Milieu energiereich sind. Das bedeutet, daß die Energie durch Reaktion mit anderen Stoffen in ihrer Umgebung freigemacht werden kann.

Bevor wir fortfahren, muß der Leser zwei wichtige chemische Begriffe kennenlernen: *Reduktion* (Elektronenaufnahme) und *Oxidation* (Elektronenabgabe). Da freie Elektronen bei gewöhnlichen Temperaturen selten in größeren Mengen in der Nähe von Materie vorkommen, sind die Oxidation und die Reduktion eng verknüpft: wenn ein Molekül (oder ein Ion = geladenes Atom oder Molekül) ein Elektron abgibt und oxidiert wird, wird das Elektron von einem anderen Teilchen, das reduziert wird, aufgenommen. Als Beispiel kann man die Entwicklung eines photographischen Films nennen. Im Film gibt es Silberionen – Ag^+ – im Entwickler Hydrochinonionen – $C_6H_4O_2{}^{--}$

$$\begin{array}{c} H \quad H \\ \backslash \; / \\ C{-}C \\ {}^-O{-}C \quad\quad C{-}O^- \\ C{=}C \\ / \; \backslash \\ H \quad H \end{array}$$

oder andere ähnliche Stoffe. Beim Entwicklungsprozeß werden Elektronen von den Hydrochinonionen zu den Silberionen übertragen. Dabei werden die letzteren zu Silberatomen reduziert und als schwarze Körnchen im Film sichtbar. Die Hydrochinonionen werden gleichzeitig zu Chinonmolekülen ($C_2H_4O_2$) oxidiert.

$$\begin{array}{c} H \quad H \\ | \quad | \\ C{=}C \\ O{=}C \quad\quad C{=}O \\ C{=}C \\ | \quad | \\ H \quad H \end{array}$$

Vereinbarungsgemäß kann man die ringförmigen Moleküle ohne ausgeschriebene Kohlenstoffatome schreiben. Wir stellen uns außerdem so viele Wasserstoffatome zusätzlich vor, daß jedes Kohlenstoffatom vier Valenzen bekommt. In dieser vereinfachten Schreibweise sieht die Formel für die Reaktion zwischen Silberionen und Hydrochinonionen wie folgt aus:

$2\,Ag^+$ + $^-O-\langle\bigcirc\rangle-O^- \rightarrow 2\,Ag$ + $O=\langle\bigcirc\rangle=O$

Silberionen   Hydrochinonion   Silbermetall   Chinon
                                    + Energie

Eine solche Reaktion nennt man Redoxreaktion. Man stellt sie sich normalerweise in zwei Stufen vor: ein Oxidationsprozeß:

$^-O-\langle\bigcirc\rangle-O^- \rightarrow O=\langle\bigcirc\rangle=O + 2\,e^-$

und ein Reduktionsprozeß: $2\,Ag^+ + 2\,e^- \rightarrow 2\,Ag$.

Die Elektronen (e^-) kommen allerdings nicht längere Zeit frei vor, sondern werden nach der Abgabe von den Hydrochinonionen unmittelbar aufgenommen.

Da in der oben erwähnten Reaktion Energie freigemacht wird, muß das System Silberionen + Hydrochinonionen mehr Energie enthalten als das System Silbermetall + Chinon. Da die Reaktion eine Verschiebung der Elektronen bedeutet, ist es natürlich, den Elektronen diesen Energieunterschied zuzuschreiben. Man sagt also, daß die Elektronen höhere Energie haben, wenn sie an den Hydrochinonionen sitzen, als wenn sie an den Silberatomen sitzen. Derselbe Gedanke steckt hinter der Aussage, daß das Wasser oberhalb eines Wasserfalls größere Lageenergie hat als unterhalb und daß man diese Energiedifferenz mit Hilfe eines Kraftwerkes in elektrische Energie umwandeln kann. Genauso muß man sich vorstellen, daß ein Dachziegel auf dem Dach eine größere potentielle Energie hat, als wenn er auf die Straße heruntergafallen ist. Streng genommen ist die Energie nicht dem Dachziegel, sondern dem System Dachziegel – Erdkugel zuzuschreiben. Wenn wir also im Folgenden einem Elektron Energie zuschreiben und den Ausdruck «energiereiches Elektron» benutzen, so ist das ganz und gar eine praktische Übereinkunft. Wir können uns die Redoxreaktion als einen «Elektronenwasserfall» von einem Behälter Hydrochinon vorstellen, in dem sich die Elektronen hoch oben befinden (große Energie haben), zu einem anderen Behälter (Silber), der weiter unten liegt. Bei diesem «Fall» wird Energie freigemacht, entweder als Wärme oder in anderer Form. Anstelle der gebräuchlichen Reaktionsformel kann man folgende Schreibweise verwenden:

                    Hydrochinon
                         $\downarrow e^-$
                      Silber

Andere Redoxprozesse, bei denen man nicht so leicht bemerkt, daß es sich um Elektronenverschiebungen handelt, sind die Verbrennung von Kohlenstoff und Wasserstoff:

$$C \quad + \quad O_2 \quad \rightarrow \quad CO_2 \quad + \text{ Energie}$$

Kohlenstoff   Sauerstoff   Kohlendioxid

$$H_2 \quad + \quad {}^{1}/_{2}\,O_2 \quad \rightarrow \quad H_2O \quad + \text{ Energie}$$

Wasserstoff   Sauerstoff   Wasser

Die Kohlenstoffatome haben je 6 Elektronen, die Sauerstoffatome je 8. Wenn ein Kohlenstoffatom sich mit 2 Sauerstoffatomen zu einem Molekül Kohlendioxid verbindet, werden 4 Elektronen des Kohlenstoffatoms zu den Sauerstoffatomen hin verlagert. Bei der Verbrennung von Wasserstoff wird das einzige Elektron jedes Wasserstoffatoms zum Sauerstoffatom hin verlagert; Wasserstoff wird oxidiert und Sauerstoff reduziert.

Um zur Photosynthese zurückzukehren: der Aufbau des organischen Pflanzenmaterials aus anorganischen Stoffen ist natürlich etwas sehr Kompliziertes und man kann den Prozeß nicht in einer chemischen Formel zusammenfassen. Um tiefer in das ganze Geschehen einzudringen, müssen wir uns für den Anfang auf einen kleinen Teil des Ablaufs beschränken, dessen chemische Beschreibung einfacher ist. Ein solcher Teilprozeß ist die photosynthetische Entstehung von Kohlenhydrat aus Kohlendioxid und Wasser. Die Formel hierfür lautet folgendermaßen:

$$CO_2 \quad + \quad H_2O \quad + \text{ Licht} \quad \rightarrow (CH_2O) \quad + \quad O_2$$

Kohlendioxid   Wasser   Kohlenhydrat   Sauerstoff

Die Formel für Kohlenhydrat (zuckerähnlicher Stoff) ist vereinfacht. Eine Art Kohlenhydrat – Traubenzucker – hat z. B. die Formel $C_6H_{12}O_6$ oder $(CH_2O)_6$, während normaler Zucker (Rohrzucker) die Formel $C_{12}H_{22}O_{11}$ hat. Wir sehen aber von diesen Unterschieden ab und schreiben der Einfachheit halber (CH_2O) für alle Kohlenhydrate. Die Klammer zeigt, daß wir nicht Formaldehyd meinen. Außer Traubenzucker und gewöhnlichem Zucker bilden die Pflanzen sehr viele andere Arten von Kohlenhydraten, von welchen nur Stärke und Zellulose erwähnt seien.

Die Kohlenstoffatome im Kohlenhydrat haben, genau wie im freien Kohlenstoff, je 6 Elektronen. In Kohlendioxid müssen sie aber, wie bereits erwähnt, die Elektronen mit den Sauerstoffatomen teilen. Die Umwandlung von Kohlendioxid in Kohlenhydrat bedeutet deshalb eine

Reduktion des Kohlenstoffes. Andererseits besitzen die Sauerstoffatome im Sauerstoff normalerweise je 8 Elektronen, während sie im Kohlendioxid und Wasser zusätzlich Elektronen von den Kohlenstoff- bzw. Wasserstoffatomen «mitbenützen». Die Bildung von reinem Sauerstoff bedeutet also eine Oxidation der Sauerstoffatome. Die ganze Reaktion ist ein Redoxprozeß.

Noch bis vor einigen Jahrzehnten glaubte man, daß die photosynthetische Bildung von Kohlenhydrat ein recht einfacher, aus einigen wenigen Teilreaktionen bestehender Prozeß sei. Man stellte sich vor, die Wirkung des Lichts bestünde darin, Kohlendioxid in Sauerstoff und freien Kohlenstoff zu spalten, worauf der Kohlenstoff sich mit Wasser zu Formaldehyd verbände, der nachher zu Kohlenhydrat polymerisierte:

$$CO_2 + \text{Licht} \rightarrow C + O_2$$

Kohlendioxid   Kohlenstoff   Sauerstoff

$$C + H_2O \rightarrow CH_2O$$

Kohlenstoff   Wasser   Formaldehyd

$$CH_2O \rightarrow (CH_2O)$$

Formaldehyd   Kohlenhydrat

Das einzige, was von dieser Theorie bis heute geblieben ist, ist der Name Kohlenhydrat, der eine Verbindung von Kohlenstoff mit Wasser bedeutet. Tatsächlich wird Kohlenhydrat gar nicht auf diese Weise gebildet. Nach den Formeln würde ja der entstandene Sauerstoff vom Kohlendioxid stammen. Man hat aber durch Anwendung von «markierten» Sauerstoffatomen (verschiedenen sog. Sauerstoffisotopen) zeigen können, daß der entstandene Sauerstoff aus dem Wasser stammt. Damit bricht das ganze genannte Schema zusammen.

Der neueren Auffassung zufolge bewirkt das Licht stattdessen eine Spaltung des Wassers in Sauerstoff, Wasserstoffionen und Elektronen. Die Wasserstoffionen und die Elektronen wandeln nach dieser Theorie das Kohlendioxid in einer komplizierten Reaktionskette in Kohlenhydrat und Wasser um:

(1) $2 H_2O + \text{Licht} \rightarrow O_2 + 4 H^+ + 4 e^-$

(2) $4 H^+ + 4 e^- + CO_2 \rightarrow \ldots \rightarrow (CH_2O) + H_2O$

Summe $2 H_2O + CO_2 + \text{Licht} \rightarrow O_2 + (CH_2O) + H_2O$

Diese Theorie wirkt aus mehreren Gründen recht anziehend. Erstens erklärt sie, wie der Sauerstoff in Übereinstimmung mit den obengenannten Experimenten mit markierten Atomen vom Sauerstoff des Wassers kommen kann. Zweitens kann man unter gewissen experimentellen Bedingungen eine Sauerstoffentwicklung ohne gleichzeitige Reduktion von Kohlendioxid erhalten, wenn man die Elektronen mit anderen reduzierbaren Stoffen abfängt. Auch diese Tatsache ist mit der obigen Theorie leicht zu erklären. Drittens kann man mit einer kleinen Veränderung dasselbe Schema für die Photosynthese der Bakterien verwenden. Die photosynthetischen Bakterien bilden im Gegensatz zu den eigentlichen Pflanzen keinen Sauerstoff, sondern andere oxidierte Stoffe. Sie erhalten die notwendigen Elektronen nicht aus dem Wasser, sondern aus verschiedenen anderen Stoffen, beispielsweise Hyposulfit oder Schwefelwasserstoff; mit Schwefelwasserstoff geschieht dies nach den Formeln:

(1') $\quad 2\,H_2S + \text{Licht} \rightarrow 2\,S + 4\,H^+ + 4\,e^-$

(2') $\quad 4\,H^+ + 4\,e^- + CO_2 \rightarrow (CH_2O) + H_2O$

Summe $\quad 2\,H_2S + CO_2 + \text{Licht} \rightarrow (CH_2O) + 2\,S + H_2O$

Der Reaktionsverlauf für Pflanzen und Bakterien unterscheidet sich bei dieser Darstellungsweise einzig und allein durch den Austausch des Sauerstoffs mit dem artverwandten Schwefel.

In dieses Schema kann man auch leicht kompliziertere Synthesereaktionen einordnen, in denen die Pflanzen nicht nur den Kohlenstoff im Kohlendioxid reduzieren, sondern auch Stickstoff in der Salpetersäure (Nitrationen) und Schwefel in der Schwefelsäure (Sulfationen). Die Lichtreaktion selbst, die Zerlegung des Wassers, bleibt gleich. Der einzige Unterschied besteht darin, wie die Elektronen und Wasserstoffionen des Wassers verwendet werden, also in den rein chemischen Prozessen. Als Beispiel soll uns die Formel für die Bildung der Aminosäure Cystein, die in Proteinen (Eiweißstoffen) enthalten ist, dienen:

$$\underbrace{H^+ + NO_3^-}_{\substack{\text{Nitration} \\ \text{Salpetersäure}}} + \underbrace{2\,H^+ + SO_4^{--}}_{\substack{\text{Sulfation} \\ \text{Schwefelsäure}}} + \underbrace{3\,CO_2}_{\text{Kohlendioxid}} + \underbrace{26\,e^- + 26\,H^+}_{\text{vom Wasser}}$$

$$\rightarrow \ldots \rightarrow HS-CH_2-\underset{\underset{\text{Cystein}}{NH_2}}{CH}-COOH + 11\,H_2O$$

Obwohl diese Theorie einen großen Fortschritt bedeutet, erklärt sie in der geschilderten Fassung nicht die sehr wichtige Rolle, die manche Phosphorverbindungen spielen. Wir haben bisher auch keine Erklärung dafür bekommen, warum Chlorophyll (Blattgrün) in all den Zellen zu finden ist, in denen sich die Photosynthese abspielt.

Kurze Pflanzenanatomie

Alle chlorophyllhaltigen (in der Regel grünen) Pflanzenteile haben die Fähigkeit zur Photosynthese. Bei den meisten Landpflanzen sind die Blätter die wichtigsten Photosyntheseorgane. Abbildung 5A zeigt den inneren Aufbau eines Blattes. Im oberen Kreis sieht man, wie die verschiedenen Zellen im Blattinneren einen ziemlich lockeren Zusammenschluß bilden, mit großen luftgefüllten Räumen dazwischen. Dagegen gibt es keine Zwischenräume zwischen den Zellen in den beiden äußeren Schichten des Blattes, mit Ausnahme der sog. *Spaltöffnungen* (eine ist im Kreis unten links zu sehen und wird später näher beschrieben). Durch die Spaltöffnungen steht die Luft im Blatt mit der Außenluft in Kontakt, und durch diese Öffnungen kann Kohlendioxid aufgenommen und Sauerstoff (und außerdem Wasserdampf) abgegeben werden. Im Kreis unten rechts sieht man eine Zelle vom Blattinneren im größeren Maßstab. In der Zelle sind längliche Körper undeutlich zu sehen. Gerade in diesen sog. *Chloroplasten* ist das Chlorophyll eingelagert und in ihnen findet die Photosynthese statt. Der innere Aufbau der Chloroplasten (Abb. 5B) kann mit einem gewöhnlichen Mikroskop schlecht beobachtet werden. Man benötigt stattdessen ein Elektronenmikroskop, das mit Elektronenstrahlen statt mit Lichtstrahlen arbeitet. Tafel 2 und 3 zeigen elektronenmikroskopische Aufnahmen von Chloroplasten. Auf Tafel 2 sieht man einen ganzen Chloroplasten und unten im Bild ein Stück eines zweiten. Der Chloroplast ist nach außen durch eine doppelte Membran abgegrenzt, die man jedoch bei dieser Vergrößerung nicht als Doppelstruktur erkennt. Im Inneren des Chloroplasten bilden zahlreiche Membranen ein vielschichtiges System. Auf Tafel 3 sehen wir einige solche Membranenschichtungen – *Grana* genannt – noch stärker vergrößert. Die Membranen bilden in Wirklichkeit geschlossene, zusammengedrückte Blasen *(Thylakoide)*. Die meisten Thylakoide sind klein und auf ein Granum begrenzt, aber manche erstrecken sich über mehrere Grana und halten diese zusammen. Das Chlorophyll und die photochemischen Reaktionen sind in den Thylakoidmembranen lokalisiert. Zwischen ihnen befinden sich verschiedene

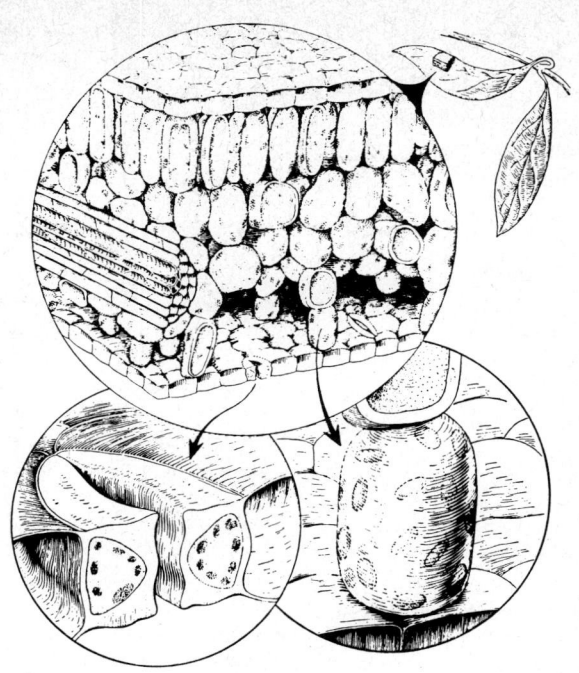

Abb. 5A. Der Aufbau der Pflanzenblätter in verschiedenen Vergrößerungen. Oben rechts das äußere Erscheinungsbild. Der obere Kreis zeigt einen Blattquerschnitt. Man sieht die oberen und unteren begrenzenden Zellschichten (in der unteren sind ein paar Spaltöffnungen zu sehen) und dazwischen die locker angeordneten, photosynthetisierenden Zellen mit luftgefüllten Zwischenräumen. Die stäbchenförmige Struktur links ist ein durchgeschnittenes Leitbündel (in der Alltagssprache fälschlicherweise Blattnerv genannt). Es entspricht gewissermaßen unseren Blutgefäßen. Im unteren linken Kreis sieht man eine Spaltöffnung bei stärkerer Vergrößerung, im rechten eine Zelle des Blattinneren. In beiden Fällen sind Chloroplasten in den Zellen undeutlich zu sehen. Zeichnung von E. L. Gillispie aus «Principles of plant physiology» von James Bonner und Arthur W. Galston. Freeman & Co., San Francisco. Copyright © 1952.

Enzyme und andere Stoffe, die für die Photosynthese von Bedeutung sind.
Nicht alle Chloroplasten besitzen Grana. Als Vergleich zur Tafel 2 und 3, die die Wasserpest zeigen, betrachten wir die Grünalge Chlorella (Abb. 6). Sie lebt in Süßwasser, an feuchten Stellen und als Symbiont

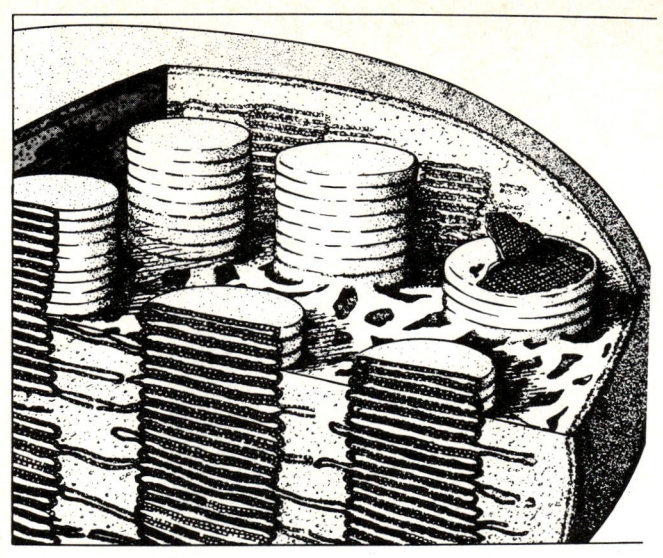

5B.) Ein aufgeschnittener Chloroplast (nur teilweise sichtbar) mit der Schnittfläche zum Leser hin. Auf der Tafel Nr. 2 liegt die Schnittfläche ebenfalls quer zu den Membranen. Die doppelte Außenmembran ist auf der Oberseite teilweise entfernt, so daß die innere Struktur mit Grana perspektivisch sichtbar ist. Jedes Granum besteht aus einem Stapel flacher Membranblasen, Thylakoide. Ein Thylakoid wurde geöffnet, sodaß man die aus Proteinmolekülen bestehende, körnige Innenseite der Membran sehen kann. Die Chlorophyllmoleküle, die auch in den Membranen enthalten sind, sind zu klein, als daß man sie sehen könnte. Aus «Cell and molecular biology» von E. J. DuPraw. Academic Press 1968.

in Flechten und einigen niedrigen Tieren. Die ganze Pflanze besteht aus einer einzigen Zelle. Diese wird zum größten Teil von einem einzigen großen Chloroplasten, der den Zellkern umschließt, ausgefüllt. Jedes Thylakoid geht hier durch einen beträchtlichen Teil des Chloroplasten hindurch.

Die Eigenschaften des Chlorophyllmoleküls

Die chemische Formel für Chorophyll a geht aus Abbildung 7A hervor. Das Molekül ist aus fünf Ringen aufgebaut, die zusammen einen großen

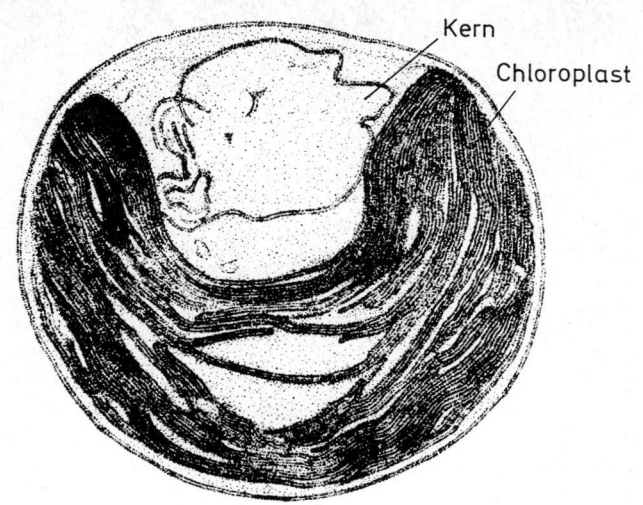

Abb. 6: Die einzellige Grünalge Chlorella, die in Süßwasser, an feuchten Stellen und auch als Symbiont in Flechten und manchen niedrigeren Tieren lebt. Sie ist auch in vielen Laboratorien der ganzen Welt anzutreffen, da sie ein beliebtes Versuchsobjekt für Photosyntheseexperimente ist. Der große, schalenförmige Chloroplast füllt den größeren Teil der Zelle aus und umschließt den Zellkern. Die Thylakoide sind nicht in Grana organisiert, was auch bei den Blattchloroplasten nicht immer der Fall sein muß. Umgezeichnet nach einer Abbildung von R. W. Treharne, C. W. Melton & R. M. Roppel. Aus «Lehrbuch der Pflanzenphysiologie» von H. Mohr. Springer Verlag 1969.

Ring bilden. In der Mitte des großen Ringes sitzt ein Magnesiumatom. Das ganze bildet eine flache Scheibe von der Größe $1,5 \times 1,5$ nm. An dieser «Scheibe» hängt ein langer «Schweif» von Kohlenstoffatomen. Er hält das Molekül in der richtigen Lage in der Pflanze – genau gesagt in den Thylakoidmembranen. Im Ringsystem gibt es viele Doppelbindungen zwischen den Atomen. Im großen Ringsystem stehen abwechselnd Einfachbindungen und Doppelbindungen hintereinander. Eine solche Anordnung nennen die Chemiker ein «geschlossenes, konjugiertes System». Daraus resultieren zwei wichtige Eigenschaften des Moleküls: große Lichtabsorptionsfähigkeit (vergleiche Abb. 2 und unten) und große Stabilität. Der «Schweif», das Magnesiumatom und einige Atome außerhalb des Ringsystems können sich lösen, wenn man das Molekül mit Wärme, Säuren etc. behandelt, aber das eigentliche Ringsystem

bleibt sogar in manchen sehr alten Fossilien, besonders in Petroleum (Erdöl), erhalten.
Aus einem chlorophyllähnlichen Ringsystem besteht auch unser roter Blutfarbstoff – Hämoglobin – wie auch die Cytochrome, von denen später noch die Rede sein wird. In diesen Molekülen sitzt im Zentrum des Ringes anstelle eines Magnesiumatoms ein Eisenatom.
Die Schreibweise des Chlorophyllformels ist etwas willkürlich. Man hätte die Doppelbindungen genau so gut auf elf andere mögliche Arten einzeichnen können. Die verschiedenen Formeln sind in der chemischen Sprache verschiedene Bezeichnungen für dasselbe Molekül. Die vielen konjugierten Doppelbindungen bedeuten, daß es «lose» Elektronen – *Pi-Elektronen* – gibt, die nicht irgendwelchen Atomen speziell zugeordnet sind. Der Wirklichkeit am nächsten kommt die Vorstellung, daß die Pi-Elektronen auf jeder Seite des Ringsystems (vor und hinter der Ebene des Papiers) Wolken bilden. Wenn viele Chlorophyllmoleküle dicht zusammenliegen, wie in der lebenden Pflanze, so fließen die verschiedenen Wolken zusammen, und jedes Pi-Elektron gehört sozusagen einem ganzen Molekülverband an statt einem einzelnen Molekül.

Die Energieniveaus des Chlorophyllmoleküls

Im Absorptionsspektrum der Abbildung 2 kann man zwei Hauptmaxima unterscheiden. Die kleineren Maxima an der Kurzwellenseite jedes Hauptmaximums können wir in den folgenden Betrachtungen außer Acht lassen. Die beiden Hauptmaxima, eines im blauen, eines im roten Lichtspektrum, entsprechen den beiden elektronischen Energieniveaus im Molekül, siehe Abbildung 8. Die aufwärtsgehenden Pfeile bezeichnen die Absorption von Photonen und die Anhebung des Moleküls vom Grundzustand in ein höheres elektronisches Niveau. Die Pfeilspitzen enden ein Stück über dem jeweiligen elektronischen Niveau, um zu zeigen, daß das Photon dem Molekül auch etwas Vibrationsenergie liefert (die genaue Energiemenge hängt von der Wellenlänge des absorbierten Photons ab). Die Vibrationsenergie wird schnell als Wärme an andere Moleküle abgegeben (siehe Seite 5), was die nach unten gerichteten Pfeile andeuten. Wenn das Molekül ein Photon blauen Lichts absorbiert hat und deshalb auf ein höheres elektronisches Niveau gelangt, wird außerdem noch ein Teil der elektronischen Energie als zusätzliche Vibrationsenergie verbraucht. Als Folge davon befindet sich das Molekül innerhalb kürzester Zeit (in 0,000 000 001 sek.) nach der Absorption auf dem niedrigeren, «roten» Energieniveau, unabhängig von der

Art des absorbierten Lichts. Auch dieser Energiezustand ist kurzlebig, aber das Molekül kann die restliche Energie auf verschiedene Weise abgeben.
Eine Möglichkeit der Energieabgabe ist ein direkter Rückgang in den Grundzustand, wobei der größte Teil der Energie in Form eines Photons abgestrahlt wird. Das heißt, das Chlorophyll sendet Licht zurück – es fluoresziert. Auch in diesem Fall wird ein Teil der Energie als Vibrationsenergie verbraucht. Das Fluoreszenzspektrum, d. h. die Wellenlängenverteilung des ausgesandten Lichts, hat daher sein Maximum bei etwas größerer Wellenlänge als das «rote» Maximum im Absorptionsspektrum (Abb. 2). Wenn man das Chlorophyll aus der Pflanze extrahiert und z. B. in Äther gelöst hat, so wird ungefähr ein Drittel der absorbierten Photonen auf die geschilderte Weise zu Fluoreszenzphotonen. Man kann daher sehen, wie die Chlorophyllösung in

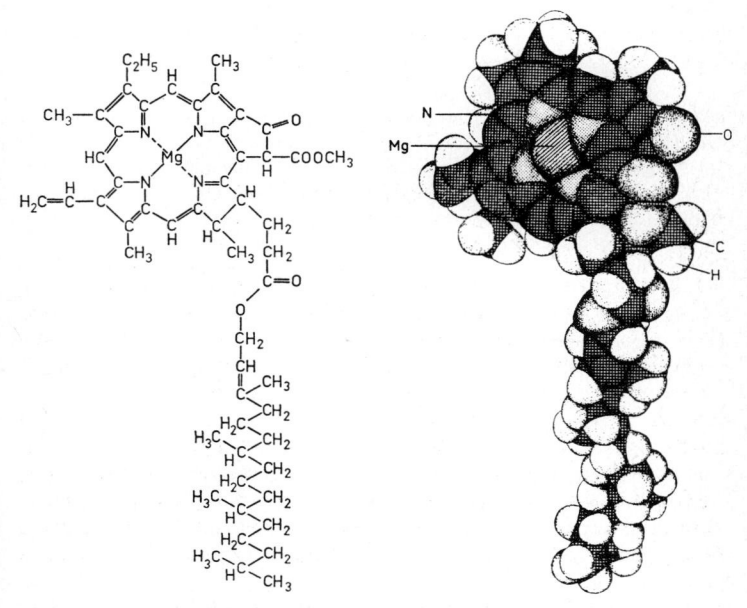

Abb. 7A. Die Formel für Chlorophyll a. Das Molekül besteht aus einer quadratischen Scheibe mit einer Seitenlänge von 1,5 mm und einem 2 nm langen Schweif.
B. Zeigt ein Modell des Moleküls. Nach einem Modell von W. Kreutz. Aus «Lehrbuch der Pflanzenphysiologie» von H. Mohr, Springer Verlag 1969.

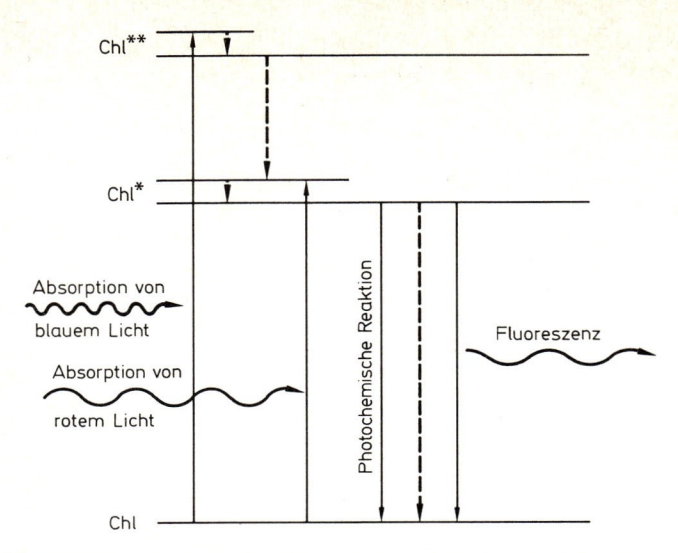

Abb. 8: Die Energieniveaus des Chlorophyllmoleküls. Durch Absorption eines Photons blauen Lichts geht ein Chlorophyllmolekül vom Grundzustand Chl in den zweiten angeregten Zustand Chl**. Durch Umwandlung von Elektronenenergie in Wärmeenergie fällt es auf den ersten angeregten Zustand Chl* zurück (was auch direkt durch Absorption eines Photons roten Lichts erreicht werden kann). Eine Rückkehr vom Grundzustand vollzieht sich anschließend durch Energieabgabe entweder durch photochemische Reaktion (siehe Abb. 9), Wärmeverlust oder Fluoreszenz. Die gestrichelten Pfeile geben den Energieverlust in Form von Wärme an. Eine Anzahl weniger wahrscheinlicher Energieniveaus, den niedrigeren Maximas im Absorptionsspektrum entsprechend (Abb. 2), sind nicht eingezeichnet.

hellem Licht, z. B. Sonnenschein, rot aufleuchtet. Die Fluoreszenz des Chlorophylls im lebenden Blatt ist dagegen so schwach, daß man sie nur mit empfindlichen Apparaturen registrieren kann. Es wäre ja auch eine unerhörte Verschwendung der aufgenommenen Lichtenergie, wenn die Pflanze einen so großen Teil davon wieder in Form von Fluoreszenz aussenden würde.

In der lebenden Pflanze wird also nur ein unbedeutender Teil der absorbierten Photonen zu Fluoreszenzphotonen. Der «Normalvorgang» ist stattdessen, daß die energiereichen Chlorophyllmoleküle mit anderen Molekülarten chemisch reagieren.

Wir werden nun an das anknüpfen, was über Redoxreaktionen gesagt wurde. Nehmen wir an, daß wir zwei Stoffe haben – A und B – die Elektronen aufnehmen und abgeben können. Befindet sich ein Elektron auf einem Molekül A, hat es niedrigere Energie als auf einem Molekül B. Ein Elektron kann von einem Molekül B zu einem Molekül A überwechseln, wenn «der Weg frei ist». Dagegen ist es für das Elektron beinahe ebenso schwierig, sich zurückzubewegen, wie für einen Wassertropfen den Wasserfall wieder hinaufzuspringen. Wir können uns diese Verhältnisse veranschaulichen, wenn wir A und B auf verschiedenen Energieniveaus in ein Diagramm einzeichnen, genau so wie beim Hydrochinon und Silber auf Seite 18:

$$B$$
$$\downarrow e^-$$
$$A$$

Wir setzen jetzt weiter voraus, daß ein Elektron im Chlorophyllmolekül, das durch Lichtabsorption auf einem hohen Energieniveau sitzt, sich energetisch höher als B befindet. Dabei spielt es jetzt keine Rolle, daß es mehr als ein angeregtes Energieniveau über dem Grundzustand gibt, da vermutlich nur das niedrigste für chemische Reaktionen von Bedeutung ist. Dagegen liegt das Elektron im Grundzustand des Chlorophylls energetisch tiefer als A.

Offenbar kann nun folgendes stattfinden (Abb. 9): das Chlorophyll absorbiert ein Photon, wobei ein Elektron vom Grundzustand auf ein energiereicheres Niveau gehoben wird (man sagt, daß das Chlorophyllmolekül in einen angeregten Zustand übergeht). Von hier aus verläßt es ganz das Chlorophyllmolekül und wechselt auf ein Molekül B über. Im Chlorophyllmolekül ist jetzt Platz für ein neues Elektron, das von A zum Grundniveau des Chlorophylls übergeht. Das Endergebnis ist, daß ein Elektron von einem Molekül A zu einem Molekül B übergewechselt hat. Das Elektron hat seine Energie auf Kosten der Energie des absorbierten Photons erhöht. Das Chlorophyllmolekül fungiert als Pumpe für Elektronen.

Könnte das Elektron jetzt direkt zurück von B zu A, würde es keine weiteren chemischen Reaktionen geben. Die ganze Lichtenergie würde in Wärmeenergie umgewandelt werden, und es gäbe kein Leben auf dieser Erde. Daher können die Moleküle, die am Photosyntheseprozeß teilnehmen, nicht willkürlich herumschwimmen, sondern müssen sehr geordnet in der Zellstruktur sitzen, genau gesagt in den Thylakoidmembranen der Chloroplasten. Durch diese molekulare Maschinerie werden die Elektronen in bestimmter Weise geleitet, sodaß ihre Energie verwertet werden kann, etwa so wie Wassertropfen in einem Kraftwerk durch Turbinen geleitet werden, statt frei in die Tiefe zu stürzen.

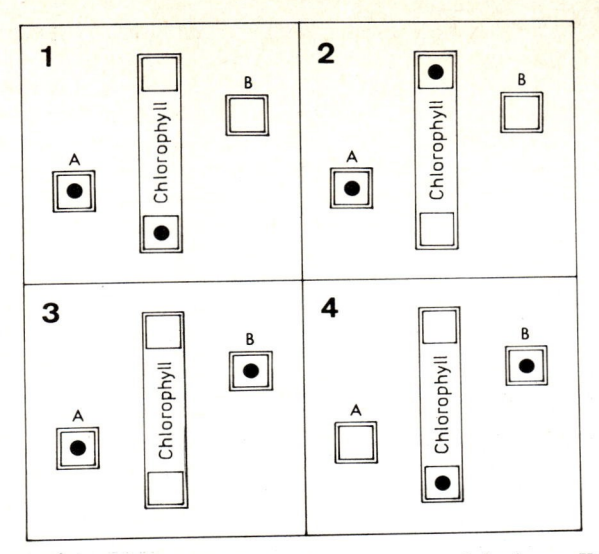

Abb. 9: Das Chlorophyllmolekül als Elektronenpumpe. Jedes innere Kästchen stellt einen möglichen Platz für ein bewegliches Elektron dar, jedes äußere ein Molekül. Die Höhe der Kästchen gibt das Energieniveau in den verschiedenen Fällen an.
A ist ein Molekül mit schwächerer Reduktionsfähigkeit als B; daher ist A tiefer eingezeichnet. Ist A «leer», d. h. oxidiert und B mit einem Elektron «besetzt», d. h. reduziert, so haben die Elektronen die Tendenz, von B und A zu «fallen» oder zu «fließen», sodaß B oxidiert und A reduziert wird.
Damit das Elektron in die entgegengesetzte Richtung bewegt werden kann, muß es mit Hilfe des Chlorophyllmoleküls «hinaufgepumpt» werden. Dieses Molekül hat zwei verschiedene Kästchen für das bewegliche Elektron. Zuunterst sehen wir das normale Kästchen, das besetzt ist, wenn sich das Molekül im Grundzustand befindet. Wenn das Elektron von einem Photon getroffen wird, kann es ins obere Kästchen «hinaufgestoßen» werden, d. h. das Molekül geht in den angeregten Zustand über (2). Wenn B «leer» (oxidiert) ist, kann das Elektron dann dort hinüberfließen (3), während das Chlorophyllmolekül von A ins untere Kästchen «hinunterfließt» (4). Der Einfachheit halber ist nur einer der angeregten Zustände des Chlorophyllmoleküls dargestellt.

Carotinoide

Die feste Organisation des Photosyntheseapparates und die sorgfältige Kanalisierung der Energie ist auch in anderer Hinsicht wichtig. Das verstehen wir am besten, wenn wir uns klarmachen, welcher Wärmeenergiemenge die Energie eines Photons entsprechen würde. Ein Photon mit der Wellenlänge 450 nm ist so energiereich, daß es einen Temperaturanstieg von etwas mehr als 20.000° C bewirken würde, wenn man sich die Energie konzentriert auf ein isoliertes Atom vorstellt. Handelt es sich um ein Wasserstoffatom, so kann man auch sagen, daß es der Bewegungsenergie bei einer Geschwindigkeit von 23 km/sek. entspricht. Eine Maschine, z. B. ein elektrischer Motor, kann überhitzt und zerstört werden, wenn sich ein Teil verklemmt und die Rotation bremst. Man kann sich unschwer vorstellen, daß auch das widerstandsfähige Chlorophyllmolekül und der übrige Photosyntheseapparat beschädigt werden können, wenn die konzentrierte Energie eines Photons falsche Wege einschlägt. Normalerweise geht ja nicht die ganze Photonenener-

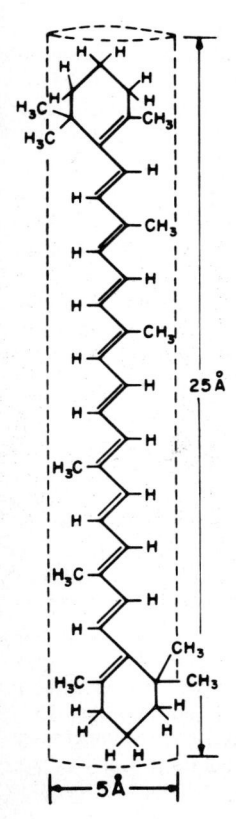

Abb. 10: Die Formel für Beta-Carotin. 25 Å = 2,5 nm.

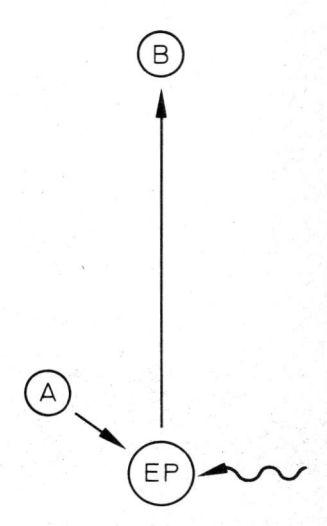

Abb. 11. Der Elektronenpumpe (EP) wird Energie (welliger Pfeil) zugeführt und sie pumpt dabei Elektronen vom Stoff A zum Stoff B. Die Elektronen haben in B ein höheres Energieniveau als in A. Dieses Symbol, das auf vereinfachte Weise denselben Sachverhalt wie Abb. 9 zeigt, wird in Abb. 13 und 16 verwendet.

gie in Wärme über. Wenn das Chlorophyll blaues Licht absorbiert, muß ja auf jeden Fall die Energie vom hohen angeregten Niveau auf ein niedrigeres angeregtes Niveau gesenkt werden (siehe Abb. 8). Das bedeutet, daß nur ungefähr $^2/_3$ der Energie als elektronische Energie übrigbleibt. Es ist wichtig, daß die überschüssige Energie schnell vom Chlorophyllmolekül abgeführt und auf viele Moleküle verteilt wird. Man glaubt, daß eine Stoffgruppe, die *Carotinoide*, hierbei eine wichtige Rolle spielen. Es gibt Mißbildungen von Pflanzen, denen die Carotinoide fehlen, ungefähr so, wie bei farbenblinden Menschen, denen von Geburt an ein Stoff in den Augen fehlt. Keimlinge dieser Pflanzen sterben rasch, da ihr Chlorophyll bei Belichtung zerstört wird. Auch normale Pflanzen, die eine vererbte Anpassung an schwaches Licht haben, z. B. Bodenpflanzen in dichten Wäldern, werden beschädigt, wenn sie starkem Licht ausgesetzt werden.

Eines der wichtigsten Carotinoide ist Beta-Carotin, dessen Formel in Abbildung 10 steht. Wir sehen, daß auch dieses Molekül, wie das Chlorophyllmolekül, ein ganzes System sich abwechselnder Einfach- und Doppelbindungen zwischen den Kohlenstoffatomen enthält, also konjugierte Bindungen. Manche Carotinoide (sog. Xanthophylle) enthalten außer Kohlenstoff- und Wasserstoffatomen auch Sauerstoffatome. Wir werden die Carotinoide auch in anderen Zusammenhängen in diesem Buch antreffen (Seite 73, 108, 111). Die Namen Carotin und Carotinoid rühren daher, daß die Karotte (Daucus carota) in ihren Wurzeln ungewöhnlich große Mengen dieser Stoffe enthält, hauptsächlich Beta-Carotin. Die meisten Carotinoide sind gelb (Butterblume, Eigelb) oder orangerot (Karotte, Tomate, Apfelsinenschale, Hagebutte).

Die Elektronentransportkette

Nach dieser kleinen Abschweifung zu den Carotinoiden kehren wir zu der eigentlichen Photosynthese und der Rolle des Chlorophylls als Elektronenpumpe zurück. Wir können die vorher geschilderte Elektronenpumpe mit dem vereinfachten Symbol in Abbildung 11 darstellen. Die geraden Pfeile zeigen, wie das Elektron von A zu B energetisch «hochgehoben» wird und der wellige Pfeil zeigt, wie die Lichtenergie in die «Pumpe» eindringt. In den Chloroplasten gibt es zwei Arten von Pumpen, die wir künftig mit EP I und EP II bezeichnen. In beiden Fällen besteht die Pumpe aus Chlorophyll a, ist jedoch an verschiedene Proteine gebunden. Außerdem repräsentieren A und B in beiden Fällen verschiedene Stoffe.

Bei EP I ist A wahrscheinlich ein eisenhaltiges Protein, Cytochrom f. B ist Ferredoxin, ebenfalls ein Eisen enthaltendes Protein. Bei EP II ist A ein unbekannter, manganhaltiger Stoff und B = Plastochinon, ein Stoff, der dem Chinon ähnelt, mit dem wir früher (S. 17) zu tun hatten. Der Unterschied besteht darin, daß Plastochinon einen «Schweif» hat, der es an der richtigen Stelle fixiert (Abb. 12, vergleiche den «Schweif» des Chlorophyllmoleküls). In Wirklichkeit gibt es mindestens zwei verschiedene Chinone, die nacheinander in der Transportkette vorkommen.

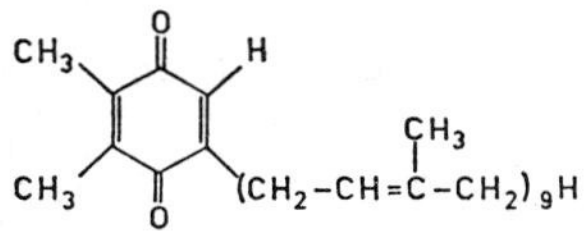

$$CH_3 \text{ (ring with O, H, CH}_3\text{)} (CH_2-CH=\overset{CH_3}{C}-CH_2)_9 H$$

Abb. 12: Die Formel für Plastochinon. In diesem Fall bilden 9 Glieder den «Schweif», doch kann die Anzahl variieren.

Abb. 13: Der Elektronentransport von Wasser zu NADP mit Hilfe von zwei hintereinandergekoppelten, lichtgetriebenen Elektronenpumpen. EP I bzw. EP II bezeichnen die Chlorophyll a-Moleküle, die als Pumpen in den beiden photochemischen Systemen fungieren. Ihnen wird Lichtenergie (wellige Pfeile) über «Antennenpigmente» zugeführt. Die durchgezogenen, geraden Pfeile zeigen den Weg der Elektronen zwischen verschiedenen Molekülen. Der gestrichelte Pfeil stellt einen Alternativweg (zyklischer Elektronentransport) dar und der gepünktelte Pfeil die Phosphorylierung, die später erklärt wird (Phosphorsäure ist der Einfachheit halber nur mit P bezeichnet). Die numerierten Stoffe in der Elektronentransportkette sind:

1. Unbekannte Verbindung mit Mangan.
2. Plastochinon. In Wirklichkeit gibt es in den Chloroplasten mehrere verschiedene Chinone. Man hat ihren Zusammenhang noch nicht vollständig erkannt.
3. und 4. Cytochrom b_6 bzw. Cytochrom f. Das sind Proteine mit einem chlorophyllähnlichen Farbstoffteil, dem statt des Magnesiumatoms ein Eisenatom eingelagert ist.
5. und 6. Ferredoxin, ein Protein, das an Schwefel gebundenes Eisen enthält. Die Elektronen gelangen zuerst an Ferredoxin, das an die Membrane gebunden ist (5), danach an freies Ferredoxin (6), das in der Flüssigkeit außerhalb den Thylakoiden gelöst ist.
7. NADP-Reduktase, ein flavin- (Vitamin B_2-) haltiges Protein.

Man nimmt an, daß auch andere Stoffe, z. B. das kupferhaltige Protein Plastocyanin, am Elektronentransport teilnehmen, obwohl ihre Einreihung in das Schema umstritten ist. – Wenn das Wasser Elektronen abgibt, werden Sauerstoffmoleküle und Wasserstoffionen gebildet. Die letzteren werden teilweise wieder mit den Elektronen zusammen bei der Reduktion von NADP verwendet. Der Nullpunkt der Energieskala wurde willkürlich auf das Niveau des Wassers festgelegt; die Skala ist direkt vergleichbar mit der in Abb. 16. Die Energieeinheit ist Elektronenvolt (eV). Ein Elektron erhöht seine Energie um 1,5 eV, wenn man es vom positiven zum negativen Pol in einer 1,5 V Taschenlampenbatterie transportiert. Die Gesamtleistung der hintereinandergeschalteten Pumpen ist etwa gleich groß.

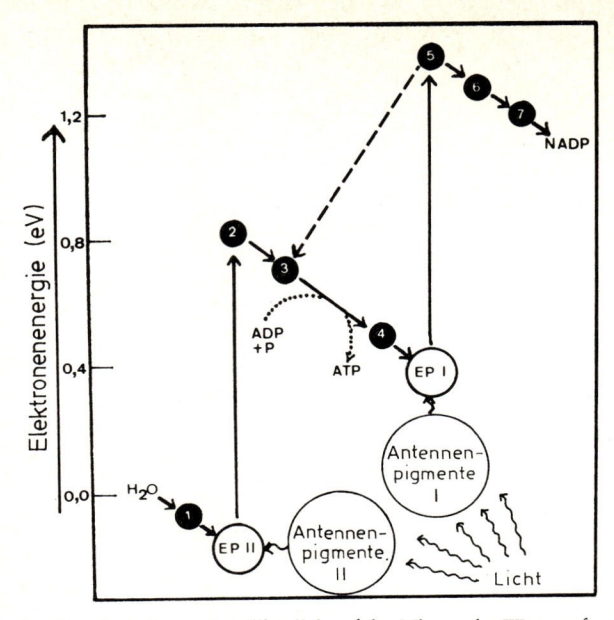

Die beiden Pumpen sind hintereinandergekoppelt, wie Abbildung 13 zeigt. Die Elektronen «fließen» die ganze Zeit «nach unten» (verlieren Energie), außer wenn sie mit Hilfe von einer der beiden Pumpen «hochgehoben» werden. Außer den beiden Stoffen, die schon erwähnt wurden, passieren die Elektronen noch ein weiteres Cytochrom und möglicherweise auch ein kupferhaltiges Protein, Plastocyanin genannt. Sie gelangen allmählich an NADP (Abkürzung für Nikotinamid-Adenin-Dinukleotid-Phosphat; Formel in Abb. 14). Weitere Stoffe sind vermutlich in dieser *Elektronentransportkette* enthalten, aber der Einfachheit halber wurden sie ausgelassen, da sie für das Verständnis des Prinzips nicht notwendig sind. Wenn bei der Spaltung des Wassers Elektronen freigesetzt werden, geht, wie bereits erwähnt, der Sauerstoff des Wassers in gasförmigen Zustand über, und aus dem Wasserstoff entstehen Wasserstoffionen. Wenn die Elektronen von NADP aufge-

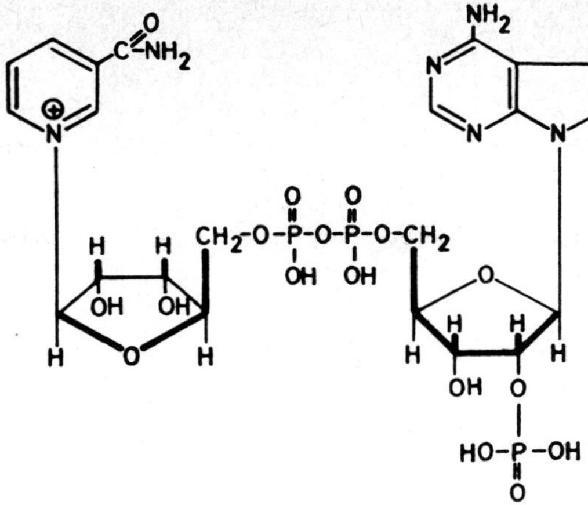

Abb. 14: Die Formel für NADP (Nikotinamid-Adenin-Dinukleotid-Phosphat) in seiner oxidierten Form, die oft als NADP$^+$ bezeichnet wird. Bei der Reduktion werden 2 Elektronen und ein Wasserstoffion aufgenommen. Hierbei wird die positive Ladung ausgeglichen und die Doppelbindung des linken Stickstoffatoms in eine Einfachbindung umgewandelt; der Wasserstoff wird auf dem benachbarten Kohlenstoffatom gebunden. Die reduzierte Form von NADP wird NADPH genannt. Der Reduktionsverlauf kann also wie folgt geschrieben werden: $NADP^+ + 2H^+ + 2e^- \rightarrow NADPH + H^+$

nommen werden, nachdem sie die Elektronentransportkette passiert haben, werden auch Wasserstoffionen aufgenommen. Der eigentliche Ablauf ist daher folgender:

$2 H_2O + 2 NADP^+ + Licht \rightarrow O_2 + 2 NADPH + 2 H^+$.

Dies kann mit der Formel (1), Seite 20, verglichen werden, die im Prinzip dasselbe aussagt. Die Elektronen und ein Teil der Wasserstoffionen, die in den Formeln (1) und (2) in freier Form geschrieben wurden, werden also in Wirklichkeit in NADPH (= reduziertes Nikotinamid-Adenin-Dinukleotid-Phosphat) «eingebaut».

Photosynthetische Phosphorylierung

Beim Betrachten des Diagramms in Abbildung 13 kann man sich fragen, warum sich die Natur nicht mit einer «Elektronenpumpe» begnügt hat,

um die Elektronen direkt vom Wasser zum NADP hochzuheben. Welchen Vorteil hat das Gefälle zwischen den beiden «Pumpen»? Wird hier nicht Energie, die in die EP II hineingesteckt wird, vergeudet?
Die Antwort ist, daß auch ein beträchtlicher Teil dieser Energie verwertet wird. Um das Wie zu verstehen, müssen wir einige Eigenschaften der Phosphorsäure kennenlernen.
Gewöhnliche Phosphorsäure, sog. Ortho-Phosphorsäure, hat die Formel H_3PO_4. Um die Struktur des Moleküls zu zeigen, können wir folgendermaßen schreiben:

$$\begin{array}{c} OH \\ | \\ HO-P-OH \\ \| \\ O \end{array}$$

Wenn die Ortho-Phosphorsäure erhitzt wird, schließen sich die Moleküle paarweise unter Abspaltung von Wasser zusammen:

$$\text{Wärme} + \underset{\underset{O}{\|}}{\underset{|}{HO-P-OH}} + \underset{\underset{O}{\|}}{\underset{|}{HO-P-OH}} \rightarrow \underset{\underset{O}{\|}}{\underset{|}{HO-P-O}} - \underset{\underset{O}{\|}}{\underset{|}{P-OH}} + H_2O$$

Diese neu entstandene Form wird Pyrophosphorsäure genannt.
Die Pyrophosphorsäure ist in Wasser leicht löslich. In wässriger Lösung reagieren die Moleküle langsam mit den Wassermolekülen und werden unter Wärmeeinwirkung in Ortho-Phosphorsäure-Moleküle gespalten, d. h. die Reaktion nach der obigen Formel verläuft rückwärts. Daraus ist ersichtlich, daß die Ortho-Phosphorsäure-Moleküle Energie dadurch speichern können, daß sie sich zusammenschließen, und daß diese Energie leicht wieder freigesetzt werden kann, wenn Wasser zum Lösen der Bindung vorhanden ist.
Die Natur benützt ein solches System für eine kurzfristige Energiespeicherung. Wir haben gesehen, daß die Chlorophyllmoleküle (Seite 25, Abb. 7) und die Plastochinonmoleküle (Seite 33, Abb. 12) «Schweife» oder «Griffe» haben, die sie daran hindern, willkürlich umherzuschwimmen. Etwas Ähnliches kommt auch bei den Phosphorsäuremolekülen vor, von denen die Organismen Gebrauch machen. Diese Tatsache ermöglicht es der Energie, die in der Phosphatbindung gespeichert wird, sich auf organisiertere und nützlichere Weise als in Form von Wärmeenergie freizusetzen. In verschiedenen biochemischen Zusammenhängen existieren verschiedene «Phosphatgriffe». Der wichtigste ist

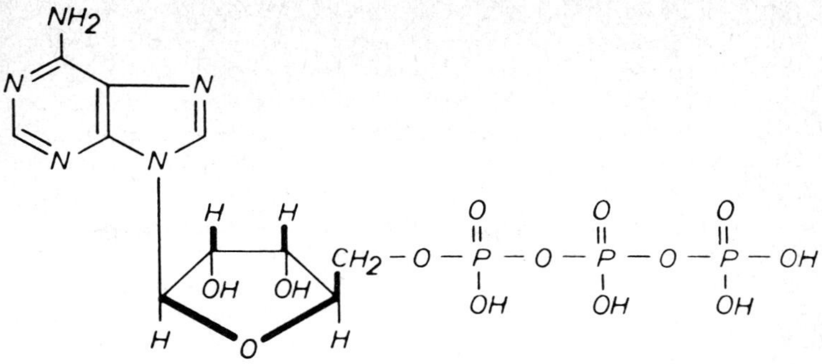

Abb. 15: Die Formel für ATP (Adenosintriphosphorsäure).
Das Molekül besteht aus Adenin (das obere stickstoffhaltige Ringsystem), Ribose (der sauerstoffhaltige Ring) und drei Phosphatgruppen. Die entsprechende Verbindung ohne Phosphatreste nennt man Adenosin, mit einer Phosphatgruppe Adenosin-monophosphorsäure (AMP) und mit zwei Phosphatgruppen Adenosin-diphosphorsäure (ADP).

Adenosin, das auch im Photosyntheseprozess verwendet wird. Adenosin besteht aus der Stickstoffbase Adenin, die an den Zucker Ribose gebunden ist (siehe Abb. 15).
Wenn man die Formel für Adenosin A-OH abkürzt, kann man ihre Verbindungen mit Phosphorsäure so schreiben:

Adenosin-monophosphorsäure (AMP)

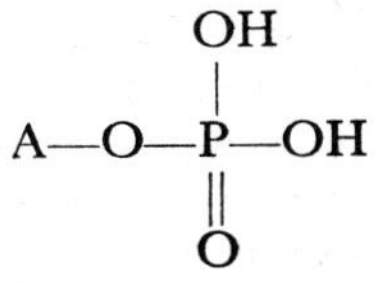

$$A-O-\underset{\underset{O}{\|}}{\overset{\overset{OH}{|}}{P}}-OH$$

Adenosin-di-Phosphorsäure (ADP)

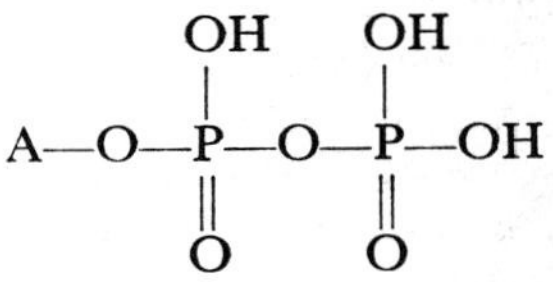

$$A-O-\underset{\underset{O}{\|}}{\overset{\overset{OH}{|}}{P}}-O-\underset{\underset{O}{\|}}{\overset{\overset{OH}{|}}{P}}-OH$$

Adenosin-tri-Phosphorsäure (ATP)

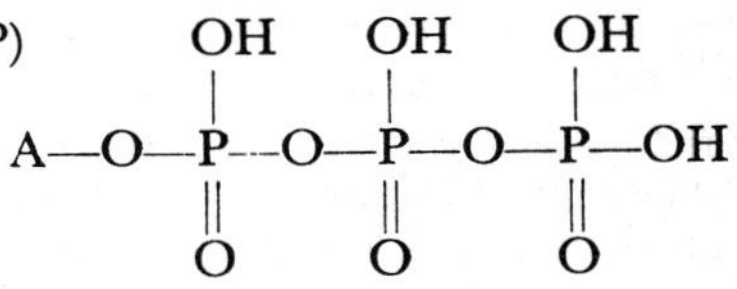

$$A-O-\underset{\underset{O}{\|}}{\overset{\overset{OH}{|}}{P}}-O-\underset{\underset{O}{\|}}{\overset{\overset{OH}{|}}{P}}-O-\underset{\underset{O}{\|}}{\overset{\overset{OH}{|}}{P}}-OH$$

An das Adenosin können, wie die Formeln oben zeigen, eine, zwei oder drei Phosphorsäuregruppen gebunden sein. Die verschiedenen Verbindungen haben lange, schwierige Namen, man benützt daher die Abkürzungen AMP, ADP und ATP (siehe oben). Mit ADP und ATP werden wir es in diesem Kapitel zu tun haben, auf AMP werden wir in Kapitel 3 zurückkommen. ATP enthält eine *energiereiche Phosphatbindung* mehr als ADP.

Auf eine noch nicht ganz geklärte Weise hängt die Elektronenüberführung in Abbildung 13 mit der Bildung von ATP und Wasser aus ADP und Ortho-Phosphorsäure zusammen. Als Beispiel können wir die Elektronenüberführung zwischen den Cytochromen nennen. Ein Cytochrommolekül enthält einen Proteinanteil als «Griff» und ein chlorophyllähnliches Ringsystem. In der Mitte des Ringsystems sitzt ein Eisenatom. Dieses wird bei der Elektronenüberführung oxidiert bzw. reduziert. Wir können also die Reaktion der Elektronenübertragung von Cytochrom b_6 auf Cytochrom f nach folgender Formel schreiben:

$$Cyt.b_6Fe^{++} + Cyt.fFe^{+++} + ADP + H_3PO_4 \rightarrow$$
$$\rightarrow Cyt.b_6Fe^{+++} + Cyt.fFe^{++} + ATP + H_2O$$

Bei dieser Reaktion verlieren die Elektronen Energie, da sie von Cytochrom b_6 zum energetisch tiefer liegenden Cytochrom f «fallen». Ein großer Teil dieser Energie wird in der neu hinzukommenden Phosphatbindung in ATP gespeichert. In ähnlicher Weise wird ATP vermutlich auch an anderen Stellen in der Elektronentransportkette gebildet, aber man ist sich nicht über den Ort und die Anzahl der Stellen einig. Wahrscheinlich verhalten sich auch nicht alle Pflanzen völlig gleich.

Durch die Bindung eines Teiles der Energie in ATP wird die Umwandlung von Lichtenergie in chemische Energie besonders effektiv. Man kennt viele andere photochemische Reaktionen – sowohl natürliche wie auch künstlich herbeigeführte –, aber bei keiner wird die Energie so wirkungsvoll ausgenützt wie bei der Photosynthese.

Unter gewissen Umständen kann die Pflanze Pumpe II ausschalten, und Pumpe I hebt die Elektronen auf den obersten Abschnitt des Gefälles (noch oberhalb der Cytochrome), anstatt zu Ferredoxin. In diesem Fall bewegen sich die Elektronen in einem geschlossenen Kreislauf. Es bildet sich dann immer noch ATP, aber weder Sauerstoff noch NADPH («zyklische Photophosphorylierung»).

In Tieren, Pflanzen und Bakterien fließen bei der Atmung die Elektronen über eine Elektronentransportkette, die der der Photosynthese ähnlich ist. Auch diese enthält im allgemeinen Cytochrom, und genauso bilden sich ATP und Wasser aus ADP und ortho-Phosphorsäure. Der wesentliche Unterschied besteht jedoch darin, daß die Elektronen bei der Photosynthese vom Wasser (das zu Sauerstoff oxidiert wird) zu NADP wandern, während sie bei der Atmung von NADH (einer dem NADPH ähnlichen Verbindung, s. unten) zum Sauerstoff (der zu Wasser reduziert wird) wandern. Bei der Atmung fließt der Elektronenstrom die ganze Zeit «abwärts». Im Grunde treiben die «Pumpen» der Photosynthese indirekt auch diesen Strom an.

Photosynthesebakterien

Die Photosynthesebakterien (Abb. 45) sind primitive Lebewesen, und ihre Photosynthese ist einfacher als das eben Skizzierte. Der wichtigste Unterschied ist das Fehlen einer «wasseroxidierenden Pumpe», weshalb sich kein Sauerstoff bilden kann. Stattdessen benützen die Bakterien Elektronen von Schwefelwasserstoff und anderen Verbindungen, die energetisch höher liegen als Wasser, also schon ohne eine Pumpe genügend Energie haben (siehe Abb. 16).

Auch in diesem Fall wird ATP gebildet. Die Verbindung NAD ähnelt NADP, sie hat jedoch eine Phosphorsäuregruppe weniger. Schwefelwasserstoff ist offensichtlich leichter zu oxidieren als Wasser. Man kann sich vorstellen, daß der auf der Erde am frühesten entwickelte Photosynthesetyp von einer einzigen «Elektronenpumpe» angetrieben wurde. Eine Zeitlang gedieh die Bakterienflora in den Gewässern der Erde, solange es Schwefelwasserstoff und andere Stoffe zu oxidieren gab. Da diese Stoffe mit der Zeit knapp wurden, wurden im Kampf um das Dasein solche Organismen bevorzugt, die energetisch ungünstigere Stoffe ausnützen konnten. Schließlich «erfand» die Natur die Oxidation von Wasser mit Hilfe einer besonders modifizierten «Elektronenpumpe». Dies muß zu einer explosionsartigen Entwicklung der Pflanzen und auch des übrigen Lebens geführt haben. Mit dieser «Erfindung» stand ja plötzlich eine Elektronenquelle zur Verfügung, die nie würde versiegen können. Mit der Anreicherung von Sauerstoff in der Atmosphäre wurden die meisten Stoffe zerstört, die den Photosynthesebakterien bisher als «Nahrung» dienten, und dabei wurden die Bakterien in die untergeordnete Rolle zurückgedrängt, die sie heute spielen. Erst die Bildung von Sauerstoff machte das Landleben möglich (siehe Kapitel 8).

Die heute lebenden photosynthetischen Bakterien haben außer dem NAD-reduzierenden System auch eine andere Elektronenpumpe, die eine zyklische Phosphorylierung antreibt. Vielleicht ist dies überhaupt das älteste Photosynthesesystem. Mit dem Verzicht der Bakterien auf die sehr viel Energie erfordernde Oxidation von Wasser ist es ihnen möglich geworden, viel langwelligere Strahlung (energieärmere Photonen) auszunützen als die höheren Pflanzen. Das Pigmentsystem ist dieser Tatsache auch angepaßt. Die Bakterien haben mehrere verschiedene Chlorophylltypen mit Absorptionsmaxima zwischen 700 und 900 nm entwickelt. Der in dieser Hinsicht extremste Typ, den man kennt, hat sein Maximum bei 1.030 nm und nützt ein anderes «Fenster» im Absorptionsspektrum der Atmosphäre aus als andere Lebewesen (im Spektralbereich dazwischen, um 940 nm, absorbiert Wasser und Wasserdampf der Atmosphäre das einfallende Sonnenlicht, Abb. 90).

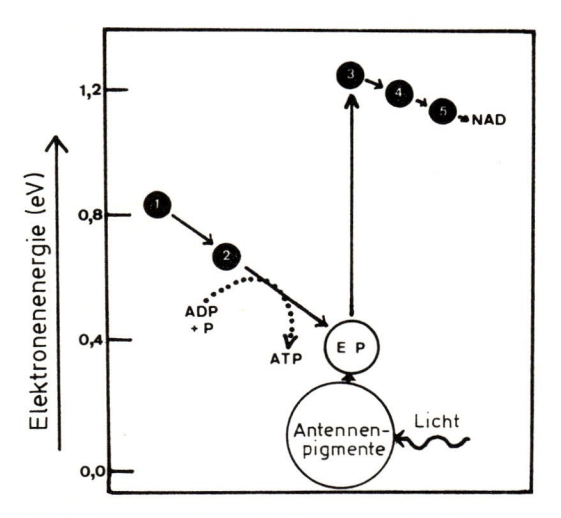

Abb. 16: Der Elektronentransport der Bakterien. Die Elektronenquelle (das Reduktionsmittel), die hier mit 1 bezeichnet wurde, besteht für verschiedene Bakterien aus unterschiedlichen Stoffen, nämlich Schwefelwasserstoff (H_2S), Schwefel (S) oder verschiedenen organischen Verbindungen. 2 bezeichnet ein Cytochrom, 3 membrangebundenes Ferredoxin, 4 freies Ferredoxin und 5 ein Flavoprotein.

Mit EP ist die «Elektronenpumpe» abgekürzt (das photochemisch wirksame Bakterienchlorophyll), die ihre Energie vom «Antennenpigment» (Bakterienchlorophyll und Carotinoiden) erhält. Außer diesem Elektronentransport betreiben die Bakterien auch einen zyklischen Elektronentransport mit Phosphorylierung, der möglicherweise auch durch eine andere Elektronenpumpe getrieben wird.

Assimilation von Kohlendioxid

Was macht nun die Pflanze mit dem entstandenen NADPH und dem ATP? Wie bewerkstelligt sie die Umwandlung von Kohlendioxid in Kohlenhydrat und andere organischen Stoffe? Dies erreicht sie durch eine Serie «gewöhnlicher» biochemischer Reaktionen, die ohne Mitwirkung des Lichts stattfinden. Jede einzelne Reaktion wird in der Regel von einem speziellen Enzym (Protein) katalysiert, ohne das eine Reaktion nicht möglich ist. Man nimmt an, daß sich die verschiedenen Enzyme zwischen den Membranen der Chloroplasten befinden. Der Reaktionsverlauf ist sehr kompliziert und kann hier nur kurz berührt werden. Bevor wir uns mit Einzelheiten befassen, sei erwähnt, daß NADPH Kohlendioxid nicht direkt zu Kohlenhydrat reduzieren kann. Dies rührt daher, daß die entstandene Kohlenstoff-Verbindung energetisch höher als NADP liegt. In sinnvoller Weise nützt die Pflanze die in ATP gelagerte Energie aus, um diese sonst unmögliche Reaktion durchzuführen.

In den Chloroplasten existiert eine Verbindung zwischen einem Zucker (Ribulose) und Phosphorsäure, Ribulosephosphat genannt. Die Formel für Ribulose ist HO. ($C_5H_8O_3$). OH. Das Ribulosephosphat reagiert mit ATP, nimmt dadurch eine weitere Phosphorsäuregruppe auf und geht in Ribulose-di-Phosphat über:

$$\text{HO} \cdot (C_5H_8O_3)_2 \text{ O}\!-\!\overset{\overset{\displaystyle O}{\|}}{\underset{\underset{\displaystyle OH}{|}}{P}}\!-\!\text{OH} + \text{ATP} \rightarrow$$

Ribulosephosphat

$$\rightarrow \text{HO}\!-\!\overset{\overset{\displaystyle O}{\|}}{\underset{\underset{\displaystyle OH}{|}}{P}}\!-\!\text{O} \cdot (C_5H_8O_3) \cdot \text{O}\!-\!\overset{\overset{\displaystyle O}{\|}}{\underset{\underset{\displaystyle OH}{|}}{P}}\!-\!\text{OH} + \text{ADP}$$

Ribulose-di-Phosphat

Das bedeutet, daß ein Teil der ATP-Energie auf den Zucker übertragen wird. (Das Ribulosephosphat könnte die Phosphorsäuregruppe der Orthophosphorsäure (H_3PO_4) nicht aufnehmen, da dieser Phosphorsäure ja die notwendige Energie fehlt.) Bei dieser Reaktion bildet sich

ADP zurück, das in der photosynthetischen Phosphorylierung wieder verwendet werden kann.

In der nächsten Reaktionsstufe reagiert das Ribulosediphosphat mit Kohlendioxid und Wasser unter Bildung von Phosphoglycerinsäure:

$$\text{HO}-\underset{\underset{\text{OH}}{|}}{\overset{\overset{\text{O}}{\|}}{\text{P}}}-\text{O} \cdot (\text{C}_5\text{H}_8\text{O}_3) \cdot \text{O}-\underset{\underset{\text{OH}}{|}}{\overset{\overset{\text{O}}{\|}}{\text{P}}}-\text{OH} + \text{CO}_2 + \text{H}_2\text{O} \rightarrow$$

Ribulose-di-Phosphat

$$\rightarrow 2\ \text{HO}-\underset{\underset{\text{OH}}{|}}{\overset{\overset{\text{O}}{\|}}{\text{P}}}-\text{O}-\text{CH}_2 \cdot \text{CHOH}-\overset{\overset{\text{O}}{\|}}{\text{C}}-\text{OH}$$

Phosphoglycerinsäure

Man kann sagen, daß Phosphoglycerinsäure gewissermaßen Kohlendioxid enthält, dem zusätzliche Energie von ATP zugeführt wurde. In der nächsten Reaktionsstufe wird weitere Energie durch Reaktion mit mehr ATP zugeführt:

$$\text{HO}-\underset{\underset{\text{OH}}{|}}{\overset{\overset{\text{O}}{\|}}{\text{P}}}-\text{O}-\text{CH}_2 \cdot \text{CHOH}-\overset{\overset{\text{O}}{\|}}{\text{C}}-\text{OH} + \text{ATP} \rightarrow$$

Phosphoglycerinsäure

$$\rightarrow \text{HO}-\underset{\underset{\text{OH}}{|}}{\overset{\overset{\text{O}}{\|}}{\text{P}}}-\text{O}-\text{CH}_2\text{CHOH}-\overset{\overset{\text{O}}{\|}}{\text{C}}-\text{O}-\underset{\underset{\text{OH}}{|}}{\overset{\overset{\text{O}}{\|}}{\text{P}}}-\text{OH} + \text{ADP}$$

Di-Phosphoglycerinsäure

Es ist nun so viel Energie angesammelt worden, daß die Reduktion mit Hilfe von NADPH stattfinden kann:

$$\text{HO}-\overset{\overset{\text{O}}{\|}}{\underset{\underset{\text{OH}}{|}}{\text{P}}}-\text{O}-\text{CH}_2 \cdot \text{CHOH}-\overset{\overset{\text{O}}{\|}}{\text{C}}-\text{O}-\overset{\overset{\text{O}}{\|}}{\underset{\underset{\text{OH}}{|}}{\text{P}}}-\text{OH} + \text{NADPH} \rightarrow$$

Di-Phosphoglycerinsäure

$$\rightarrow \text{HO}-\overset{\overset{\text{O}}{\|}}{\underset{\underset{\text{OH}}{|}}{\text{P}}}-\text{O}-\text{CH}_2 \cdot \text{CHOH}-\overset{\overset{\text{O}}{\|}}{\text{C}}-\text{H} + \text{NADP}^+ +$$

Phospho-Glycerinaldehyd

$$+ \text{HO}-\overset{\overset{\text{O}}{\|}}{\underset{\underset{\text{OH}}{|}}{\text{P}}}-\text{OH}$$

Ortho-Phosphorsäure

Das Ergebnis der Reaktion ist die Rückbildung von $NADP^+$ einerseits und eine Verbindung zwischen Phosphorsäure und Glycerinaldehyd andererseits. Der Glycerinaldehyd selbst hat die Formel $HO-CH_2 \cdot CHOH \cdot CHO$ oder $(CH_2O)_3$ und ist das einfachste Kohlenhydrat. Durch mehrere Umwandlungen entstehen aus dieser Verbindung andere Kohlenhydrate. Die Phosphatbindung ist notwendig, weil sie die erforderliche Energie liefert, wenn sich einfachere Kohlenhydratmoleküle zu komplizierteren zusammenschließen. Bei diesem Prozeß wird der Phosphatrest als Orthophosphorsäure freigesetzt. Ein Teil des entstandenen Kohlenhydrats wird in Ribulosephosphat zurückgebildet, sodaß sich der Kreislauf fortsetzen kann. Die Reaktionen bilden also teilweise einen Kreislauf. In jeder «Runde» wird ein Molekül Kohlendioxid in den Kohlenhydratvorrat eingebaut. Das Summenergebnis all dieser Reaktionen kann folgendermaßen beschrieben werden:

$$CO_2 + 2\, NADPH + 3\, ATP \quad \rightarrow \quad (CH_2O) + 2\, NADP^+ + \\ + 3\, ADP + 3\, H_3PO_4$$

Bei dem oben beschriebenen Verlauf wird das Kohlendioxid zuerst in Phosphoglycerinsäure eingebaut und anschließend weiter verarbeitet. Das ist die gebräuchlichste Form der *Kohlendioxidassimilation*. Es gibt aber auch andere Wege vom Kohlendioxid zum Kohlenhydrat und weitere Assimilationsprodukte, u. a. bei manchen Gräsern (Mais, Zuckerrohr) und bei Bakterien. Wie bereits erwähnt, werden ja nicht nur Kohlendioxid, sondern auch Sulfat- und Nitrationen reduziert und assimiliert, d. h. sie gehen in der lebenden Substanz auf. Auch energiereiche Phosphatverbindungen werden nicht nur im Zusammenhang mit Reduktionen verwendet. Sie sind u. a. als Energielieferant bei Reaktionen notwendig, bei denen kleine Moleküle zu einem großen vereinigt werden sollen. Beispiele hierfür findet man bei der Bildung von Proteinen aus Aminosäuren. Zumindest die eigene Proteinsynthese der Chloroplasten steht im gleichen engen Zusammenhang mit der Photosynthese wie die Kohlenhydratbildung.

Die zuletzt aufgestellte summarische Reaktionsgleichung entspricht der Formel (2) der unvollständigeren Photosynthesetheorie, die auf Seite 20 angedeutet wurde. Aus der Formel (2) geht einmal der Phosphatumsatz nicht hervor, außerdem zeigt sie freie Elektronen und Wasserstoffionen, während diese in den Formeln hier an NADP gebunden sind. Das $NADP^+$, das ADP und die Orthophosphorsäure, die nach den Formeln vorher zurückgebildet werden, können natürlich für Elektronen- und Wasserstoffionenüberführung bzw. photosynthetische Phosphorylierung wiederverwendet werden. Betrachtet man den Photosyntheseprozeß im Großen, so dienen diese Stoffe lediglich als Katalysatoren, da ja dieselbe Menge entsprechend dem Verbrauch zurückgebildet wird. Daher sind sie nicht in der Summenformel der Photosynthese enthalten.

Antennenpigmente

Bis jetzt haben wir zwischen Chlorophyllmolekülen, die Licht absorbieren und solchen, die Elektronen «pumpen», keinen Unterschied gemacht. Der Einfachheit halber haben wir sie als identisch betrachtet, aber in Wirklichkeit sind sie es nicht.

Manche Chlorophyllmoleküle fungieren ausschließlich als Energieauffänger, ähnlich wie die Antenne eines Radioapparates.

Die «Pumpen» machen weniger als 1 Prozent der gesamten Chlorophyllmenge aus und bestehen bei allen Pflanzen aus Chlorophyll a, bei Bakterien aus anderen Chlorophylltypen. In den «Antennen» sind bei den grünen Pflanzen sowohl Chlorophyll a wie auch das nahe verwandte Chlorophyll b enthalten. Manche Algengruppen haben zusätzlich andere Farbstoffe, sog. *akzessorische Pigmente,* in ihren Antennen. Außer gewissen abweichenden Chlorophylltypen kommen bei den Rotalgen und den Blaualgen rotes *Phycoerythrin* bzw. blaues *Phycocyanin,* bei den Braunalgen das Carotinoid *Fukoxanthin* und bei manchen Grünalgen andere Carotinoide vor. Die Carotinoide in den Chloropla-

sten der höheren Pflanzen scheinen als «Antennen» ziemlich unwirksam zu sein. Ihre Funktion wird auf Seite 31 und Seite 32 erwähnt.
Phycoerythrin und Phycocyanin sind wasserlösliche Verbindungen, bei denen an Proteinträger Moleküle gebunden sind, die eine gewisse strukturelle Ähnlichkeit mit dem Chlorophyllmolekül aufweisen. Allerdings fehlt das Magnesiumatom, und die kleinen Ringe sind nicht zyklisch, sondern in einer geraden Kette zusammengeschlossen. Diese Struktur ähnelt noch mehr der des sog. Phytochroms. (Abb. 69) und Abbauprodukten des Blutfarbstoffes, den Gallenfarbstoffen.
Wie wird nun die Energie von den «Antennen» zu den «Pumpen» geleitet, d. h. von der einen Pigmentmolekülart zur anderen? Leider würde es zu weit führen, über diese interessante Frage hier zu berichten. Der Leser wird auf das Literaturverzeichnis hingewiesen.
Warum fungieren nicht alle Chlorophyllmoleküle sowohl als «Antenne» als auch als «Pumpe»? Das liegt an den einzelnen Chlorophyllmolekülen, die auch bei starkem Sonnenlicht nur wenige Photonen pro Sekunde absorbieren können. An jeder «Pumpenstation» muß eine vollständige «Garnitur» vieler verschiedener Moleküle vorrätig sein, u. a. viele große Proteine: Cytochrom, Plastocyanin, Ferredoxin usw. Diese können viele Elektronen pro Sekunde weiterleiten. Es wäre eine unsinnige Verschwendung, diese Moleküle nur einige wenige Male pro Minute in ihrer Funktion auszunutzen. Wäre jedes Chlorophyllmolekül mit einer vollständigen «Garnitur» dieser Moleküle, von denen viele gefärbt sind, ausgestattet, so würde darüberhinaus nur ein Bruchteil des Lichts im Chlorophyll absorbiert und der Rest durch nicht verwertbare Absorption in den anderen Molekülen verschwendet werden. Das wäre genauso, wie wenn ein Zuckerrübenzüchter eine große Zuckerfabrik gebaut hätte, die den größeren Teil seines Grundbesitzes einnehmen würde, als das Stück übriggebliebenen Ackerlandes, auf dem er seine Zuckerrüben anbaut. Dies wäre nicht nur eine große Verschwendung des in die Fabrik investierten Kapitals, es würde auch der größere Teil des Sonnenlichts zur Beleuchtung der Fabrik verwendet und damit vergeudet werden, anstatt auf die Blätter der Rüben zu scheinen. Es ist wirtschaftlich effektiver, die Rüben von vielen Züchtern zu einer zentral gelegenen Zuckerfabrik zu transportieren, die dann wenigstens teilweise auf volle Touren laufen kann.
Warum haben verschiedene Pflanzen verschiedene Arten von Antennen, verschiedene akzessorische Pigmente? Für eine Landpflanze mit gewöhnlich ziemlich dicken und undurchsichtigen Blättern spielt es keine größere Rolle, welche Farbe der aktiv absorbierende Farbstoff hat. Chlorophyll absorbiert zwar grünes Licht viel schlechter als blaues oder rotes, aber ein Blatt enthält in der Regel so viel Chlorophyll, daß

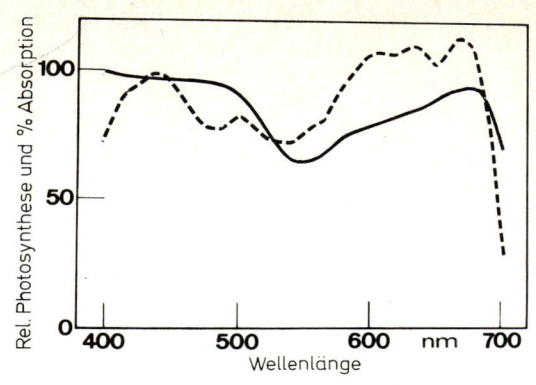

Abb. 17: Vergleich zwischen Absorptionsspektrum (durchgezogene Linie) und Wirkungsspektrum der vollständigen Photosynthese (gestrichelt) im Blatt einer Bohnenpflanze. Die Photosynthesegeschwindigkeit bzw. die Absorption ist auf der Ordinate, die Wellenlänge auf der Abszisse aufgetragen. Die Photosynthesegeschwindigkeit ist groß für die Wellenlängenwerte, in denen sowohl Pumpe I wie auch Pumpe II gleichmäßig arbeitet. Dagegen zeigt das Wirkungsspektrum einen niedrigen Wert bei 700 nm, da solches Licht fast ausschließlich für Pumpe I absorbiert wird. Es gibt auch einen Tiefpunkt in der Kurve bei 650 nm; dort wird die Lichtenergie durch Chlorophyll b in so hohem Maße an Pumpe II geleitet, daß Pumpe I vergleichsweise langsamer läuft. Der Tiefpunkt um 480 nm zeigt an, daß das von den Carotinoiden absorbierte Licht nicht für die Photosynthese ausgenützt werden kann. Um 540 nm schließlich haben beide Kurven einen gemeinsamen Tiefpunkt. Er liegt im Wellenlängenbereich des grünen Lichts, das von keinem der im Blatt enthaltenen Farbstoffe absorbiert wird, und daher sieht ein Blatt grün aus. Umgezeichnet nach S. E. Balegh & O. Biddulph-Plant Physiology *46*: 1.1970.

auch vom grünen Licht mehr als die Hälfte absorbiert wird (Abb. 17). Daher reicht in diesem Fall das Chlorophyll als «Antenne» aus.

Die Grünalgen sind entweder einzellig oder bilden kleine Zellgruppen, die wie dünne Fäden oder Platten aussehen. Sie absorbieren daher nur einen kleinen Teil des grünen Lichts, leben aber im allgemeinen an stark belichteten Stellen: in der obersten Schicht der Meere und Seen oder in Flechten an nackten Felsen. Sie absorbieren daher genügend blaues oder rotes Licht und können es sich leisten, das meiste grüne Licht nicht auszunutzen (Abb. 18).

Die Rotalgen dagegen leben gewöhnlich in größerer Meerestiefe. In Wasser wird das vom Chlorophyll stark absorbierte rote Licht mit zunehmender Tiefe abgeschwächt, in Süßwasser und in den Küstengewässern der Meere auch das blaue Licht, das ebenfalls vom Chlorophyll

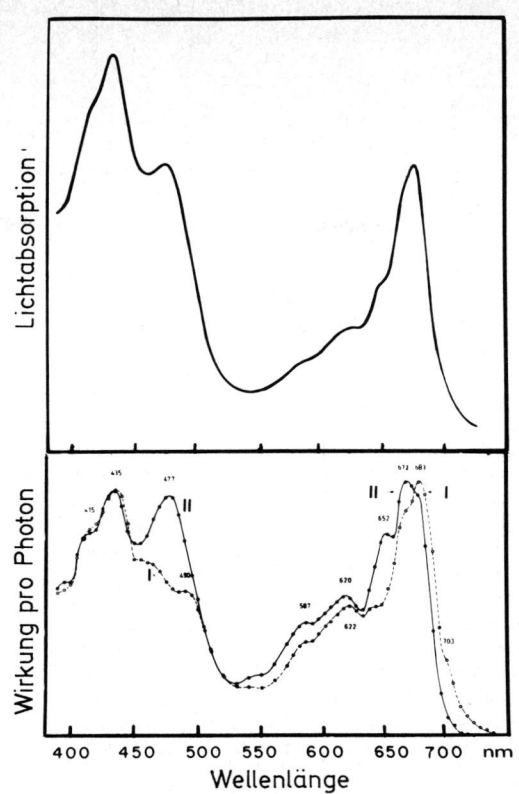

Abb. 18: Unteres Bild: Wirkungsspektren für die beiden Elektronenpumpen I und II bei der Grünalge Chlorella (siehe Abb. 6) entsprechend den Absorptionsspektren der Antennenpigmente, die die Energie für die Pumpen liefern. In den «Antennen» sind verschiedene Proteinkomplexe mit Chlorophyll a und b (in der «Antenne» der Pumpe I hauptsächlich mit Chlorophyll a) enthalten. Die Summe der Spektren I und II entspricht ziemlich genau dem Absorptionsspektrum der Alge (oberes Bild). Das zeigt, daß sie nur eine kleinere Menge photosynthetisch inaktiver Pigmente enthält. Die Diagramme sind von Prof. A. Ried, Frankfurt a. M., der auch die Messungen durchgeführt hat, zur Verfügung gestellt worden. Die entsprechenden Diagramme einer Landpflanze dürften ähnlich aussehen, obwohl man sie nicht mit so großer Präzision messen konnte. In einer solchen Pflanze wird jedoch das von den Carotinoiden absorbierte Licht schlecht ausgenützt, weshalb die Summe der Kurven I und II, bzw. das Wirkungsspektrum der gesamten Photosynthese nicht genau mit dem direkt gemessenen Absorptionsspektrum übereinstimmt (siehe Abb. 17).

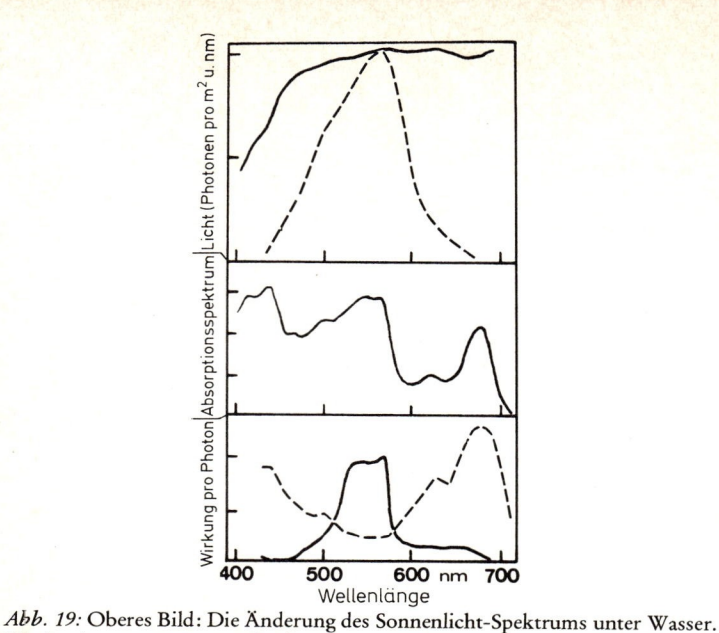

Abb. 19: Oberes Bild: Die Änderung des Sonnenlicht-Spektrums unter Wasser. Die durchgezogene Kurve gibt die Anzahl der Photonen innerhalb verschiedener Wellenlängenintervalle an der Meeresoberfläche an einem bedeckten Sonnentag an der schwedischen Westküste an. Die gestrichelte Kurve, deren vertikale Skala fünfmal überhöht gezeichnet wurde, gibt das Entsprechende in 10 m Tiefe an. Das Diagramm ist von Prof. Halldal in Oslo zur Verfügung gestellt worden.
Mittleres Bild: Das Absorptionsspektrum für die einzellige Rotalge Porphyridium cruentum. Sie enthält außer Chlorophyll auch Phycoerythrin, das grünes Licht (500–580 nm) stärker als die Pigmente in Chlorella absorbiert.
Unteres Bild: Die gestrichelte Kurve zeigt das Wirkungsspektrum für die Elektronenpumpe I in Porphyridium. Die «Antenne» besteht hier aus Chlorophyll a und die Kurve erinnert sehr an die entsprechende Kurve für Chlorella (Abb. 18). Die durchgezogene Kurve zeigt das Wirkungsspektrum für die Elektronenpumpe II in Porphyridium. Sie unterscheidet sich total von der entsprechenden Kurve für Chlorella, da die «Antenne» Phycoerythrin statt Chlorophyll ist. Die Kurve ist identisch mit dem Wirkungsspektrum für die totale Photosynthese, und man kann sehen, daß es der Zusammensetzung des Lichts im Meer gut angepaßt ist (vergleiche oberes Bild). Daß das Wirkungsspektrum für den vollständigen Photosyntheseprozeß der Rotalge mit dem Wirkungsspektrum für die Elektronenpumpe II übereinstimmt, rührt daher, daß die eventuelle Überschußenergie in der Antenne II zu Pumpe I überführt werden kann, sodaß in Pumpe I nie ein Engpaß entsteht, der die Photosynthesegeschwindigkeit begrenzt. Die zwei untersten Diagramme stammen von C. S. French & D. C. Fork – Proc. 5th Intern. Congr. Biochem. *6:* 122, 1963.

stark absorbiert wird. Abbildung 19 zeigt als Beispiel die Zusammensetzung des Lichts über und unter der Wasseroberfläche an der schwedischen Westküste. In 10 m Tiefe bleiben vom Tageslicht hauptsächlich die Wellenlängen grünen Lichts übrig, die vom Chlorophyll schlecht absorbiert werden. Die Rotalgen brauchen folglich ein anderes Pigment, das das schwache grüne Licht besser ausnützt. Aus ihrem Wirkungsspektrum für Photosynthese (die unterste durchgezogene Kurve in Abb. 19) geht hervor, daß die Rotalge dem Licht im Meer gut angepaßt ist.

Mit speziellen Methoden, auf die wir hier nicht näher eingehen können, kann man die Wirkungsspektren der Elektronenpumpen I und II einzeln messen und auf diese Weise herausfinden, welche Antennenpigmente in den beiden Antennen enthalten sind. Es zeigt sich, daß Pigmente, die nicht aus Chlorophyll bestehen (d. h. Phycoerythrin und andere akzessorische Pigmente), nur in Antenne II enthalten ist. Die Algen können jedoch die eventuelle Überschußenergie aus Antenne II zur Pumpe I überleiten. Pumpe I kann daher mit Pumpe II immer Schritt halten, und das Wirkungsspektrum für die komplette Photosynthese ist dem der Pumpe II sehr ähnlich. Eine Übertragung der Überschußenergie von Antenne I zu Pumpe II kann nicht stattfinden; aus diesem Grunde können Rotalgen in reinem roten Licht photosynthetisch nur schlecht wirksam werden, auch wenn das rote Licht in Antenne I stark absorbiert wird (vergleiche die beiden Kurven zuunterst in Abb. 19). Aber dieser Zustand spielt ja auch keine Rolle, da eine Rotalge in der Natur solchem Licht nicht ausgesetzt ist.

Bei den Grünalgen (Abb. 18) und Landpflanzen zeigen die Wirkungsspektren der beiden Pumpen ziemliche Ähnlichkeit. In Antenne I ist Chlorophyll a gebunden. Das dazugehörige Wirkungsspektrum ist gegenüber dem der Pumpe II zu den größeren Wellenlängen hin verschoben. Chlorophyll b ist hauptsächlich in Antenne II enthalten, was sich als Maximum bei 652 nm der Kurve II in Abbildung 18 äußert. Das Maximum der Kurve bei II 477 nm, das in der Kurve I fehlt, rührt teils von Chlorophyll b, teils von den Carotinoiden her. Die letzteren sind in Antenne I nicht enthalten.

Photobiologische Hilfsprozesse für die Photosynthese

In diesem Abschnitt möchte ich einige verschiedenartige Effekte des Lichts zusammenfassen, die im eigentlichen Photosyntheseverlauf nicht enthalten sind, aber eine direkte Bedeutung für ihn haben.

Man kann unter bestimmten Umständen Pflanzen und Pflanzenteile dazu bringen, sich im Dunkeln zu entwickeln. Manche Samen enthalten soviel gespeicherte Nahrung, daß der Keimling mehrere Wochen lang ohne Photosynthese auskommen kann. Anderen Pflanzen kann man auf künstlichem Wege organische Stoffe zuführen, die sich normalerweise durch Photosynthese gebildet hätten. Diese Pflanzen unterscheiden sich erheblich von solchen, die auf normale Weise beleuchtet werden (vergleiche Abb. 64, 65, 67).
Die blatttragenden Pflanzen bilden im Dunkeln keine Chloroplasten. Stattdessen besitzen diese Blattzellen farblose Plastiden (Etioplasten), denen die innere Membranstruktur und die Pigmente der Chloroplasten fehlen. Diesen Etioplasten fehlen auch viele Enzyme und andere Stoffe, die in den normalen Chloroplasten enthalten und die für die Photosynthese notwendig sind, oder sie sind nur in geringen Mengen vorhanden. Die Entwicklung dieser Organellen zu Chloroplasten erfordert auf verschiedene Weise die Mitwirkung des Lichts. Die am besten beobachtete Lichtreaktion dieser Art ist die Bildung von Chlorophyll a aus einem Vorstadium namens Protochlorophyll. Absorbiert ein Molekül Protochlorophyll in der Pflanze ein Photon, geht es in weniger als einem Tausendstel einer Sekunde in ein Molekül Chlorophyll a über. Die Reaktion bedeutet chemisch, daß das Protochlorophyllmolekül zwei Wasserstoffatome aufnimmt, aber woher diese kommen, ist nicht bekannt. Manche Pflanzen, z. B. die meisten Algen, bilden auch im Dunkeln Chlorophyll. Chlorophyll b wird vermutlich aus Chlorophyll a gebildet.
Reines Protochlorophyll kann durch Licht nicht in Chlorophyll a umgewandelt werden. Man kann jedoch aus im Dunkeln gezüchteten Pflanzen einen Protochlorophyll-Proteinkomplex extrahieren, der bei Belichtung in einen Chlorophyll-a-Proteinkomplex ungewandelt wird. Der Protochlorophyll-Proteinkomplex hat im gereinigten Zustand das Absorptionsspektrum, das in Abbildung 20 (durchgezogene Kurve) gezeigt wird. Die Absorption über 400 nm (also von sichtbarem Licht) beruht auf dem Chlorophyllanteil des Komplexes, während die Absorption kurzwelliger Strahlung zum großen Teil vom Protein herrührt. Die Punkte im Diagramm zeigen das Wirkungsspektrum für die Umwandlung in den Chlorophyll-a-Proteinkomplex. Dieses stimmt zwar mit dem Absorptionsspektrum für sichtbares Licht überein, liegt jedoch im ultravioletten Bereich tiefer. Hieraus kann man die Schlußfolgerung ziehen, daß nur Photonen, die vom Protochlorophyll des Komplexes absorbiert werden, Chlorophyll bilden können, wogegen im Protein absorbierte Photonen dafür unwirksam sind. Der Sehfarbstoff Rhodopsin (Abb. 43A) zeigt ein analoges Verhalten: nur Licht-

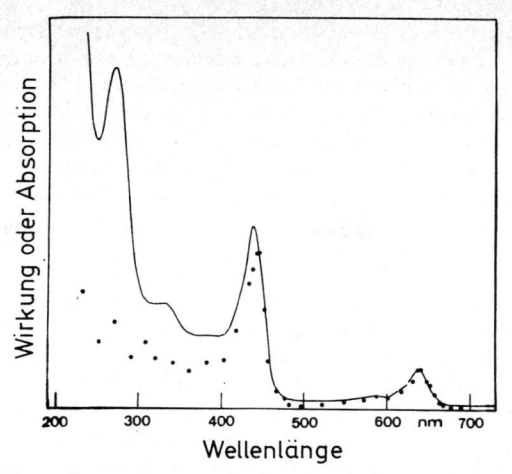

Abb. 20: Absorptionsspektrum (durchgezogene Kurve, Messungen von P. Schopfer und H. W. Siegelmann) für Protochlorophyll-Protein-Komplex von Blättern der Bohnenpflanze, die im Dunkeln gezüchtet wurden und das Wirkungsspektrum (Punkte, Messungen vom Verfasser) für dessen Umwandlung in Chlorophyll a-Protein-Komplex.

strahlung, die im Farbstoffteil (Retinal) absorbiert wird, führt zur photochemischen Reaktion; Lichtstrahlung, die im Proteinteil (Opsin) absorbiert wird, ist dafür unwirksam.

Auch die Bildung mancher anderer Farbstoffe ist lichtabhängig. Bei manchen Rotalgen und Blaualgen hängt das Mengenverhältnis zwischen den verschiedenen Farbstofftypen von der Intensität und Wellenlängenzusammensetzung der Beleuchtung ab. Manchmal bildet z. B. eine in schwach grünem Licht gezüchtete Alge viel rotes (grünabsorbierendes) Phycoerythrin, wogegen sie unter anderen Lichtverhältnissen mehr Phycocyanin oder Chlorophyll bildet. Auch die Energieverteilung zwischen EP I und EP II scheint variabel zu sein. Dabei handelt es sich offenbar um sinnvolle Anpassungen zur maximalen Verwertung des Lichtes. Dieses Phänomen nennt man *chromatische Adaption* (Farbenanpassung).

Wie schon erwähnt (Seite 22, Abb. 5), steht das Blattinnere mit der Außenluft durch kleine Löcher, die Spaltöffnungen, in Verbindung. Durch diese diffundiert das Kohlendioxid in das Blatt hinein, und Sauerstoff und Wasserdampf werden abgegeben. Die Spaltöffnungen können durch einen sehr komplizierten Regelmechanismus geöffnet oder geschlossen werden. Zwar nützt es der Pflanze, wenn Kohlendioxid und Sauerstoff leicht hinein- und hinausdiffundieren können, aber dabei kann auch leicht zuviel Wasserdampf abgegeben werden, und das bedeutet Austrocknungsrisiko. Deshalb muß sich die Pflanze bezüglich der Lufterneuerung des Blattinneren immer auf den besten Kompromiß einstellen. Die Spaltöffnungen der meisten Pflanzen sind nachts (wenn sowieso keine Photosynthese stattfinden kann) geschlossen. Am Tage sind sie offen, vorausgesetzt, der Pflanze mangelt es nicht an Wasser (s. Abb. 21 und Tafel 4).

Die Spaltöffnungen schließen sich, wenn die sie umgebenden Schließzellen Wasser verlieren, so daß ihr innerer Druck (Turgor) sinkt, und sie dadurch ihre Form verändern. Bei Wasseraufnahme findet eine entgegengesetzte Formveränderung statt, das bedeutet eine Erweiterung der Spaltöffnung. Die Fähigkeit der Schließzellen, Wasser aufzunehmen – also der Öffnungsgrad der Spalte – wird durch folgende Faktoren reguliert:

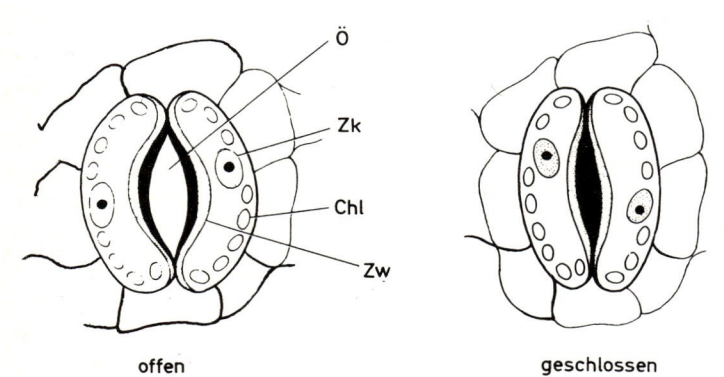

offen   geschlossen

Abb. 21: Schematisches Bild einer offenen und einer geschlossenen Spaltöffnung. Die zwei beweglichen Zellen, die die Spaltöffnung umgeben, sind mit Chloroplasten (Chl) versehen. Diese bewirken auf eine noch nicht ganz aufgeklärte Weise, daß der Druck in den Zellen bei Beleuchtung steigt. Die Zellen werden dann so ausgedehnt, daß der Spalt zwischen ihnen zu einer Öffnung erweitert wird (Ö). Ein Strich zeigt auf einen Teil der Zellwand (Zw), der dick und unelastisch ist. Das Schwarze dahinter ist ein Belag von Cutin, einem Stoff, der als Dichtungsmittel fungiert. Zk = Zellkern. Der Bau der Spaltöffnungen variiert sehr zwischen verschiedenen Pflanzen; die Abbildung zeigt eine rel. häufig vorkommende Art. Durch die Regulierarbeit der Spaltöffnungen findet ein genügend großer Austausch von Kohlendioxid und Sauerstoff ohne allzu große Verluste von Wasserdampf statt. Aus «Plant physiology» (2. Aufl.) von R. M. Devlin. Van Nostrand Reinhold 1969.

1. Den Wassergehalt der Pflanze und die Luftfeuchtigkeit. Je trockener Pflanze und Luft sind, desto weniger Wasser enthalten die Schließzellen, und desto mehr neigen die Spaltöffnungen dazu, sich zu schließen.
2. Die Kohlendioxidkonzentration in den inneren Lufträumen der Blätter. Die Kohlendioxidkonzentration beeinflußt den Stoffwechsel der Schließzellen (u. a. auch den pH-Wert), und zwar dahingehend, daß die Wasseraufnahme bei verminderter Kohlendioxidkonzentration erleichtert wird. Dieser Regelmechanismus stellt ein *Rückkopplungssystem* dar, das bestrebt ist, die Kohlendioxidkonzentration im Blattinneren konstant zu halten und den Kohlendioxidverbrauch der Photosynthese zu kompensieren. Wenn die Sonne morgens aufgeht, beginnt mit der Photosynthese der Kohlendioxidverbrauch. Sinkt die Konzentration unter einen gewissen Sollwert ab, so öffnen sich die Spaltöffnungen und lassen so viel Kohlendioxid herein, daß der Sollwert wieder hergestellt ist.
3. Die Schließzellen enthalten immer Chloroplasten, im Gegensatz zu den übrigen Zellen der Pflanzenoberfläche. Sie besitzen die Fähigkeit, die absorbierte Lichtenergie dazu zu verwerten, daß sie Kaliumionen in das Zellinnere hineinpumpen. Diese hineingepumpten Kaliumionen steigern ihrerseits die Fähigkeit der Zellen zur Wasseraufnahme, sowohl rein osmotisch, wie auch dadurch, daß sie das Wasserbindungsvermögen der Zellproteine erhöhen.
4. Die erwähnten Mechnismen 2 und 3 bewirken beide eine Öffnung der Spalte bei Belichtung. In beiden Fällen wird das wirksame Licht von Chlorophyll absorbiert. Weil Chlorophyll sowohl blaues als auch rotes Licht absorbieren kann, rufen beide Lichtarten gleiche Wirkungen hervor. Man hat aber herausgefunden, daß die Spaltöffnungen einiger Pflanzen viel mehr durch blaues als durch rotes Licht erweitert werden, auch wenn man sehr starkes rotes Licht benutzt. Offenbar gibt es in diesen Pflanzen noch ein vom Chlorophyll unabhängiges System, mit deren Hilfe das Licht die Spaltöffnungen beeinflussen kann.
5. Die Mechanismen 1–4 bewirken, daß die meisten Pflanzen – bei genügendem Wasservorrat – ihre Spaltöffnungen am Tage offen und nachts geschlossen halten. Bei einigen Pflanzen, wie z. B. bei den Kakteen, die dem Wassermangel angepaßt sind, stehen die Spaltöffnungen bei Dürrebelastung nachts offen und sind am Tage geschlossen. Diese Pflanzen können zwar nachts nicht photosynthetisieren, jedoch Kohlendioxid in spezieller chemischer Verbindung (hauptsächlich Äpfelsäure), einlagern. Am Tage wird dann das eingelagerte Kohlendioxid unter Mitwirkung absorbierter Lichtenergie weiterverarbeitet, wobei die Spaltöffnungen geschlossen sind und eine Abgabe von Wasserdampf vermieden wird.

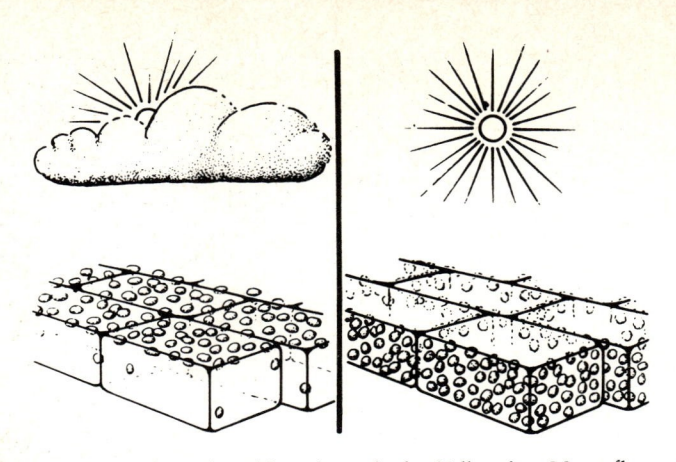

Abb. 22: Die Bewegung der Chloroplasten in den Zellen einer Moospflanze. In schwachem Licht (links) liegen die Chloroplasten an den Zellwänden parallel zur Oberfläche des Moosblattes; in starkem Licht befinden sie sich an den rechtwinklig zur Oberfläche liegenden Zellwänden und wenden die Kanten gegen das Licht. Aus «Plant physiology» von F. B. Salisbury & C. Ross. Wadsworth 1970.

Die Chloroplasten liegen nicht ortsgebunden in den Blattzellen, sondern zirkulieren mit der allgemeinen Plasmaströmung im Zellinnerern umher. Sie können auch eigene, lichtbedingte Bewegungen ausführen. Abbildung 22 zeigt das Verhalten der Chloroplasten in einer Moospflanze. Bei schwacher Beleuchtung (links) sammeln sich die Chloroplasten längs der Zellwände, die parallel zur Oberfläche der Pflanze liegen und legen sich flach dagegen. Sie nehmen dadurch eine höchstmögliche Anzahl Photonen auf. Bei starkem Licht versammeln sie sich dagegen längs der Seitenwände und wenden ihre schmale Seite der beleuchteten Fläche der Pflanze zu. So schützen sie sich vor starker Bestrahlung. Das Wirkungsspektrum dieser Bewegungen der Chloroplasten ähnelt nicht dem der Photosynthese. Es erinnert im allgemeinen an die Kurven in Abbildung 49, und man glaubt, daß ein Flavoproteid den Lichtreiz vermittelt. Bei einigen Algen werden die Chloroplasten jedoch durch Phytochrom gesteuert (Seite 133). Man vermutet, daß die Pigmente, die den Lichtreiz vermitteln, nicht in den Chloroplasten, sondern direkt in der Plasmamembran an der Innenseite der Zellwand sitzen.

Die katalytische Fähigkeit mehrerer Enzyme, die die chemischen Reaktionen der Kohlendioxidassimilation ermöglichen (Seite 41–44) wird

Tafel 1: Pharao Echnaton, ägyptischer Regent 1370–1352 v. Chr., mit Königin Nophretete und Kindern unter der segenbringenden Sonne. Die Sonnenstrahlen enden als kleine Hände, die «Beeinflussung», «Wirksamkeit» und «Schutz» symbolisieren. Einige von ihnen reichen der königlichen Familie das Symbol des Lebens, ankh. Die Photographie – ein Relief aus Tell el Amarna, ist von Prof. Vivi Täckholm, Universität Kairo, zur Verfügung gestellt worden.

Tafel 2: Elektronenmikroskopisches Bild eines Chloroplasten der Wasserpest, Elodea (unten ist noch ein Stück eines anderen zu sehen). Der Chloroplast ist mit einer doppelten Membran umgeben, was man bei dieser Vergrößerung nicht sieht. Im Inneren befinden sich die abgeplatteten Membranblasen, die Thylakoide.

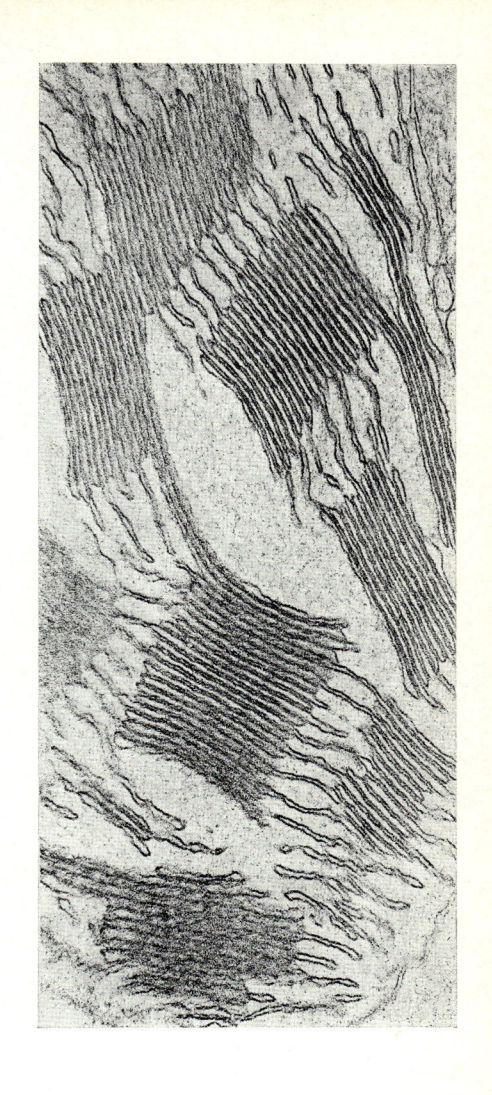

Tafel 3: Einige Grana in einem Chloroplasten in stärkerer Vergrößerung als beim vorhergehenden Präparat. Beide elektronenmikroskopischen Aufnahmen wurden im Zoologischen Institut Lund in Zusammenarbeit mit Dr. Tiit Kauri aufgenommen.

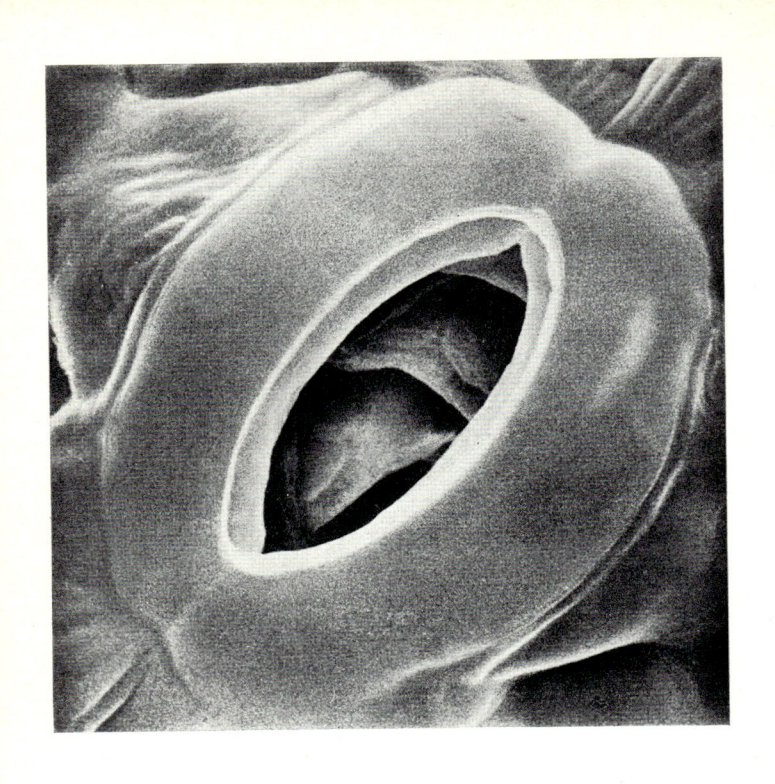

Tafel 4: Offene Spaltöffnung auf der Oberfläche eines Gurkenblattes. Durch die Öffnung kann man die photosynthetisierenden Zellen im Blattinneren sehen. Vergrößerung 3700-mal mit Hilfe eines Rasterelektronenmikroskops.
Aus dem Buch «Probing Plant Structure» von J. Troughton und L.-A. Donaldson (Chapman & Hall 1972).

Tafel 5: Der Krebs Cypridina (vergl. Abb. 23 A) mit Hilfe seines eigenen Lichts photographiert. Aufnahme von Dr. Y. Haneda, Yokosuka City Museum, Japan.

Tafel 6: Leuchtende Pilze, *Mycena lux-coeli* im Tageslicht photographiert (oben), und in ihrem eigenen Licht in einem dunklen Zimmer (unten). Photo Dr. Y. Haneda.

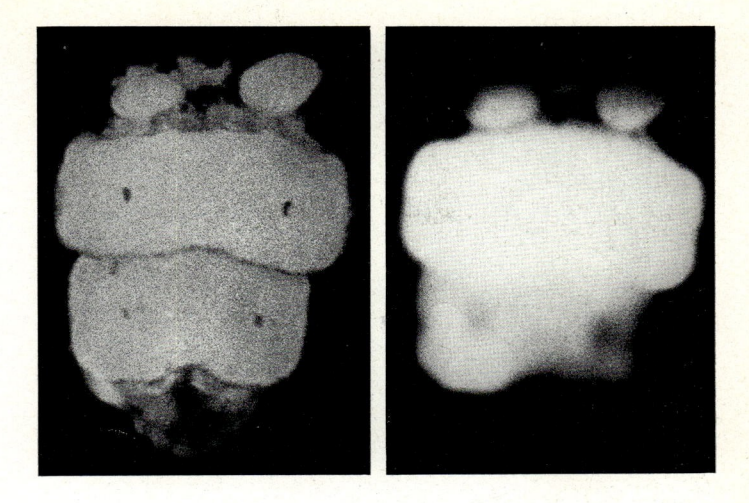

Tafel 7: Der hintere Teil einer Feuerfliege, photographiert im Licht einer Lampe (links) bzw. in ihrem eigenen Licht (rechts). Das verwendete Stück stammte nicht von einem lebenden Tier, sondern wurde mehr als ein Jahr lang im getrockneten Zustand aufbewahrt und vor der Aufnahme mit einer Lösung von ATP befeuchtet. Feuerfliegenextrakt sendet auch bei Behandlung mit ATP Licht aus, und diese Tatsache wird als Analysenmethode für diese Substanz verwendet. Photo Verfasser.

Tafel 8: Leuchtende Fische, Photoblepharon palpebratus (oben) und Anomalops katoptron im Tageslicht photographiert. Die Fische sind auf Seite 63 beschrieben. Photo Dr. Y. Haneda.

Tafel 9: Schwimmender, selbstleuchtender Fisch (Photoblepharon) in seinem eigenen Licht in einem schwach beleuchteten Glas photographiert. Photo Dr. Y. Haneda.

Bildlegenden zu Tafel 8 (oben) und Tafel 9 (unten) siehe Seite VII

Tafel 10: Eine Springspinne betrachtet die Aussicht von meiner Fingerkuppe. Man sieht die großen Medialaugen und die kleineren Seitenaugen, deren innerer Bau in Abb. 30 gezeigt wird. Photo Verfasser.

Tafel 11: Nahaufnahme eines Fliegenkopfes mit zwei Facettenaugen, bestehend aus einer großen Anzahl Einzelaugen.

Tafel 12: Die Oberfläche eines Facettenauges einer Wespe. Jedes Sechseck ist die Linse eines Einzelauges.

Tafel 13: Vergrößerung des vorhergehenden Bildes, auf dem Teile der drei Linsen zu sehen sind. Die Oberfläche ist fast glatt.

Tafel 14: Teile der drei Linsen des Facettenauges eines Nachtfalters. Die Linsenoberflächen sind übersät mit «antireflektierenden» Nippeln. Die Bilder zu den Tafeln 11–14 sind von Prof. C. G. Bernhard, Stockholm, mit Hilfe eines Stereoscan Rasterelektronenmikroskops aufgenommen und von Cambridge Scientific Instrument Co. zur Verfügung gestellt worden.

Bildlegenden zu Tafel 11 (oben) und Tafel 12 (unten) siehe Seite IX

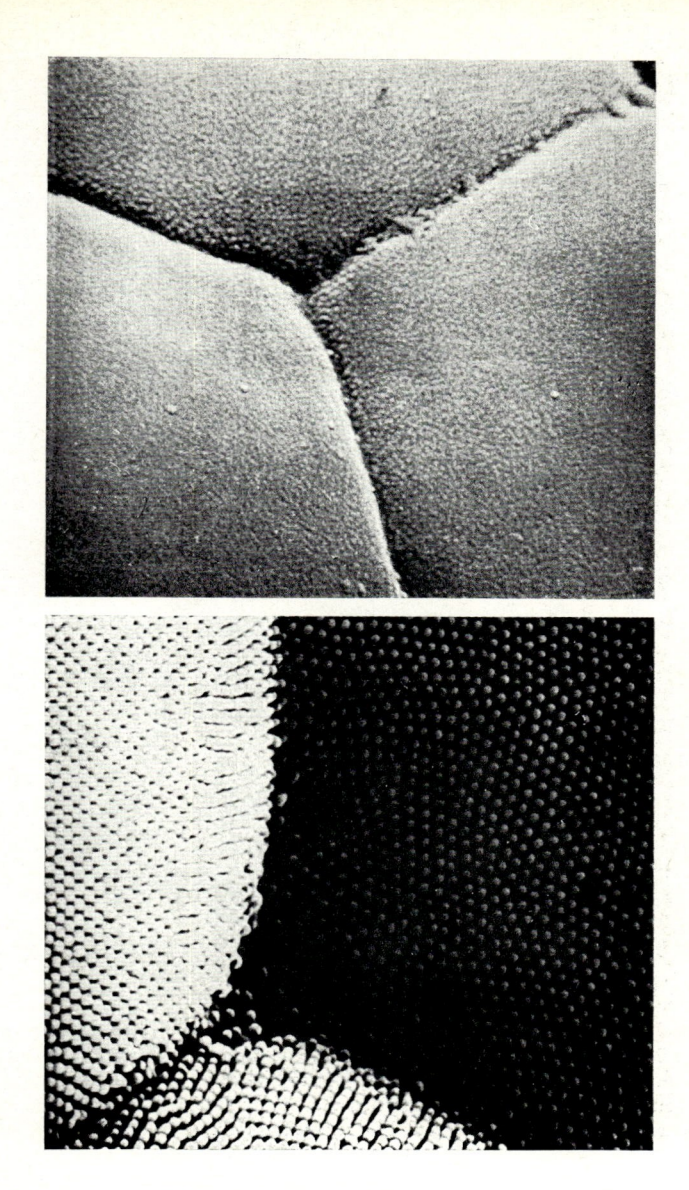

Bildlegenden zu Tafel 13 (oben) und Tafel 14 (unten) siehe Seite IX

Tafel 15: Vier Blüten, die mit ihren einfarbig gelben Blütenblättern für den Menschen ziemlich gleich aussehen. Sie sind teils in gewöhnlichem weißem Licht (oben), teils in ultraviolettem Licht (ca. 370 nm, unten) aufgenommen. In der oberen Reihe drei Arten der Gattung Potentilla (Fingerkraut), von links P. reptans, P. fruticosa und P. anserina. Die unterste Blüte ist ein Hahnenfuß (Ranunculus repens). Eine Biene kann mit Hilfe ihres Ultraviolettsehens leicht die verschiedenen Blüten auseinanderhalten. Photo Verfasser.

Tafel 16 A. (oben): Blüte von P. reptans näher aufgenommen. In weißem Licht photographiert.

Tafel 16 B. (unten): Dieselbe Blüte in ultraviolettem Licht photographiert. Photo Verfasser.

Tafel 17 A. (oben): Bohnenpflanze in Tagesstellung.

Tafel 17 B. (unten): Bohnenpflanze in Nachtstellung. Photo Verfasser.

Tafel 18: Kalanchoe blossfeldiana mit Langtagsperiode (16 Stunden Licht pro Tag links) bzw. mit Kurztagsperiode (8 Stunden Licht pro Tag, rechts) gezüchtet. Nur das rechte Exemplar blüht. Die Pflanzen wurden vom Gärtner Ingvar Jönsson in Lund gezüchtet. Photo Verfasser.

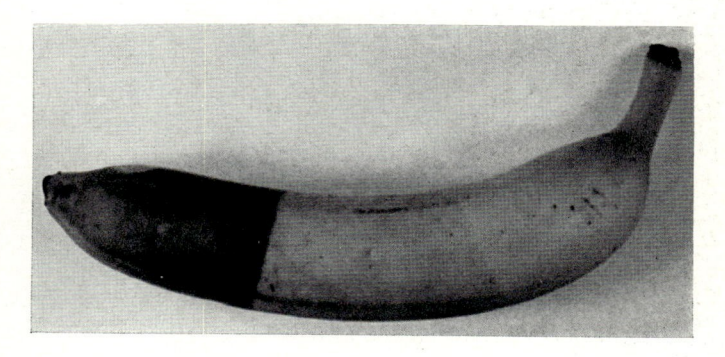

Tafel 19: Photoreaktivierung. Das linke Drittel der Banane wurde 2 Minuten lang einer Ultraviolettstrahlung (253,7 nm Wellenlänge) ausgesetzt und dann 2 Tage im Dunkeln aufbewahrt; das mittlere Drittel wurde 2 Minuten mit UV-Licht und unmittelbar danach mehrere Stunden mit weißem Licht bestrahlt; das rechte Drittel wurde die ganze Zeit im Dunkeln gehalten. Die Zellen, die nur der UV-Bestrahlung ausgesetzt waren, sind beschädigt und haben sich stark braun verfärbt. Das weiße Licht hat aber die Wirkung der Ultraviolettstrahlung fast völlig aufgehoben (siehe S. 166). Photo Verfasser.

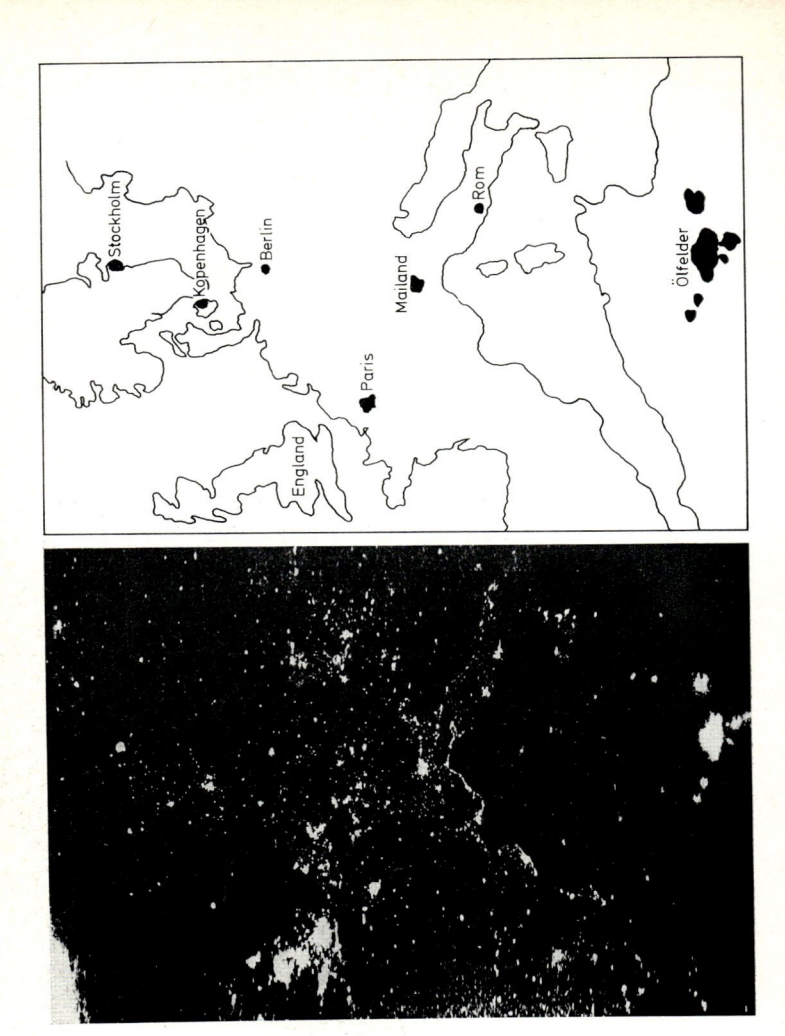

Tafel 20: Menschenerzeugtes Licht. Europa nachts aus dem Weltall gesehen. Das elektrische Licht von den Städten ist deutlich zu sehen. Das helle Licht in Nordafrika rührt von brennendem Gas an den libyschen Ölfeldern her. Die Photographie wurde von einem amerikanischen Satelliten am 6. Januar 1973 aufgenommen und dem Verfasser von der United States Air Force unter Mitwirkung der Zeitschrift «Forskning och Framsteg» (Stockholm) zur Verfügung gestellt.

durch Licht gesteigert. Verminderte katalytische Fähigkeit in der Nacht verhindert, daß die Reaktionen rückwärts verlaufen.

Man könnte die Liste der Lichtprozesse, die für Photosynthese von Bedeutung sind, noch vergrößern. Wir wollen jedoch dieses Thema mit einem Hinweis auf Phototaxis (Seite 105) und Phototropismus (Seite 110) beenden.

Kapitel 3

Leuchtende Lebewesen

Biolumineszenz, d. h. die aktive Lichterzeugung der lebenden Organismen, ist ein viel häufigeres Phänomen, als man sich gemeinhin vorstellt. In Europa denkt man wohl in diesem Zusammenhang hauptsächlich an Feuerfliegen, Glühwürmchen und Meeresleuchten. Im Verhältnis zur Gesamtzahl ist die Anzahl selbstleuchtender Tierarten vielleicht auch nicht gerade eindrucksvoll. Gleichwohl kommen selbstleuchtende Arten in den meisten größeren Tiergruppen vor: so bei Urtieren, Schwämmen, Hohltieren (Nesseltiere, Rippenquallen), Gliedertieren (Ringelwürmer und Gliederfüßler), Weichtieren, Stachelhäutern und Wirbeltieren. Bei den eigentlichen Wirbeltieren beschränkt sich die Leuchtfähigkeit auf einige Fische. Der Tiefseeforscher William Beebe berichtet, daß mehr als 95% aller Fische, die er in größerer Tiefe als 400 m fing, selbstleuchtend waren.

Darüberhinaus gibt es viele selbstleuchtende Bakterien und Pilze. Einige leuchtende Bakterien leben frei im Meerwasser, andere auf Pflanzen- und Tierüberresten. Das Licht von moderndem Holz, altem Fleisch und faulendem Fisch wird von solchen Pilzen und Bakterien verursacht. Man hat auch schon Licht an den Wunden verletzter Tiere beobachtet. Es handelt sich offenbar um Infektionen von parasitischen, leuchtenden Bakterien. Leuchtende Bakterien sind auch eine normale Erscheinung bei einer ganzen Reihe lebender Fische und Weichtiere. Einige Beispiele selbstleuchtender Organismen sind auf den Tafeln 5–9 zu finden.

Die Zweckmäßigkeit der in diesem Buch beschriebenen photobiologischen Phänomene ist im allgemeinen ziemlich klar. Daß es einer Pflanze nützt, Photosynthese durchführen zu können, oder daß es uns Menschen nützt, sehen zu können, ist nicht zu bezweifeln. Die Zweckmäßigkeit der Biolumineszenz ist jedoch nicht so eindeutig.

Manchmal ist der «Nutzen» des ausgestrahlten Lichts für den Organismus ganz klar ersichtlich. So handelt es sich beispielsweise bei den selbstleuchtenden Käfern (Glühwürmchen, Feuerfliegen) und bei manchen Meereswürmern und Tiefseefischen offenbar um ein Signalsystem, mit dessen Hilfe sich Männchen und Weibchen finden können. Das

Muster der Leuchtorgane oder die Art ihres Leuchtens ist oft sehr artspezifisch. Tiefseemollusken können eine selbstleuchtende Flüssigkeit absondern. Es wird die Ansicht vertreten, daß diese Flüssigkeit die gleiche Funktion hat, wie die «Tinte» der an der Oberfläche lebenden Tintenfische, nämlich einen Angreifer irrezuführen. In manchen Fällen glaubt man, das Licht sei als Warnung gedacht wie etwa die grellen Warnfarben beispielsweise der Wespen und Marienkäfer (Seite 103). Die Bewohner der Meerestiefen, die sowohl gut entwickelte Sehorgane als auch gut entwickelte Leuchtorgane besitzen, verwenden die letzteren vermutlich ungefähr so, wie wir eine Taschenlampe benutzen. Manche Tiefseegarnelen demonstrieren den Zusammenhang der Leuchtorgane mit der eigenen Sehfähigkeit besonders gut, weil sie die Augen und Leuchtorgane am selben Fühler haben. Durch reflektierende Schichten, Pigmentschichten, und sogar durch Linsensysteme wird das Lichtbündel so begrenzt, daß es nicht direkt ins Auge scheinen und es blenden, wohl aber einen Gegenstand vor den Augen beleuchten kann.

In vielen Fällen wird das Licht als Lockmittel verwendet. Bei manchen Fischen hat man dies durch Beobachtung ihres Verhaltens in Aquarien bewiesen. Einige dieser Fische besitzen Fühler mit Leuchtorganen, die vor dem Maul baumeln, bei einigen sind sie sogar im Maul zu finden. Auch haben manche Fische Leuchtorgane im Bereich der Augen.

Bei einigen Krebstieren, die in Schwärmen leben, überlegt man sich, ob das Licht für den Zusammenhalt im Schwarm eine Bedeutung haben könnte. Bei Pilzen rätselt man, ob durch das Licht Insekten angelockt werden, die dann die Sporen verbreiten. Hier befindet man sich aber schon auf dem schwankenden Boden der Vermutung. Die sporentragenden Organe leuchten nicht stärker als das sporenfreie Mycel – sogar oft schwächer – und die Sporen selbst leuchten gar nicht.

Selbst Menschen mit großer Phantasie können in vielen Fällen in der Biolumineszenz keinen vernünftigen Sinn sehen. Welchen «Nutzen» haben z. B. Bakterien und Urtiere davon, Licht auszusenden? Um die vielen Fälle von scheinbar «nutzloser» Biolumineszenz zu erklären, haben manche Forscher angenommen, daß das Licht ein nutzloses Nebenprodukt der biochemischen Prozesse mit einem anderen Hauptzweck sein könnte. Dies klingt aber auch nicht besonders glaubwürdig. Es muß nämlich als eine bemerkenswerte biochemische Leistung angesehen werden, in ein einziges Molekül die große Energie zu sammeln, die erforderlich ist, um ein Photon sichtbares Licht auszusenden. Wie erwähnt (Seite 31), entspricht ja diese Energie einer Temperaturerhöhung von vielen tausend Grad. Daß eine solche Energiekonzentration ein nutzloses Nebenprodukt sein sollte, ist unwahrscheinlich.

In einem Fall wird deutlich, daß die Lichterzeugung ein Produkt ist, das keinem biologischen Zweck dient. Gemeint ist das sehr schwache Licht, das von photosynthetischen Organismen erzeugt wird. Dieses Licht (abgesehen von Fluoreszenz und Phosphoreszenz, also Prozesse im Chlorophyllmolekül selbst) stammt von einigen Elektronen, die auf ein hohes Energieniveau «hinaufgepumpt» wurden (Abb. 13) und von dort wieder «zurücksickern». Wenn diese Elektronen «rückwärts» durch die Pumpen fließen, dann werden Chorophyllmoleküle angeregt und senden Lichtquanten aus.

Man kann diesen Vorgang mit einer großen Menge elektrisch getriebener Pumpen vergleichen, die Wasser von einem tieferliegenden Behälter zu einem höherliegenden pumpen. Einige dieser Pumpen sind jedoch an keine Stromquelle angeschlossen. Diese Pumpen werden vom Wasserdruck rückwärts angetrieben, und ihre Motoren fungieren als elektrische Generatoren. Sie erzeugen auch noch elektrische Energie, nachdem die anderen Motoren abgeschaltet sind, und zwar solange, wie ein Wasserdruck vorhanden ist.

Die Lichtaussendung der photosynthetischen Pflanzen ist am größten, solange sie beleuchtet werden. Aber bereits eine Sekunde danach sinkt die Lichtaussendung auf einen Bruchteil ab. Dieses Licht ist rot, und da unsere Augen für rotes Licht zu unempfindlich sind, können wir den Schein nicht wahrnehmen. Mit empfindlichen Instrumenten kann man jedoch auch viele Stunden nach dem Ende der Lichtzufuhr für die Pflanze das ausgesandte Licht messen. Es stimmt also etwas an der paradox klingenden These: «nachts sind alle grünen Pflanzen rot, obwohl man es nicht sehen kann». Im Gegensatz zu anderen Arten der Biolumineszenz findet keine neue Entstehung großer «Energiepakete» durch chemischen Zusammenschluß von kleineren «Energiepaketen» statt. Vielmehr werden nur die in der Hauptsache unveränderten Lichtquanten wieder ausgesandt. Durch den Verlust geringer Wärmeenergie während ihres Aufenthaltes in der Pflanze ist ihre Gesamtenergie etwas kleiner geworden.

Normalerweise ist für die biochemischen Prozesse, bei denen Tiere, Bakterien und Pilze Licht aussenden, Sauerstoff erforderlich. In den letzten Jahren sind jedoch mehrere Ausnahmen entdeckt worden. In vielen Fällen ist im biochemischen System ein oxidierbarer Stoff enthalten, Luziferin, und ein Enzym, Luziferase, das die Oxidation mit Sauerstoff katalysieren kann. Im übrigen weisen verschiedene Organismen mehr Unterschiede als Ähnlichkeiten auf. Es ist auch entwicklungsgeschichtlich gesehen unwahrscheinlich, daß die verschiedenen Fälle von Biolumineszenz viel gemeinsam haben. Für diese These lassen sich einmal die chemischen Unterschiede wie auch die Tatsache anführen, daß die leuchtenden Organismen willkürlich innerhalb der verschiedenen systematischen Gruppierungen des Tier- und Pflanzenbereiches verbreitet sind.

Jede leuchtende Tier- oder Pflanzenart hat ihren speziellen Typ von lichterzeugendem Enzym, Luziferase. Auch die oxidierbare Substanz Luziferin ist bei verschiedenen Organismen völlig verschieden. Um an einem Beispiel diese Verschiedenartigkeit zu demonstrieren, werden in Abbildung 24 die chemischen Formeln für Luziferin von «Feuerfliegen» (die genau wie die Glühwürmchen Käfer sind) gezeigt und Luziferin vom kleinen Krebs Cypridina. Die Cypridina, ca. 3 mm groß, kommt an Japans Küsten vor. Das Licht stammt nicht aus dem Tier selbst, sondern aus dem abgesonderten Sekret. Es gibt offensichtlich eine Art Drüsen für Luziferin und eine andere für Luziferase. Das Licht entsteht bei der Vermischung der beiden Sekrete. Getrocknete und pulvrisierte Tiere leuchten nicht, man kann das Pulver aber durch Zusatz von Wasser wieder zum Leuchten bringen. Japanische Soldaten führten während des zweiten Weltkrieges solches «Leuchtpulver» mit, um schwaches Licht zum Kartenlesen und Ähnlichem zu erzeugen.

Merkwürdigerweise scheinen zwei der Fischarten, die näher untersucht wurden, die gleiche Art Luziferin wie die Cypridina zu besitzen. Es wird nämlich Licht ausgesandt, wenn man das Fisch-Luziferin mit Cypridina-Luziferase oder umgekehrt vermischt. Im allgemeinen sind solche «Bastardreaktionen» nur zwischen nahverwandten Arten möglich.

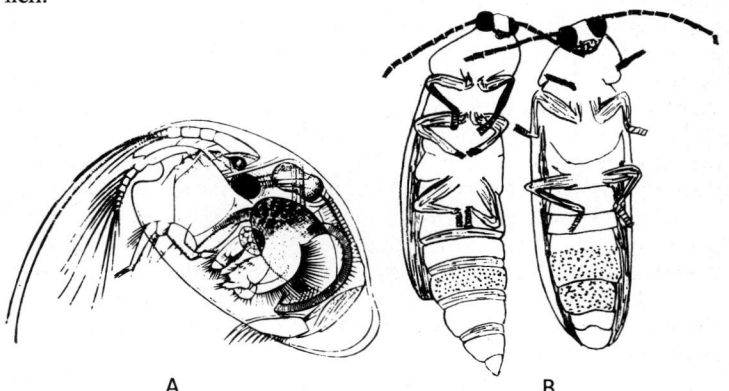

Abb. 23: A. der Krebs Cypridina.
B. Feuerfliegen der Gattung Photinus von der unteren Seite gesehen (links ein Weibchen, rechts ein Männchen). Der leuchtende Bereich im Hinterkörper ist mit Pünktchen markiert (Vergleiche Tafel 7).

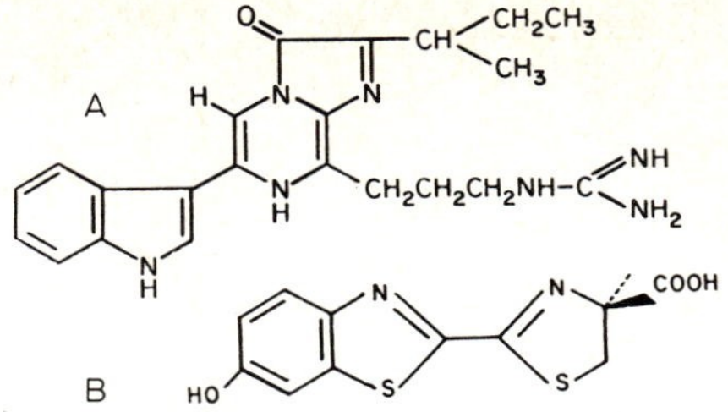

Abb. 24: Die Formel für Luziferin von A) Cypridina in Abb. 23A.
B) Photinus (alle Feuerfliegen haben dieselbe Art Luziferin). Die gestrichelte Linie und der dicke Strich rechts soll zeigen, daß ein Wasserstoffatom hinter und die Carboxylgruppe vor der Ebene des Rings liegen.

Oft ist der biochemische Verlauf komplizierter als nur eine luziferase-katalysierte Oxidation von Luziferin mit Sauerstoff, außerdem sind mehr Stoffe an den Reaktionen beteiligt. Als Beispiel kann das Reaktionssystem der Feuerfliegen erwähnt werden, das zu den am besten erforschten gehört. Hier kommt zwar ein Teil der Lichtenergie von der Oxidation des Luziferins, aber es wird zusätzliche Energie von einer energiereichen Phosphatverbindung in ATP gewonnen (siehe Seite 37), das gleichzeitig mit der Oxidation gespalten wird. Wenn das Luziferin der Kürze wegen mit H. L. COOH bezeichnet wird, das Oxidationsprodukt mit L = O und Adenosin (Seite 37) mit A.OH, kann der Verlauf folgendermaßen geschrieben werden:

(1) $H \cdot L \cdot COOH + ATP \rightarrow$

$$\rightarrow H \cdot L \cdot \overset{O}{\underset{}{C}} - O - \overset{O}{\underset{OH}{P}} - O \cdot A + HO - \overset{O}{\underset{OH}{P}} - O - \overset{O}{\underset{OH}{P}} - OH$$

(2) $H \cdot L \cdot \overset{O}{\underset{}{C}} - O - \overset{O}{\underset{OH}{P}} - OA + O_2 \rightarrow$

$\rightarrow L = O + CO_2 + AMP + $ Photon

Die Reaktionen sind aus mehreren Teilreaktionen zusammengesetzt. Man glaubt zu wissen, wie eine derartige Teilreaktion vom Nervensy-

stem der Feuerfliegen beeinflußt werden kann, sodaß das Tier seine «Lichter» ein- und ausschalten kann (siehe unten). Die genannten Reaktionen werden von den Biochemikern ausgenützt, um ATP-Mengen zu messen. Man mischt einfach die Probe mit einem Extrakt aus Feuerfliegen (das Luziferin und Luziferase enthält). Beim Mischen entsteht ein Lichtblitz. Die Stärke des Blitzes, die einfach zu messen ist, ist ein Maß der ATP-Menge. Die Lichtausbeute bei der Reaktion, nämlich ein Photon pro oxidiertes Luziferinmolekül, muß als sehr hoch angesehen werden; Cypridina hat nur ein Drittel dieser hohen Ausbeute, und bei anderen Organismen hat man noch niedrigere Werte gefunden.
In den meisten Fällen von Biolumineszenz bei Tieren und Bakterien ist das ausgesandte Licht blau, während bei Pilzen grün und gelb die Regel, bei Insekten aber auch nicht ungewöhnlich ist. Wenn man vom schwachen Licht der photosynthetischen Pflanzen absieht, ist rotes Licht ziemlich selten. Man hat es bei manchen Fischen beobachtet. Eine südamerikanische Käferlarve hat am Kopf ein paar Flecken, die rot, und an den Seiten 11 Paar Flecken, die grün-gelb leuchten. Die roten und grün-gelben «Lichter» können unabhängig von einander eingeschaltet werden: normalerweise ist das rote Licht in der Dämmerung an, und das grün-gelbe, wenn das Tier beunruhigt ist. Das Käferweibchen sieht wie die Larve aus und leuchtet auch ähnlich, während das Männchen wie ein normaler Käfer aussieht und auch nur ein schwach gelbliches Licht ausstrahlt.
Manche Organismen leuchten wie unser Glühwürmchen mit einem beständigen, kräftigen Schein, viele können das Licht aber auch regulieren. Wie schon erwähnt, sind die Feuerfliegen, aber auch viele andere Tiere dazu in der Lage, die Lichterzeugung durch Signale vom Nervensystem zu beeinflussen. Manche Arten von Feuerfliegen blinken und blitzen auf verschiedene Weise, wodurch Männchen und Weibchen auch in Gegenden, in denen viele Arten zusammen vorkommen, die richtigen Partner finden können. Auch wenn das Licht der Feuerfliegen für uns konstant aussieht, können Variationen vorkommen, die zu schnell sind, um von uns wahrgenommen zu werden. Die Männchen fliegen umher und geben «Morsesignale» ab. Wenn ein Weibchen das richtige Signal wahrnimmt, antwortet es nach einem bestimmten Zeitintervall, das z. B. für die Art Photinus pyralis immer ca. 2 Sekunden beträgt (bei 25 Grad; bei niedriger Temperatur ist das Intervall länger). Durch Beständigkeit des Intervalls zwischen dem Signal des Männchens und dem des Weibchens weiß das Männchen, welches Weibchen sein Signal beantwortet. Es kann durch alle anderen in der Nähe befindlichen Feuerfliegenarten nicht abgelenkt werden. Abbildung 25 zeigt den Rhythmus der Lichtsignale bei verschiedenen Arten von Feuerfliegen.

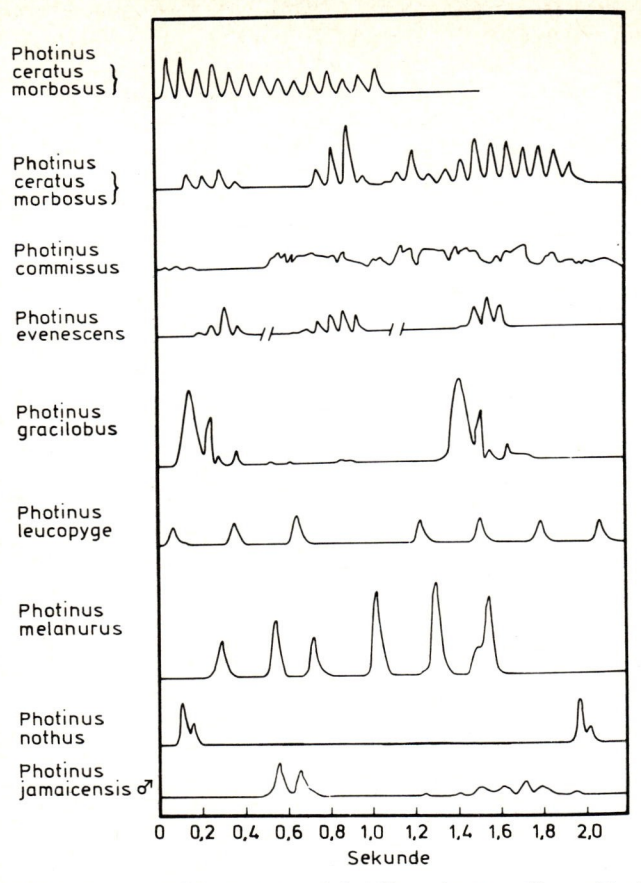

Abb. 25: Der Zeitverlauf der Lichtsignale bei fliegenden Feuerfliegen. Typische Kurven für die verschiedenen Arten wurden ausgewählt. Die waagrechte Zeitachse umfaßt insgesamt 2,2 sek. Die Lichtstärke ist in senkrechter Richtung aufgetragen. Aus «Light: Physical and biological action» von H. H. Seliger & W. D. McElroy. Academic Press 1965.

Daß auch Tiefseefische unter einander mit Lichtblitzen kommunizieren, scheint sich aus einer Beobachtung von William Beebe zu ergeben. Er erzählt, wie er in seiner Dunkelkammer saß und einen Tiefseefisch in einem Aquarium beobachtete: «eine Zeitlang sandte er kein Licht aus, aber dann nahm ich den ganzen Fisch im Schein – fast aller – seiner Leuchtorgane (ungefähr 80) wahr. Darauf wurde er wieder dunkel und erhellte sich ungefähr alle 15 Sekunden. In langen Abständen leuchteten mehrere blitzartige Strahlen von hellem durchdringendem Schein auf. Ich hielt aus Versehen meine Armbanduhr mit dem schwach leuchtenden Zifferblatt in die Nähe des Fisches. Er reagierte unmittelbar darauf mit zwei starken Blitzen aus den Schwanzorganen. Als ich die Uhr versteckte und später wieder das Zifferblatt zeigte, reagierte der Fisch sofort. Dies geschah 8 Mal. Ich knipste meine viel hellere Taschenlampe an, aber die Reaktion blieb aus. Fünf Minuten lang wechselte ich zwischen den beiden Lichtquellen, die ganze Zeit mit demselben Ergebnis. Der Fisch reagierte intensiv auf das Zifferblatt, aber schenkte der Taschenlampe keine Aufmerksamkeit».

Bei manchen Tieren wird die Lichtaussendung durch Hormone reguliert, anstatt direkt über das Nervensystem. Das zentrale Nervensystem beeinflußt dann direkt oder auf irgendeinem indirekten Wege eine Drüse, die einen Stoff ins Blut abgibt. Das Leuchtorgan wird beeinflußt, wenn dieser Stoff (das Hormon) es erreicht. Die «Lichter» mancher Fische kann man auf künstlichem Wege zum Aufleuchten bringen, wenn man das Hormon Adrenalin ins Blut des Fisches einspritzt. Wenn die Lichtintensität durch ein Hormon gesteuert wird, entstehen keine so schnellen Variationen wie bei den Feuerfliegen. Bei den Fischen besitzen manche Arten sowohl «Lichter», die von Nerven gesteuert werden, wie auch solche, deren Regulation von Hormonen abhängt.

Als dritter Weg, das Licht zu regulieren, haben manche Fische mechanische Anordnungen gewählt. Eine Gattung (Anomalops) kann das ganze Leuchtorgan einem pigmentierten Teil der Haut zuwenden, eine andere (Photoblepharon) kann eine Art «Lid» oder «Jalousie» vor das Leuchtorgan ziehen (Tafel 8–9). Man glaubt, daß das Licht in diesen beiden Fällen nicht von den eigenen Zellen der Fische herrührt, sondern von Bakterien ausgesandt wird, die in speziellen Drüsen der Fische leben. Das würde also eine Form von Symbiose zwischen den Fischen und den Bakterien bedeuten: die Fische bekommen Licht von den Bakterien und die Bakterien Nahrung von den Fischen. Obwohl die Ansichten darüber auseinandergehen, wie es sich bei manchen Arten tatsächlich verhält, dürfte außer Zweifel stehen, daß gewisse Fische und Weichtiere normalerweise leuchtende Bakterien in ihren Körpern beherbergen. Es gibt mehrere Gründe dafür, daß es in manchen Fällen sehr schwer zu entscheiden ist, ob das Licht von Bakterien oder vom Tier selbst erzeugt wird. Die Bakterien können nämlich so spezialisiert sein, daß sie unter dem Mikroskop nur schwer als Bakterien zu identifizieren sind. Es kann auch schwierig sein, sie außerhalb des Fisches zu züchten. Andererseits

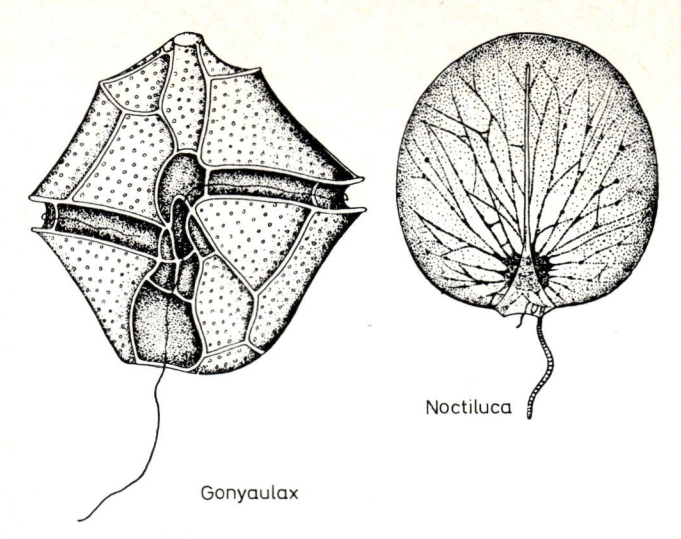

Abb. 26: Leuchtende Dinoflagellaten.
A. Gonyaulax, das u. a. an den Küsten des Karibischen Meeres vorkommt. Aus «Lehrbuch der Pflanzenphysiologie» von H. Mohr. Springer Verlag 1969 (nach Abbildungen von B. Schussnig). B. Noctiluca, das das Meeresleuchten an der schwedischen Westküste verursacht.

besteht die Möglichkeit bei solchen Züchtigungsversuchen, nicht dazugehörige Leuchtbakterien mitzubekommen, von denen viele im Meerwasser existieren. Sie vermehren sich schnell, beispielsweise in Nährlösungen, die aus Fischen zubereitet wurden. Ein überzeugendes Argument für die Anwesenheit von leuchtenden Bakterien in Anomalops und Photoblepharon ist die Tatsache, daß die Lichtaussendung eines Extrakts der beiden Arten durch chemische Zusätze in derselben Art beeinflußt wird wie bei Bakterienextrakten.
Nicht nur hochentwickelte Tiere wie Fische und Insekten können ihre Lichter «ein- und ausschalten». Diese Fähigkeit findet man bis zu den einfachsten leuchtenden Urtieren und den Algen. Das Meeresleuchten wird von einzelligen, höchstens millimetergroßen sog. Dinoflagellaten verursacht. Diese Tierchen leuchten nicht kontinuierlich, sondern geben Blitze ab, wenn sie von der Brandung hin- und hergeschleudert werden, oder wenn ein Boot oder ein Fisch durch das Wasser gleitet. Das Meeresleuchten an der europäischen Westküste wird hauptsächlich von einem Dinoflagellaten namens Noctiluca verursacht. Ein anderer

Dinoflagellat, Gonyaulax (Abb. 26), ist erwähnenswert, obwohl er bei uns nicht allzuoft vorkommt. Da er Chlorophyll enthält und photosynthetisch lebt, muß er zu den Pflanzen gezählt werden. Manchmal kommt es zu einer Massenvermehrung, die in geschützten Meeresbuchten zum «Wasserblühen» führt und die ganze Wasseroberfläche zum Leuchten bringen kann. Gonyaulax kann sogar ein Massensterben von Fischen verursachen, weil er sehr giftig ist und sich oft an den Kiemen von Muscheln festsetzt, die als Nahrung für viele Fische dienen. Das allermerkwürdigste an diesem kleinen Wesen ist jedoch, daß es eine sehr exakte «innere Uhr» besitzt, sogar mit leuchtendem Zifferblatt. Es sendet nämlich nur nachts Licht aus, nicht aber am Tage. Wenn Gonyaulax unter konstanten Lebensbedingungen im Labor gehalten wird (schwaches Licht, gleichmäßige Temperatur), sendet er noch lange Zeit Licht im bisherigen Tagesrhythmus (Abb. 60) aus. «Innere Uhren» kommen

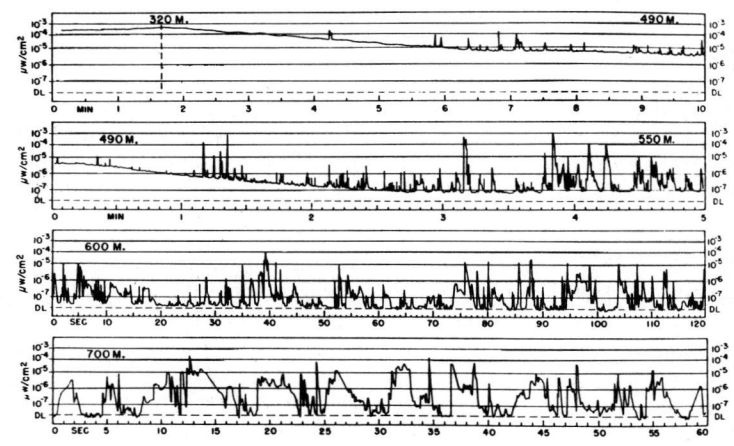

Abb. 27: Registrierungen von einem Belichtungsmeßgerät in verschiedener Tiefe des Atlantiks außerhalb der Ostküste der USA. Die waagrechte Zeitachse umfaßt in den verschiedenen Fällen 10, 5, 2 bzw. 1 Minute. Die Kurven wurden tagsüber beginnend in 320 m Tiefe aufgenommen. Bei der senkrecht gestrichelten Linie wurde das Meßgerät allmählich in größere Tiefen hinuntergelassen. Bis zu 600 m Tiefe wird das Tageslicht noch registriert, da der Ausschlag des Meßgeräts zwischen den Blitzen nicht bis zu DL (dark level, Dunkelniveau) absinkt. Die vertikale Lichtintensitätsachse ist so eingeteilt, daß sowohl schwache Blitze ($10^{-7}\mu$ W/cm^2) als auch 10000 mal stärkere Blitze ($10^{-3}\mu$ W/cm^2) gezeigt werden können. Die meisten Blitze rührten von kleinen Organismen ganz in der Nähe des Belichtungsgerätes her.

auch sonst in der Tier- und Pflanzenwelt vor, von den einzelligen Organismen bis hinauf zu den Blütenpflanzen und dem Menschen selbst. Sie sind jedoch für Außenstehende nicht immer so leicht zu entdecken und «abzulesen» wie bei Gonyaulax. Weitere Beispiele für «innere Uhren» werden in Zusammenhang mit der Richtungsorientierung (Seite 117) sowie auf Seite 128 berührt.

Um eine Vorstellung vom quantitativen Ausmaß der Biolumineszenz unter natürlichen Verhältnissen zu vermitteln, führe ich hier einige Ergebnisse der Lichtmessungen in verschiedener Tiefe im Atlantik, südöstlich von New York, an (Abb. 27). Ein Lichtmeßgerät wurde in verschiedene Tiefen hinuntergelassen und registrierte, wie die Lichtintensität mit der Zeit wechselte. Das Meßgerät war so konstruiert, daß ein Ausschlag von einem Skalenteil bei jeder zehnfachen Erhöhung der Lichtintensität, und zwar zwischen 10^{-7} (0,0000001) Mikrowatt pro cm^2 und 10^{-3} (0,001) Mikrowatt pro cm^2, registriert wurde. Im Diagramm bedeutet DL «dark level», d.h. den Ausschlag im Dunkeln. Die Registrierung der Lichtintensität in Abbildung 27 fängt in einer Tiefe von 320 m an. Wir haben dort ein starkes, konstantes Licht auf Grund des Tageslichts, das von der Oberfläche herunterdringt. Wenn das Meßgerät nach und nach weiter hinabgelassen wird, nimmt das Tageslicht ab und ist in 550 m Tiefe nicht mehr merkbar. Stattdessen treten die Lichtblitze von leuchtenden Lebewesen mehr und mehr hervor. Solche Lichtblitze registrierte man bis zu 3.750 m, die größte Tiefe, die untersucht werden konnte (in Abb. 27 nicht vorhanden), obwohl die Anzahl unter 2.000 m stetig abnahm. Viele Tierarten trugen zu den Blitzserien bei, die in diesen Versuchen registriert wurden, aber zum überwiegenden Teil handelte es sich um kleine Tiere ganz in der Nähe des Meßgerätes. Blitze von größeren Tieren wurden aus einer Entfernung bis zu 10 m vom Meßgerät wahrgenommen; darüberhinaus konnten keine Blitze mehr registriert werden, da die Empfindlichkeitsgrenze des Meßgerätes erreicht war, auch wenn es sich um kräftige Blitze von Quallen, Fischen usw. handelte.

Obwohl es im Meer von leuchtenden Tieren wimmelt, ist, soviel ich weiß, kein einziges Süßwassertier selbstleuchtend. Über die Ursache dieses merkwürdigen Unterschiedes ist nichts bekannt.

Kapitel 4

Der Sehsinn

Die Konstruktion der Sehorgane

Lichtempfindliche Zellteile, Zellen und Organe verschiedener Art findet man im ganzen Tierreich, vom Urtier bis zum Menschen. Primitive «Augen» gibt es an so verschiedenen Stellen wie am Schirmrand von manchen Quallen, in den Armspitzen der Seesterne und an den Kiemen der Röhrenwürmer.

Die Würmer weisen eine Vielfalt verschiedenartiger Typen von Sehorganen auf, von den primitivsten bis zu sehr komplizierten. Aus ver-

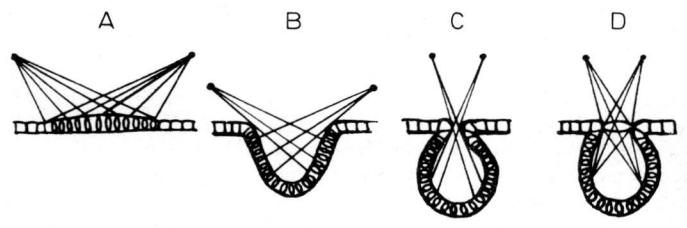

Abb. 28: Schematische Bilder von Sehorganen mit unterschiedlich ausgeprägtem Sehvermögen.
A. Flachauge zur Unterscheidung von hell und dunkel. Das Organ kann nicht zwischen Licht aus verschiedenen Richtungen unterscheiden. Beispiel: manche Würmer und Quallen.
B. Becherauge, daß eine Einschätzung der ungefähren Lichtrichtung erlaubt, da verschiedene Zellen von Licht aus unterschiedlicher Richtung gereizt werden.
Beispiel: manche Würner und Schnecken.
C. Grubenauge. Licht einer punktförmigen Lichtquelle beleuchtet einen kleinen Bereich im Auge, was also ein unscharfes Bild ergeben kann.
Beispiel: der Nautilus.
D. Linsenauge. Das Licht von einer punktförmigen Lichtquelle beleuchtet einen sehr kleinen (beinahe punktförmigen) Bereich im Auge, was ein scharfes Bild ergeben kann. Beispiel: Mensch, Tintenfisch, Springspinne. Umgezeichnet nach «Biologie» (16. Aufl.) von H. Linder. J. B. Metzlersche Verlagsbuchhandlung 1967.

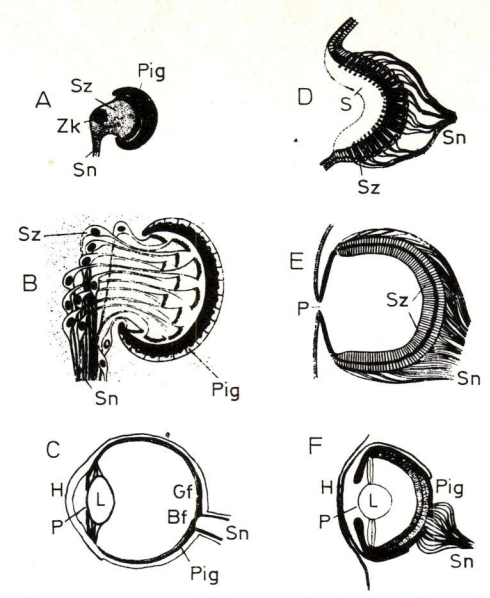

Abb. 29: A und B. Augen für das Richtungssehen bei zwei Strudelwürmern. Das Auge A besteht aus einer einzigen Sehzelle kombiniert mit einer einzigen Pigmentzelle, während das Auge B aus mehreren Zellen besteht. Der lichtempfindliche Teil liegt dem Pigment am nächsten, und das Licht kann erst dorthin gelangen, nachdem es andere Teile der Sehzellen passiert hat. Dieselben Verhältnisse findet man im Menschenauge (C, vergleiche Abb. 37).
In den Augen der Weichtiere (D-F) sind die Sehzellen dagegen mit ihren lichtempfindlichen Enden dem Licht zugewandt.
D. Becherauge einer Schnecke. E. Grubenauge des Nautilus. F. Linsenauge eines Tintenfisches. Letzteres besitzt eine Konstruktion, die der des menschlichen Auges ähnelt, obwohl es sich anders entwickelt hat.
Sz = Sehzelle, Pig = Pigmentzelle, Zk = Zellkern,
Sn = Sehnerv, S = Sekret, P = Pupille, L = Linse,
H = Hornhaut, Gf = Gelber Fleck, Bf = Blinder Fleck.

schiedenen Gruppen von Würmern leiten sich auch die drei Tierstämme ab, die im Laufe ihrer Entwicklungsgeschichte den Sehsinn fast zur Vollendung gebracht haben: Gliedertiere, Weichtiere (Mollusken) und Wirbeltiere.
Der gewöhnliche Regenwurm zeigt z. B. ein Sehorgan einfachster Konstruktion. Es besteht aus einzelnen lichtempfindlichen Zellen, die in der

Haut des Wurmes verteilt sind. Sie stehen mit dem Nervensystem in Verbindung und können vom gesamten Licht, das durch die Außenschicht der Haut eindringt, unabhängig von der Richtung der Lichtstrahlen gereizt werden. Mit einer so einfachen Anordnung kann der Regenwurm gerade den Unterschied zwischen hell und dunkel erkennen (was für ihn jedoch ausreicht). Er hat im Vorderteil viele solche lichtempfindlichen Zellen, hinten weniger und in der Mitte nur eine kleine Anzahl.

Zur exakten Bestimmung der *Lichtrichtung* müssen die lichtempfindlichen Zellen mit pigmentreichen Zellen so kombiniert werden, daß sie das Licht von einer Seite abschirmen. Die Seh- und Pigmentzellen können entweder paar- oder gruppenweise kombiniert werden (Abb. 29 A, B, vergleiche auch Abb. 28).

Um statt *Richtungssehen* das *Bildsehen* zu ermöglichen, sind komplizierte Baupläne erforderlich. Das Licht wird dann, je nachdem wie es auf das Auge trifft (Abb. 28), von verschiedenen lichtempfindlichen Zellen absorbiert. In diesem Abschnitt werden wir einige Prinzipien dieser optischen Baupläne beschreiben; später wird dann die Funktion der lichtempfindlichen Zellen behandelt.

Die meisten Weichtiere, z. B. viele Muscheln, sind mit irgendeiner Art Sehorgan ausgerüstet. Oft ist dieses nicht höher entwickelt als bei den Würmern und ermöglicht also nur Richtungssehen (Abb. 29 D). Beim Nautilus (ein jetzt lebender, primitiver Tintenfisch, der mit den ausgestorbenen «Orthoceratiten» verwandt ist, die so schöne Muster in geschliffenem Kalkstein verursachen), ist das Richtungssehen so gut ausgeprägt, daß man beinahe von Bildsehen sprechen kann. Das Auge des Nautilus (Abb. 29 E) hat nur eine kleine Öffnung, die Pupille, durch die Licht in die Sehzellen eindringen kann. Diese Augenart kann am ehesten mit einer Lochkamera verglichen werden, d. h. einer Kamera ohne Linse. Je größer man das Loch (die Blende) in einer Lochkamera macht, desto mehr Licht kann eindringen; bei zu weit geöffnetem Loch wird allerdings das Bild sehr unscharf oder verschwindet ganz. Der Nautilus kann mit einem Muskel die Größe der Pupille verändern, sodaß sie unter Berücksichtigung der herrschenden Lichtverhältnisse auf den besten Kompromiß zwischen Lichtempfindlichkeit und Abbildungsschärfe des Auges eingestellt werden kann.

Man sollte meinen, daß man einen genügend stark belichteten Gegenstand, den man mit einer Lochkamera photographieren will, beliebig scharf abbilden kann, wenn man nur die Blende klein genug wählt. Die Wellennatur des Lichts legt dem jedoch Hindernisse in den Weg. Wenn ein Lichtstrahl durch ein kleines Loch fällt, setzt nicht das gesamte Licht seinen Weg geradlinig fort, sondern ein Teil wird nach der Seite hin gebeugt. Diese Erscheinung wird um so ausgeprägter, je kleiner das Loch und je größer die Wellenlänge des Lichts ist. Die optischen Gesetze sagen aus, daß der kleinste Abstand, den zwei Punkte voneinander haben können, ohne daß eine Kamera (oder ein Auge) sie als einen einzigen Punkt abbildet, unter keinen Umständen weniger als $x = a \cdot \frac{\lambda}{d}$ sein darf, wobei a der Abstand zwischen der Kamera (dem Auge) und den Punkten, d der Durchmesser der Blende (der Pupille) und λ die Wellenlänge des Lichts bedeutet (eigentlich ist x mindestens 1,22 a $\cdot \frac{\lambda}{d}$, aber der Einfachheit halber vernachlässigen wir den Faktor 1,22). Dieser Minimalabstand gilt für alle Arten von Kameras und Augen. Der *Sehwinkel* bei kleinstem Auflösungsvermögen, das die Beugungsunschärfe noch erlaubt, beträgt $\alpha = \frac{x}{a} = \frac{\lambda}{d}$.

Man kann zeigen, daß die Abbildungsschärfe einer Lochkamera bei einem bestimmten, von der Größe der Kamera abhängigen Lochdurchmesser am größten ist. Es ist auch leicht auszurechnen, daß der Nautilus bei seiner Augenkonstruktion ein Auge von ca. 25 m Durchmesser und eine Pupillenöffnung von ca. 3 mm haben müßte, um dieselbe Sehschärfe wie ein Menschenauge zu erlangen. Ein solches Auge ist ein biologisches Absurdum, und die Natur hat andere Wege gefunden, um ein höher entwickeltes Bildsehen zu erreichen.

Bei den höher entwickelten Tintenfischen haben die Augen eine überraschende Ähnlichkeit mit denen der Wirbeltiere (Abb. 29 C, F). Es muß jedoch ausdrücklich betont werden, daß das Tintenfischauge (F) und das Menschenauge (C) eine völlig verschiedene Entwicklungsgeschichte aufweisen, auch wenn die Teile, die sich funktionell entsprechen, dieselben Namen bekommen haben. Es handelt sich also um eine parallele Entwicklung, genau so wie bei den Flügeln der Insekten und der Vögel, bei denen sich diese Bildungen nur funktionell, nicht aber entwicklungsmäßig entsprechen.

Sowohl bei den Wirbeltieren als bei den höheren Tintenfischen besitzt das Auge im Gegensatz zum Nautilusauge eine Linse als «bildproduzierendes Element». Durch diese Linse vermag das Auge mehr Licht aufzunehmen als ein «Lochkameraauge». Die Linse ist bei den Tintenfischen kugelähnlich, beim Menschen etwas mehr abgeflacht. Dies hängt damit zusammen, daß die Tintenfische im Wasser leben, und deshalb die Lichtbrechung vom umgebenden Medium (also Wasser) zu dem des Auges geringer ist als die Lichtbrechung bei einem Landtier. Im Wasser lebende Wirbeltiere wie Fische und Wale haben ebenfalls fast kugelförmige Augenlinsen.

Außerhalb der Linse gibt es eine «Blende», die *Regenbogenhaut* mit der Pupille. Die Regenbogenhaut (Iris) ist pigmentiert und undurchsichtig. Die Größe der Pupille kann durch Muskeln den Lichtverhältnissen angepaßt werden. Der Variationsbereich der Pupille ist jedoch recht klein im Vergleich zu den natürlichen Helligkeitsabstufungen. Beim Menschen kann die Pupillenfläche nicht mehr als um das 10–15fache variieren bei gleichzeitiger Änderung der Beleuchtung um das Millionenfache. Es erscheint zunächst befremdend, daß die Natur eine so komplizierte Konstruktion wie die Regenbogenhaut nicht wirksamer ausnützt; die Ursache hierfür wird später erklärt. Die Pupillengröße hängt übrigens nicht nur von der Beleuchtung, sondern auch von psychologischen Faktoren ab, eine der Ursachen dafür, daß das Auge «der Spiegel der Seele» genannt wird.

Das Auge wird von der durchsichtigen Hornhaut und den im allgemeinen beweglichen Lidern geschützt. Bei den Schlangen sind die Augenlider durchsichtig und zusammengewachsen. Weitere Schutzvorrichtungen, die man gelegentlich beobachtet, sind Haare, Tränenflüssigkeit und Nickhaut (die letztere bei den Vögeln, Reptilien und Froschlurchen gut entwickelt).

Die Aufgabe der Linse ist es, ein scharfes Bild auf die *Netzhaut*, in der sich die lichtempfindlichen Zellen befinden, zu projizieren. Damit dies geschehen kann, muß eine gewisse Beziehung zwischen dem Abstand zu dem betrachteten Gegenstand einerseits und den Brechungseigenschaften der Linse und dem Abstand zur Netzhaut auf der anderen Seite bestehen. Um verschieden weit entfernte Gegenstände scharf sehen zu können, ist es dem Menschen möglich, die Form der Linse durch die Zugspannung an den Linsenbändern zu verändern. Bei den Tintenfischen wird die entsprechende Einstellung (Akkomodation) durch Veränderung des Abstandes zwischen Linse und Netzhaut erreicht. Auch manche Fische wenden das gleiche Prinzip an. Ein normales Menschenauge ist im Ruhezustand in die Ferne eingestellt, während die Augen der Fische und Tintenfische auf Nahesehen eingestellt sind und akkomodieren müssen, um entfernte Gegenstände scharf zu sehen. Vielen Fischen fehlt die Akkomodationsfähigkeit; sie sind daher konstant kurzsichtig.

Die obige Beschreibung der Lichtbrechung im Auge ist vereinfacht, da die Augenlinse in Wirklichkeit aus Schichten mit verschiedenem Brechungsindices aufgebaut ist. Die Lichtbrechung findet auch an anderen Oberflächen als der Linse statt, bei Landtieren und Menschen vor allem an der Grenze zwischen Luft und Hornhaut.

Die Hornhaut und Linse des Menschenauges brechen nicht das gesamte Licht gleichmäßig, sondern blaues Licht (kurze Wellenlänge) stärker als rotes (lange Wellenlänge). Daher fallen Bildpunkte aus blauem und rotem Licht nicht exakt zusammen. Dieses Phänomen, das auch bei der Abbildung mit einer einfachen Glaslinse entsteht (man kann es z. B. mit einem gewöhnlichen Vergrößerungsglas beobachten) wird *chromatische Aberration* (Farbenbildfehler) genannt. Sie ist eine der Faktoren, die die Sehschärfe begrenzen. Die chromatische Aberration einer Linse wird um so ausgeprägter, je größer der Teil der Linse ist, der für die Abbildung ausgenützt wird. Die chromatische Aberration kann praktisch fast vermieden werden, wenn die Linse von einer Blende abgeschirmt wird, die das Licht nur um die Mitte der Linse durchläßt. Deshalb wird die chromatische Aberration um so geringer, je kleiner die Pupille ist.

Mit einer kleinen Pupille (wie beim Nautilus und in der Lochkamera) entsteht aber auf Grund der Beugung des Lichts in der kleinen Öffnung eine andere Art von Abbildungsunschärfe. Tatsächlich verliert die Linse bei einer genügend kleinen Pupille ganz an Bedeutung, und ein Menschenauge würde unter diesen Umständen nicht viel besser funktionieren als das Auge eines Nautilus.

Für ein Menschenauge gilt, daß die Unschärfe auf Grund von chromatischer Aberration und auf Grund von Beugung des Lichts gleich groß ist, und daß die Summe dieser Fehler am kleinsten ist, wenn der Durchmesser der Pupille ca. 3 mm beträgt. Eine punktförmige Lichtquelle wird dann auf der Netzhaut als kleiner runder Fleck mit einem Durchmesser von 5 µm (0,005 mm) abgebildet. Dies entspricht rein geometrisch gesehen einem Sehwinkel von einer Bogenminute (das ist der Winkel, der 1 mm in einem Abstand von 3,4 m umschließt, also ein Winkel von $0,001/3,4 = 0,00029$ Radian). Das bedeutet maximale Sehschärfe für ein Auge unter idealen Bedingungen. Wenn man zwei Punkte mit einem Sehwinkelabstand von weniger als 1 Bogenminute betrachtet, fließen ihre Bildpunkte auf der Netzhaut zusammen und werden als ein Bildpunkt wahrgenommen.

Bei einer Pupillengröße von 5 mm ist die Beugungsunschärfe klein, aber die Unschärfe auf Grund von chromatischer Aberration größer als eine Bogenminute. Umgekehrt fällt bei einem Pupillendurchmesser von 1 mm die Unschärfe auf Grund von chromatischer Aberration weg, nun beträgt aber die Beugungsunschärfe mehr als 2 Bogenminuten. Wir sehen, daß eine Pupillengröße von 3 mm Durchmesser sehr zweckmäßig ist und nun verstehen wir auch, warum die Größe der Pupille nicht mehr mit der Helligkeit schwankt, als dies tatsächlich der Fall ist.

Ein scharfes Bild auf der Netzhaut wäre von geringem Nutzen, wenn sie es nicht in Nervenimpulse ohne Informationsverluste umwandeln könnte, d. h. das Auflösungsvermögen der Netzhaut geringer wäre als das des Abbildungssystems. Wer einigermaßen mit dem Photographieren vertraut ist, weiß, daß unter gewissen Verhältnissen (kleines Negativformat, lichtempfindlicher Film) nicht die Eigenschaften des Objektivs, sondern die Korngröße des Films für die erreichbare Schärfe entscheidend sind. Im sog. Gelben Fleck (dem Teil der Netzhaut, der für das schärfste Sehen verantwortlich ist) entsprechen die einzelnen lichtempfindlichen Zellen (die Zapfen) den «Körnern» des photographischen Films. Die Zapfen haben hier einen Durchmesser von 1,5–2 µm, was einem Winkel von ca. $^1/_3$ Bogenminute entspricht. «Die Korngröße» des Gelben Flecks liegt also unmittelbar unter dem Wert, der die Sehschärfe einschränken würde. In den anderen Teilen der Netzhaut sind die lichtempfindlichen Zellen zu Verbänden zusammengekoppelt, sodaß die «Körner» aus Zellgruppen statt aus einzelnen Zellen bestehen. Das führt zu geringerer Sehschärfe, aber gesteigerter Lichtempfindlichkeit. Diese Sachlage entspricht vollständig der Wahl des Photographen zwischen einem unempfindlichen (feinkörnigen) und einem lichtempfindlichen (grobkörnigen) Film.

Wir können aus dem vorher Erwähnten folgern, daß sich die Sehschärfe ohne chromatische Aberration erhöhen würde: die Pupille könnte dann erweitert werden, was erstens zu einer Eliminierung der Beugungsunschärfe führen würde, und zweitens könnten dann die lichtempfindlichen Einheiten der Netzhaut auf Grund der großen Lichtzufuhr verkleinert werden. Aber die chromatische Aberration kommt ja daher, daß Licht unterschiedlicher Wellenlänge im Auge verschieden stark gebrochen wird. Es leuchtet deshalb ein, daß die chromatische Aberration zunimmt, je größer der Wellenlängenbereich ist, in dem das Auge wirksam sein soll. Zum kurzwelligen Teil des Spektrums hin wird die chromatische Aberration ausgeprägter. Wir sehen hier einen Sinn darin, daß das Menschenauge die ultraviolette Strahlung nicht wahrnehmen kann. Das Facettenauge einer Biene ist ganz anders konstruiert (siehe unten) und ermöglicht nur eine Auflösung unter einem Winkel von ca. 100 Bogenminuten (die Sehschärfe beträgt also nur ein hundertstel von der eines Menschenauges). Es darf einen daher nicht erstaunen, daß die Biene auch das ultraviolette Spektrum für ihr Sehen ausnützt. Umgekehrt verfügt ein Adler über eine Sehschärfe, die vier mal so groß ist wie die des Menschen. Er hat aber diese große Sehschärfe mit einem zusätzlichen Opfer an Empfindlichkeit für kurzwelliges Licht bezahlen müssen: die Netzhaut enthält große Mengen eines gelben Farbstoffes (Xanthophyll, siehe Seite 32), der das blaue Licht absorbiert. Auch der Gelbe Fleck des Menschenauges enthält etwas Xanthophyll, daher der Name. Das Fehlen von blauempfindlichen Sehzellen in diesem Teil der

menschlichen Netzhaut, der die größte Sehschärfe hat (siehe Seite 100), muß auch in diesem Zusammenhang gesehen werden.
Der Kompromiß zwischen Sehschärfe und Empfindlichkeit für kurzwelliges Licht wird durch einen Vergleich zwischen der Lichtempfind-

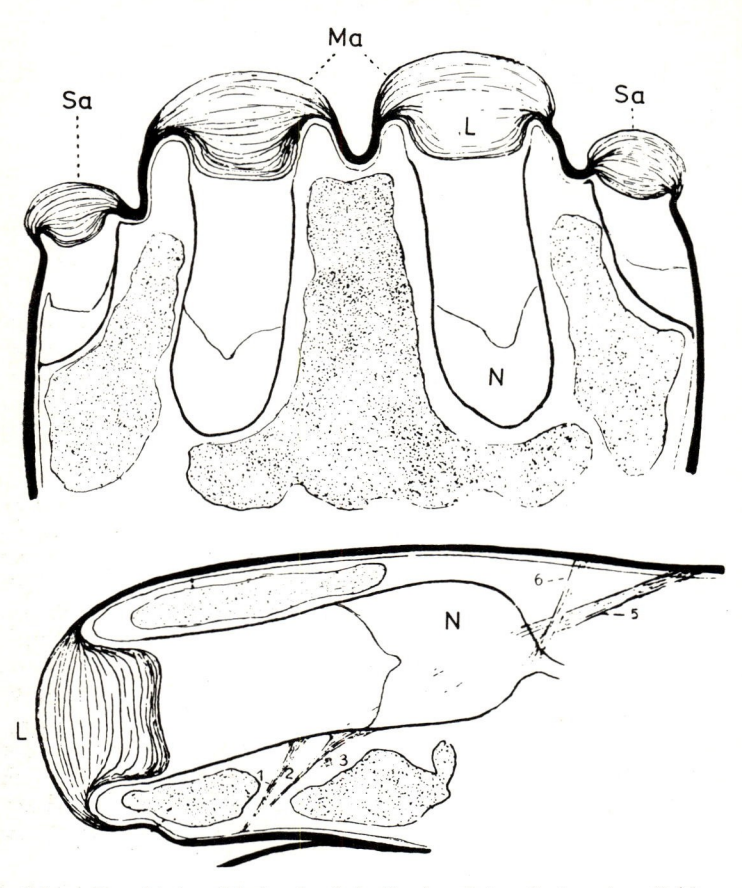

Abb. 30: Verschiedene Schnitte durch das Vorderteil einer Springspinne (Salticus scenicus), die die Konstruktion der Augen zeigen.
A (oben). Waagrechter Schnitt, der außer den großen Medialaugen (Ma) auch zwei Seitenaugen (Sa) zeigt.
B (unten). Senkrechter Längsschnitt, der ein Medialauge von der Seite zeigt. Links die geschichtete Linse (L).

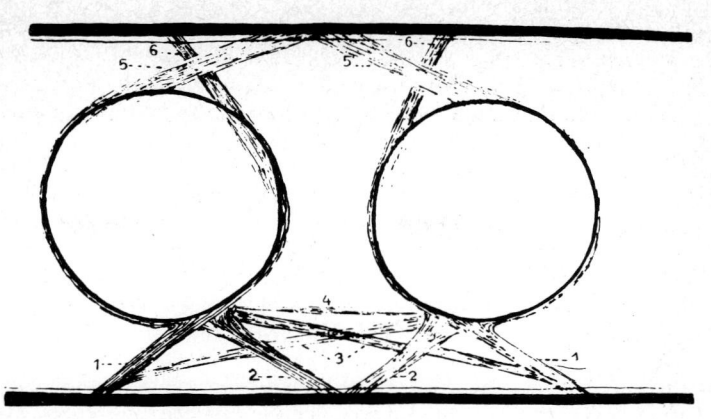

C. Senkrechter Querschnitt mit den beiden Medialaugen von vorn gesehen. Die Zahlen geben verschiedene Muskeln zwischen Augen und Hautskelett an; einige dienen der Einrichtung der Augen, andere (5 und 6) ziehen sie in die Länge, sodaß auch nahegelegene Gegenstände scharf auf der «Netzhaut» N abgebildet werden können. Die Spinne hat also Akkomodationsvermögen.
Aus H. Scheuring – Zool. Jahrb. (Herausg. J. W. Spengel, Gießen) *37:* 412–413. Gustav Fischer, Jena 1914.

lichkeit des Gelben Flecks und der peripheren Netzhaut in verschiedenen Wellenlängenbereichen verdeutlicht (Abb. 44). Wie wir sehen, ist der periphere Teil der Netzhaut im kurzwelligen Bereich ca. 1.000 mal empfindlicher, während die Empfindlichkeit für Licht mit einer Wellenlänge über 650 nm praktisch für die ganze Netzhaut die gleiche ist. Das Diagramm zeigt auch, daß das Auge eine gewisse Empfindlichkeit bis hinein in den Spektralbereich besitzt, den man Infrarot nennt. Gegenüber Licht der Wellenlänge von 500 nm beträgt die Empfindlichkeit der peripheren Netzhaut für Infrarotlicht mit einer Wellenlänge von 1.000 nm nur etwa den Bruchteil von 0,000 000 000 001. Die Unempfindlichkeit des Auges für kurzwellige Strahlung wird dadurch akzentuiert, daß die Linse ultraviolettes und violettes Licht absorbiert. Menschen, denen die Linse entfernt wurde, können ultraviolettes Licht wahrnehmen.

Bei der Konstruktion und Anwendung von optischen Instrumenten (z. B. Kameras) muß man noch andere Abbildungsfehler als die chromatische Aberration berücksichtigen. Das Auge ist so konstruiert, daß diese Fehler normalerweise ohne Bedeutung sind. So wird beispielsweise der Fehler der sog. sphärischen Aberration dadurch korrigiert, daß in der Mitte die Hornhaut gewölbter ist, und die Linse dort einen höheren Brechungsindex hat als am Rande. Wenn man überlegt, wie kompliziert die Optik des Auges konstruiert ist, dann darf man sich nicht wundern, daß das eine oder andere Detail bei vielen Menschen einer Korrektur durch Brillen oder Kontaktlinsen bedarf, um unseren hochgeschraubten Ansprüchen zu genügen.

Bei Gliedertieren haben die Augen unterschiedliche Entwicklungen durchlaufen, und im allgemeinen findet sich dort an ein und demselben Tier mehr als ein Augentyp. Abbildung 30 zeigt verschiedene Schnitte durch die vordersten Augen (Medialaugen) einer Springspinne (Salticus scenicus, vergleiche Tafel 10). Ein solches Auge besitzt eine Linse (diese entspricht gleichzeitig der Hornhaut des Menschen), die ein Bild der Umwelt auf die mit lichtempfindlichen Zellen ausgestattete Netzhaut wirft. Die Akkomodation findet mit Hilfe von Muskeln statt, die das Auge auseinanderziehen, bis die Netzhaut einen geeigneten Abstand von der Linse hat (die Springspinnen sind die einzigen Gliedertiere mit optischer Akkomodationsfähigkeit). Die Tiere leben von Insekten, an die sie sich heranschleichen und die sie aus einer Entfernung von einigen cm anspringen. Wenn man sich vorstellt, daß der Sprung 10 mal so weit sein kann wie die eigene Körperlänge, versteht man, warum es für eine Springspinne sehr nützlich ist, scharf sehen zu können. Die hier beschriebenen Medialaugen entsprechen funktionell dem Gelben Fleck beim Menschen, denn sie werden zur Fixierung innerhalb eines kleinen Bereiches verwendet. Die Springspinnen besitzen außerdem noch 6 kleinere Augen, die für diffuses Sehen innerhalb eines größeren Bereiches verantwortlich sind.

Die Krebstiere und Insekten besitzen einen ganz anderen Augentyp, die Komplex- oder *Facettenaugen*. Ein Facettenauge (Abb. 31, Tafel 11–14) setzt sich zusammen aus einer großen Anzahl (bis zu 30000) von *Einzelaugen* (Ommatidien). Jedes Einzelauge hat eine starke Richtungswirkung, d. h. ein sehr begrenztes Sehfeld und auch eine sehr

Abb. 31: Facettenauge eines Insekts (schematisch)
Cor = Cornealinse, Kr = Kristallkörper, der das Licht zu den lichtempfindlichen Zellen (Retinulazellen) Retl leitet. P = Pigmentzelle, die optisch die Einzelaugen von einander isoliert. Aus «Grundriß der allgemeinen Zoologie», 10. Aufl. von A. Kühn. Georg Thieme Verlag 1949.

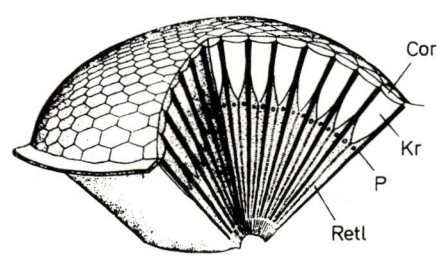

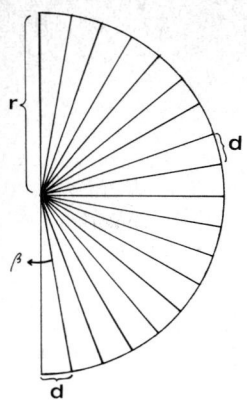

Abb. 32: Schematisches Bild des Auflösungsvermögens eines Facettenauges. Jedes Einzelauge hat den Öffnungswinkel β und den Linsendurchmesser d. Der Radius des ganzen Facettenauges ist r. Aus der Abbildung geht der Zusammenhang β=d/r hervor.

kleine Anzahl (höchstens 8 Stück) lichtempfindlicher Zellen. Ein Einzelauge kann daher kein zusammenhängendes Bild vermitteln, sondern nur die Lichtintensität aus einer bestimmten Richtung oder bestenfalls grobe Informationen über die Intensitätsverteilung innerhalb eines kleinen Teiles des ganzen Sehfeldes mitteilen. Erst das Nervensystem des Tieres stellt die Informationen aller Einzelaugen zu einer Einheit zusammen.

Um den Bauplan des Facettenauges besser einschätzen zu können, stellen wir eine einfache Berechnung auf. Wir gehen dabei der Einfachheit halber davon aus, daß das Auge die Form einer Halbkugel besitzt und in gleich große Kegel (die Einzelaugen) aufgeteilt ist (siehe Abb. 32). Wir nehmen weiter an, daß der Radius r der Halbkugel gegeben ist und stellen uns folgende Frage: in wie große Einzelaugen muß die Halbkugel aufgeteilt werden, damit die Sehschärfe maximal wird? Wir unterstellen dabei, daß das Nervensystem so konstruiert ist, daß es der Sehschärfe keine Grenzen setzt und daß das Licht so stark ist, daß genügend Photonen von jedem Einzelauge eingefangen werden können.

Man könnte zunächst auf den Gedanken kommen: je mehr (und damit schmälere) Einzelaugen, desto größere Richtungswirkung und desto schärferes Sehen. Bei längerem Nachdenken erinnert man sich jedoch vielleicht an die Wellenbewegung und die Beugung von Licht an kleinen Öffnungen. Je größer die Anzahl der Einzelaugen, desto kleiner wird deren Linsenöffnung. Genau so wie bei der Pupille des Menschen ist die Beugungsunschärfe $\alpha = \frac{\lambda}{d}$, wobei d den Durchmesser der Öffnung und λ die Wellenlänge des Lichts bedeutet. Andrerseits darf die Unschärfe nicht kleiner sein als der Öffnungswinkel β jedes Einzelauges. Ein Blick auf Abbildung 32 zeigt den unmittelbaren Zusammenhang d=β·r. Einen annehmbaren Kompromiß zwischen Unschärfe auf Grund der Beugung und der «Öffnungswinkelunschärfe» bekommen wir, wenn α=β ist (tatsächlich ist die gesamte Unschärfe in diesem Fall am kleinsten). Es gilt also λ/d=d/r, oder d= $\sqrt{\lambda \cdot r}$. Für eine Biene ist r≈1 mm und die Wellenlänge 400 nm = 0,0004 mm liegt ungefähr in der Mitte des für eine Biene sichtbaren Spektrums. Der Durchmesser der Öffnung eines jeden Einzelauges, die die beste Sehschärfe gibt, ist also $\sqrt{0,0004 \cdot 1}$ = 0,02 mm. Dieses Ergebnis stimmt recht gut mit dem in Wirklichkeit gemessenen Durchmesser überein. Das Facettenauge der Biene ist also in dieser Hinsicht beinahe optimal (d. h. funktionsmäßig am besten konstruiert).

Aus der Beziehung d = $\sqrt{\lambda \cdot r}$ folgt, daß die Einzelaugendurchmesser verschiedener Insektenarten proportional zur Quadratwurzel aus dem Facettenaugenradius sein sollte. Abbildung 33 zeigt, daß die Augenausmaße sich bei 27 untersuchen Arten von Hautflüglern einigermaßen an diese Beziehung halten.

Den vorhergehenden Formeln kann man auch entnehmen, daß die *absolute* Größe des Auges über die erreichbare Sehschärfe entscheidet. Das gilt sowohl für Facettenaugen als auch für Augen des «Kameratyps» (wie z. B. die des Menschen, der Tintenfische oder die der Springspin-

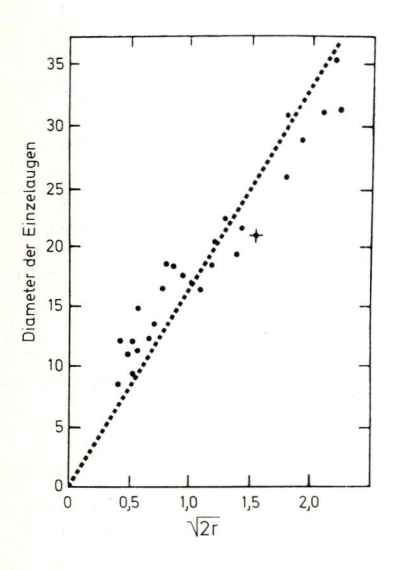

Abb. 33: Größenvergleiche der Einzelaugen und der Facettenaugen bei 27 verschiedenen Arten von Hautflüglern. Auf der Ordinate ist der Durchmesser der Einzelaugen d in μm aufgetragen. Die Abszisse gibt die Quadratwurzel aus der Höhe des ganzen Facettenauges in mm an ($\sqrt{2r}$). Für die bestmögliche Sehschärfe gilt d = $\sqrt{\lambda} \cdot \sqrt{r} = \sqrt{\lambda/2} \cdot \sqrt{2r}$. Für die Wellenlänge λ=540 nm entspricht diese Gleichung der gestrichelten Linie. Das Kreuz gibt die Augendimensionen der gewöhnlichen Biene an, die Punkte der übrigen Hautflügler.

Modifiziert nach H. B. Barlow – J. exptl. Biol. *29:* 667, 1952.

nen). In Anbetracht dieser Tatsache wird es verständlich, warum kleine Tiere *proportional* größere Augen besitzen als große Tiere.
Aufgrund dieser Überlegungen müßte das Auflösungsvermögen des Bienenauges von der Größenordnung $d/r = \sqrt{\lambda/r} = 0{,}02$ Radian (ca. 1 Grad) sein. Zumindest, wenn es um die Wahrnehmung kleiner *Bewegungen* geht, ist jedoch die Sehschärfe des Facettenauges wesentlich besser, und darüber wollen wir später sprechen.
Bei Bienen (und anderen Insekten, die in starkem Licht aktiv sind) sind die Einzelaugen des Facettenauges durch Pigmentzellen optisch voneinander isoliert. Bei einem solchen Facettenauge geht viel Licht verloren. Nur das Licht, das in Richtung der Längsachse eines Einzelauges einfällt, wird an die Sinneszellen weitergeleitet, der Rest wird vom umgebenden Pigment absorbiert. Bei Insekten, die in der Dämmerung, und Krebstieren, die in trübem oder tiefem Wasser leben, ist dagegen die optische Isolierung zwischen den Einzelaugen nur unvollständig. Licht, das schräg auf ein Ommatidium fällt, kann so die Sehzellen des benachbarten Ommatidiums beeinflussen. Auf diese Weise kann das Tier bei schwächerer Beleuchtung besser sehen, jedoch wird die Sehschärfe beeinträchtigt. Die Augen der Tiere, die in wechselnder Helligkeit leben, sind oft mit beweglichen Pigmentkörnern ausgestattet, die die optische Isolierung an den den Umständen nach besten Kompromiß zwischen Sehschärfe und Lichtempfindlichkeit anpassen.
Wir sehen, daß das Menschenauge trotz des zusätzlichen Problems mit der chromatischen Aberration auf einem besseren Prinzip basiert ist als das Facettenauge. Das Licht, das auf einen bestimmten Teil der menschlichen Hornhaut trifft, wird in einem sehr großen Einfallsbereich ausgenutzt. Es wird je nach dem Einfallswinkel an verschiedene lichtempfindliche Zellen weitergeleitet. Das gesamte Licht mit demselben Einfallswinkel gelangt zum selben Teil der Netzhaut, auch wenn es verschiedene Teile der Hornhaut passieren muß. Dadurch kann eine wirkungsvolle Ausnützung des Lichts mit einer Sehschärfe kombiniert werden, die die des besten Facettenauges weit übertrifft.

Mikrowellentechnik im Mikromaßstab – Ein Vergleich zwischen technischen und biologischen Problemlösungen.

Es gibt viele Parallelen zwischen technischen Konstruktionen und der Art und Weise, wie die Natur die entsprechenden Aufgaben löst. Im letzten Abschnitt haben wir uns z. B. mit Teilen des Auges beschäftigt, die sehr an Blende und Linse in einer Kamera erinnern. Ein anderes Beispiel ist die Ähnlichkeit zwischen dem vom Menschen konstruierten Radar und dem von manchen Tieren entwickelten radarähnlichen Orientierungssinn. Die bekanntesten «Radartiere» sind die Fledermäuse. Das Grundprinzip sowohl des Radars als auch des Orientierungssinns der Fledermäuse besteht darin, daß ein kurzes Signal abgegeben und die Zeit bis zu dessen Rückkehr von dem zu erkennenden Objekt gemessen wird. Ein wichtiger Unterschied ist allerdings die Verwendung von elektromagnetischen Wellen (Wellenlänge einige cm) beim Radar, während die Fledermäuse Schallwellen (Ultraschall mit einer Wellenlänge von ca. 1 mm) benützen.

Manch einer denkt vielleicht, daß die Radio- und Mikrowellentechnik mit Antennen, Hohlleitern u.s.w. eine Erfindung des menschlichen Geistes ist und ausschließlich von Menschen benützt wird. Dies trifft keineswegs zu. Es hat sich neuerdings gezeigt, daß eine Insektenantenne und eine Radioantenne mehr Gemeinsamkeiten haben können, als nur Name und äußerliche Ähnlichkeit.

Wenn man einen empfindlichen Empfänger für kurze Radiowellen baut, muß man die Ausmaße bestimmter Teile unter Berücksichtigung der Wellenlänge der Strahlung anfertigen. Deshalb haben die verschiedenen Sender z. B. verschieden große Antennen. Die sehr hochfrequenten («kurzwelligen») Signale, mit denen man es in der Radartechnik zu tun hat, können nicht in gewöhnlichen Kabeln geleitet werden. Stattdessen verwendet man röhrenähnliche Leiter, sog. Hohlleiter, deren Dimensionen in einem bestimmten Verhältnis zur Wellenlänge stehen.

Der Unterschied zwischen Mikrowellen (Radarwellen) und Licht besteht darin, daß die Wellenlänge des Lichts tausend oder zehntausend mal kleiner ist als die der Mikrowellen. Wegen diesen stark unterschiedlichen Wellenlängen kann der Mensch die Mikrowellentechnik nicht für Licht ausnützen. Es ist einfach unmöglich, so kleine Antennen und Hohlleiter mit genügender Präzision herzustellen. Aber gerade das ist der Natur in der Insektenwelt gelungen. Bei der Untersuchung von Haaren an den Antennen bestimmter Nachtfalter hat man festgestellt, daß diese Haare als Antennen und Hohlleiter für Lichtwellen fungieren. Die Lichtenergie wird zu einem Nerv an der Basis des Haares geführt. Man ist nicht der Meinung, daß die Antenne ein Sehorgan im eigentlichen Sinne ist. Wahrscheinlich dient die Lichtempfindlichkeit dazu, den Aktivitätsrhythmus des Falters zu regulieren. Es ist auch schon die Vermutung aufgekommen, die Sehzellen des Menschenauges fungierten als Hohlleiter, doch konnte bisher niemand beweisen, daß diese hypothetische Hohlleitereigenschaft für das Sehen von Bedeutung gewesen wäre (vergleiche nächsten Abschnitt).

Wir wollen hier ein weiteres Beispiel dafür anführen, welche Bedeutung die Ultrastruktur für die optischen Eigenschaften hat. Auch dieses Beispiel ist ein lehrreiches Vergleichsobjekt, wie Natur und Technik gleichgeartete Probleme lösen. Moderne optische Geräte, z. B. Kameras, besitzen oft komplizierte, mehr als zehnlinsige Objektive. An jeder Linsenoberfläche wird etwas einfallendes Licht reflektiert, wie an allen Oberflächen, wo Medien mit verschiedenen Brechungsindices aneinander grenzen. Die Reflexion an einer Glas- und Luftgrenzfläche beträgt nur ca. 4%, wenn der Lichtstrahl ungefähr senkrecht auf die Oberfläche fällt. Eine einfache Linse hat zwei solche Flächen, und die Gesamtreflexion beträgt demnach ca. 8%. In einem System mit vielen Linsen kann sich die Gesamtreflexion erheblich summieren, was zu vielen Nachteilen führt: die Intensität des einfallenden Lichts, das ein Bild produzieren soll, wird schwach. Noch schlechter wirkt sich jedoch aus, wenn das Licht nach wiederholten Reflexionen den Film trifft und die Qualität des Bildes erheblich herabsetzt. Aus diesem Grund sind moderne Kameraobjektive antireflektierend behandelt. Man dampft auf die Linsenflächen eine dünne Schicht eines Stoffes mit einem Brechungsindex zwischen dem der Luft und des Glases. Die Reflexion kann dadurch auf Null herabgesetzt werden, allerdings nur für senkrecht einfallendes Licht, dessen Wellenlänge in der Schicht einer vierfachen Schichtdicke entspricht. Für anderes Licht kann die Reflexion beträchtlich sein.

Für manche Nacht- und Dämmerungsinsekten scheint es wichtig zu sein, daß nur ein kleiner Teil des Lichts reflektiert wird, das auf die Facettenaugen trifft. Der wichtigste Aspekt ist dabei für die Tiere nicht, eine möglichst hohe Bildqualität zu erzielen, oder das Licht effektiv auszunützen, sondern das Risiko, wegen der reflektierenden Augen von Raubtieren entdeckt zu werden. Diese Insekten – manche Nachtfalter, Köcherfliegen und Netzflügler – besitzen eine Art «Antireflexionsbehandlung» auf den Oberflächen ihrer Augenlinsen. Hierbei handelt es sich jedoch nicht um eine entsprechend dicke Schicht wie auf den Kameralinsen. Stattdessen wird ein stufenloser Übergang zwischen dem hohen Brechungsindex der Linse und dem niedrigen der Luft dadurch erzielt, daß das Linsenmaterial nippelförmig herausragt (Tafel 9, (Tafel 14, vgl. Tafel 13). Da die Nippel viel kleiner sind als die Wellenlänge des Lichts, beeinflussen sie die Sehschärfe gar nicht. Sie können die Reflexion über einen wesentlich größeren Spektralbereich herabsetzen als die Schichten, die auf die von Menschen hergestellten Linsen gedampft werden. Unsere Technik ist nicht in der Lage, reflexionsfreie Linsen mit solch kleinen Nippeln mit der erforderlichen Präzision herzustellen. Dagegen ist es gelungen, das Prinzip in mehr als zehntausendfacher Vergrößerung nachzuahmen und zu kontrollieren.

Man stellte eine Fläche mit 3 cm hohen Nippeln her und beobachtete, daß Mikrowellen von einigen Zentimetern Länge an der Nippelfläche tatsächlich weit weniger reflektiert wurden als an einer ebenen Fläche. Diese Entdeckung könnte von militärischem Interesse sein, da sie gewisse Möglichkeiten eröffnet, von der Radarortung unentdeckt zu bleiben.

Besondere Oberflächenstrukturen sind nicht nur dazu geeignet, die Reflexion aufzuheben, durch sie kann auch die Farbwirkung ohne Verwendung von speziellen Farbstoffen erzielt (u. a. Schmetterlingsflügel, manche Käfer), sowie eine Farbstoffwirkung besonders hervorgehoben werden (Blütenblätter). Weiterhin kann Reflexionsminderung in bestimmten Richtungen zu Schutzzwecken erreicht werden. Manche Süßwasserfische besitzen die Fähigkeit, mehr Licht nach unten als nach oben zu reflektieren.

Seit Galileis Tagen verwenden die Astronomen Ferngläser oder Teleskope, um das Weltall eingehender zu erforschen, als das mit bloßem Auge möglich ist. Die größten optischen Teleskope haben einen Durchmesser von mehreren Metern. Der Vergrößerungsfaktor steht in keinem direkten Zusammenhang mit dem Durchmesser, und mit einer geeigneten Gestaltung der Linsen kann man eine sehr starke Vergrößerung auch mit einem kleinen Feldstecher erreichen. Welchen Vorteil hat dann ein großes Teleskop gegenüber einem kleinen? Es lassen sich zwei feststellen: erstens fängt das große Teleskop mehr Licht ein, sodaß man auch schwachleuchtende Himmelskörper entdecken kann, und zweitens ist das Auflösungsvermögen (die Sehschärfe) besser. Die bestmögliche Auflösung ist genau wie beim Menschenauge aus dem Quotienten von Lichtwellenlänge und Durchmesser der lichtauffangenden Fläche (der Pupille bzw. Objektlinse oder des Spiegels), d. h. λ/d zu errechnen.

In letzter Zeit hat man begonnen, das Weltall mit Radioteleskopen zu beobachten, die statt der Lichtstrahlung die viel langwelligere Radiowellenstrahlung registrieren, die von den Sternen und den rätselhaften Quasaren ausgesandt wird. Nachdem ein Spiegelteleskop für Radiowellen kaum größer als einige hundert Meter im Durchmesser gebaut werden kann, und die Wellenlänge der Radiowellen größenordnungsmäßig bei Metern liegt, wird das Auflösungsvermögen eines Teleskops mit einer einzigen Antenne nicht viel besser als 1/100 Radian, d. h. ein halbes Grad oder 30 Bogenminuten sein. Stellt man nun die Information von mehreren «Antennen» zusammen, die in einem bestimmten Verhältnis zueinander stehen, so kann man ein Auflösungsvermögen von ca. einer Bogenminute erzielen, das ist ein mit dem menschlichen Auge vergleichbarer Wert.

Dasselbe Prinzip wird auch von Insekten angewandt. Wie wir im vorhergehenden Abschnitt herausgefunden haben, kann ein Ommatidium eines Facettenauges zwei Punkte unter einem Sehwinkel von einem Grad gerade noch «auflösen». Man hat aber experimentell festgestellt, daß das ganze Facettenauge Bewegungen wahrnimmt, die nur ca. $^1/_3$ eines Grades betragen. Die Erklärung hierfür ist, daß die Impulse von den lichtempfindlichen Zellen mehrerer Einzelaugen in einer mikroskopischen «Datenverarbeitungszentrale» zusammengestellt werden, genau so wie in den 100.000 mal größeren Radioobservatorien.

Die Funktion der Sehzellen

Aufgabe der Sehzellen ist es, die auftreffenden Lichtsignale in Nervenimpulse umzuwandeln. Zunächst löst das Licht eine photochemische Reaktion aus. Diese führt zu einer Serie anderer chemischen Reaktionen, die ihrerseits bewirken, daß die Zelle einen elektrischen Impuls abgibt. Um etwas von diesem komplizierten Verlauf verstehen zu können, gehen wir von einigen sehr viel einfacheren Fakten aus.
Abbildung 34 A zeigt die Strukturformel der Fumarsäure (eine Substanz, die bei den meisten Lebewesen als Zwischenprodukt des Atmungsprozesses auftritt). Die meisten Atome im Fumarsäuremolekül werden durch sog. Einfachbindungen zusammengehalten. Jede Einfachbindung (die gewöhnlich in Formeln mit einem Strich symbolisiert wird) besteht eigentlich aus zwei Elektronen, deren Bahnen die beiden dazugehörigen Atome so umschließen, daß diese zusammengehalten werden. Atome, die durch Einfachbindungen zusammengehalten werden, sind im allgemeinen um ihre Verbindungslinie herum frei drehbar.
Die Kohlenstoffatome (C) in der Mitte des Moleküls werden jedoch nicht von einer Einfachbindung, sondern von einer Doppelbindung (d. h. von vier Elektronen) zusammengehalten. Um eine Doppelbindung sind Atome nicht frei drehbar. Aus diesem Grunde liegen alle vier Kohlenstoffatome und die daran gebundenen Wasserstoffatome (H) in derselben Ebene. Die Sauerstoffatome und die daran gebundenen Wasserstoffatome sind dagegen beweglich und liegen meistens nicht auf dieser Ebene, obwohl die ganze chemische Formel aus praktischen Gründen auf die Papierebene projiziert wird. Offensichtlich sind die beiden «zusätzlichen» Elektronen der Doppelbindung, die sog. Pi-Elektronen, die Ursache, die die Drehbarkeit des Moleküls auf diese Weise fixiert.
Dieselben Atome können nicht nur die in Abbildung 34 A gezeigte Stellung einnehmen, sondern auch die in Abbildung 34 B. Die Kohlen-

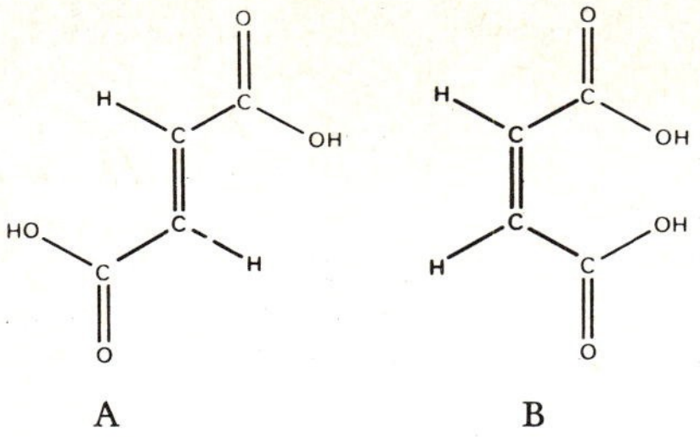

A   B

Abb. 34: Die Formeln für Fumarsäure (links) und Maleinsäure (rechts).

stoffatome und die daran gebundenen Wasserstoffatome liegen auch hier in derselben Ebene, aber die Molekülhälften sind nun gegenüber vorher um eine halbe Umdrehung gegeneinander verdreht. Diese Verbindung wird Maleinsäure genannt. Da Anzahl und Art der Atome im Fumarsäure- und Maleinsäuremolekül identisch sind, nennt man diese Stoffe isomer. Speziell wird die Form von Isomerie, bei der bestimmte Konstellationen durch die Doppelbindung fixiert werden, cis-trans-Isomerie genannt. Die Maleinsäure, in deren Molekül die größeren Atomgruppen (-COOH) auf derselben Seite der Doppelbindung liegen, wird cis-Isomer (oder cis-Form; vom lateinischen cis = diesseits) genannt, die Fumarsäure trans-Isomer (oder trans-Form; vom trans = jenseits, auf der anderen Seite von).

Die Fumarsäure und die Maleinsäure haben verschiedene physikalische Eigenschaften. Beispielsweise ist die Maleinsäure eine 10 mal stärkere Säure, hundertmal leichter wasserlöslich und hat einen um 162 Grad niedrigeren Schmelzpunkt als die Fumarsäure. Beide sind farblos, können jedoch ultraviolette Strahlung absorbieren. Wie in anderen Molekülen (Kap. 1) bewirkt die Absorption von Photonen eine Änderung der Elektronenbahnen und zwar bei den Pi-Elektronen in der Doppelbindung, in dem das Pi-Elektron seine Bahn ändert, wird für eine kurze Zeitspanne die Fixierung der Kohlenstoffatome in derselben Ebene aufgehoben, und sie können sich solange drehen, bis das Pi-Elektron zu seiner normalen Bahn zurückgekehrt ist. Wenn sich die Atome weit genug drehen konnten, kehren sie nicht in ihre ursprüngliche Lage zurück, sondern das Molekül geht in das entgegengesetzte Isomer über, also: Fumarsäure + Photon→Maleinsäure + Wärmeenergie oder Maleinsäure + Photon→Fumarsäure + Wärmeenergie. Auf photochemischen Reaktionen dieser Art beruht alles Sehen, sowohl bei Wirbeltieren als auch bei Gliedertieren und Weichtieren. In den lichtempfindlichen Zellen kommt keine Fumar- oder Maleinsäure vor, sondern ein Stoff mit einer großen Anzahl von Doppelbindungen, Retinal (auch Retinen, Retinaldehyd oder Vitamin A-Aldehyd genannt).

Beim Menschen und den höheren Tieren gibt es zwei Arten von Retinal, Retinal$_1$ und Retinal$_2$ (Abb. 35). Retinal$_2$ unterscheidet sich von Retinal$_1$ nur dadurch, daß es zwei Wasserstoffatome weniger und dadurch eine zusätzliche Doppelbindung besitzt. Bei wirbellosen Tieren kommt, so viel man weiß, nur Retinal$_1$ vor. In sämtlichen Sehzellen im ganzen Tierreich wird die Lichtempfindlichkeit von einer dieser Molekülarten vermittelt, eine erstaunliche Einheitlichkeit, wenn man sich die zahlreichen Variationen im übrigen Aufbau der Sehorgane vor Augen hält.

Im Retinal wird die ganze am Ring hängende, lange Kette in eine Wolke von Pi-Elektronen eingehüllt, sodaß alle Kohlenstoffatome in derselben Ebene fixiert sind (es existiert also keine freie Drehbarkeit um irgend eine dieser Bindungen in der Kohlenstoffkette, auch wenn man formelmäßig nur jede zweite Bindung als Doppelbindung schreibt).

Da die Kohlenstoffkette des Retinalmoleküls so viele «fixierende» Bindungen besitzt, kann man sich eine große Anzahl Isomere vom cis-trans-Typ vorstellen, und davon sind auch eine ganze Reihe synthetisiert worden. Die Natur hat jedoch nur eine einzige Möglichkeit für den lichtempfindlichen Stoff ausgenützt, nämlich das Isomer, bei dem das 11- und das 12- C-Atom in cis-Lage stehen, alle anderen in trans-Lage. Wir nennen dieses Isomer mono-cis-Retinal und vernachlässigen die Tatsache, daß noch andere Arten von mono-cis-Retinal hergestellt werden können.

Das lichtempfindliche Retinal in den Sehzellen liegt nicht als freier Stoff vor, sondern ist an ein Protein (Eiweißstoff) gebunden, das Opsin genannt wird. Es gibt mehrere Opsine, die, kombiniert mit einem der beiden Retinaltypen, einen lichtempfindlichen Komplex bilden. Jede Art

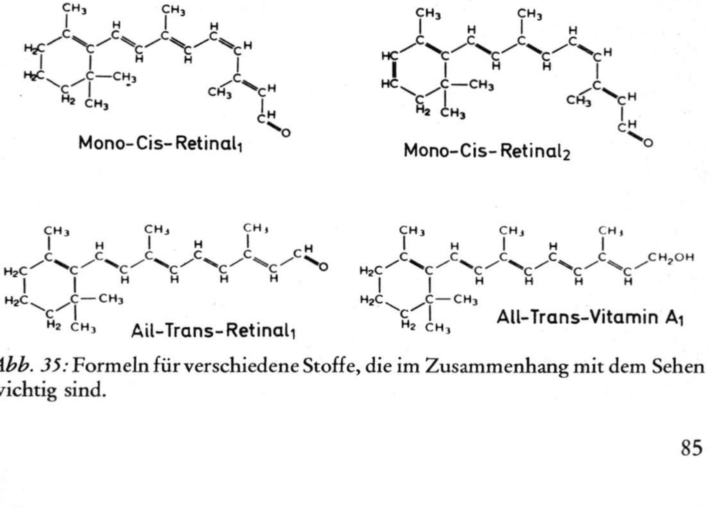

Mono-Cis-Retinal$_1$

Mono-Cis-Retinal$_2$

All-Trans-Retinal$_1$

All-Trans-Vitamin A$_1$

Abb. 35: Formeln für verschiedene Stoffe, die im Zusammenhang mit dem Sehen wichtig sind.

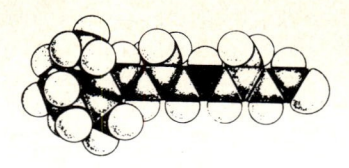

All-Trans-Retinal$_1$

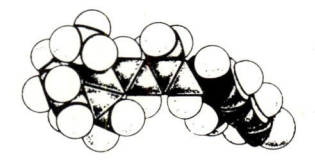

Mono-Cis-Retinal$_1$

Abb. 36: Modelle von Retinalmolekülen. Aus «Molecular isomers in vision» von R. Hubbard & A. Kropf. Copyright © 1967 by Scientific American. All rights reserved.

von Sehfarbstoff besitzt ein charakteristisches Absorptionsspektrum. Das menschliche Auge hat vier verschiedene Retinal-Opsin-Komplexe: Rhodopsin, Erythrolab, Chlorolab und Cyanolab, deren Absorptionsspektren in Abbildung 43 zu sehen sind.
Seit jeher unterscheidet man bei den Wirbeltieren zwei Typen von Sehzellen: Stäbchen und Zapfen. Die Unterscheidung wurde ursprünglich der äußeren Form entsprechend gemacht; heutzutage differenziert man jedoch nach biochemischen und physiologischen Gesichtspunkten (der Mensch hat z. B. stäbchenähnliche Zapfen im Zentrum der Netzhaut, am sog. Gelben Fleck, während man bei den Vögeln zwischen Stäbchen und Zapfen überhaupt keinen Unterschied sehen kann). In den Stäbchen des Menschenauges kommt der lichtempfindliche Stoff Rhodopsin vor, während wir verschiedene Typen von Zapfen mit Erythrolab, Chlorolab und Cyanolab feststellen können. Die Zapfen werden zur Mitte der Netzhaut hin immer zahlreicher und liegen im Gelben Fleck dicht aneinander (Abb. 38). Im eigentlichen Zentrum des Gelben Flecks fehlen die Cyanolabzapfen jedoch. Unser Farbensehen wird von den Zapfen vermittelt, während für das Sehen in der Dämmerung, in der «alle Katzen grau sind», die Stäbchen verantwortlich sind. Diese liegen am dichtesten in einer Zone etwas außerhalb des Gelben Flecks, sind jedoch bis an die Peripherie der Netzhaut vorhanden.
Wir werden zunächst das Rhodopsin und die Vorgänge behandeln, die

sich abspielen, wenn das Rhodopsin von Licht getroffen wird. Die anderen Sehfarbstoffe verhalten sich analog.

Wie wir auf Abbildung 36 sehen, ist das mono-cis-Retinalmolekül abgewinkelt. Beim Rhodopsin steckt es in einer für die Form genau passenden Vertiefung des viel größeren Opsinmoleküls (siehe Abb. 39). Das Retinalmolekül ist dadurch so an das Opsinmolekül fixiert, daß die Aldehydgruppe an einer sog. Aminogruppe im Opsinmolekül befestigt ist (genauer gesagt an der Aminosäure Lysin, die im Opsin enthalten ist) und zwar nach der Formel:

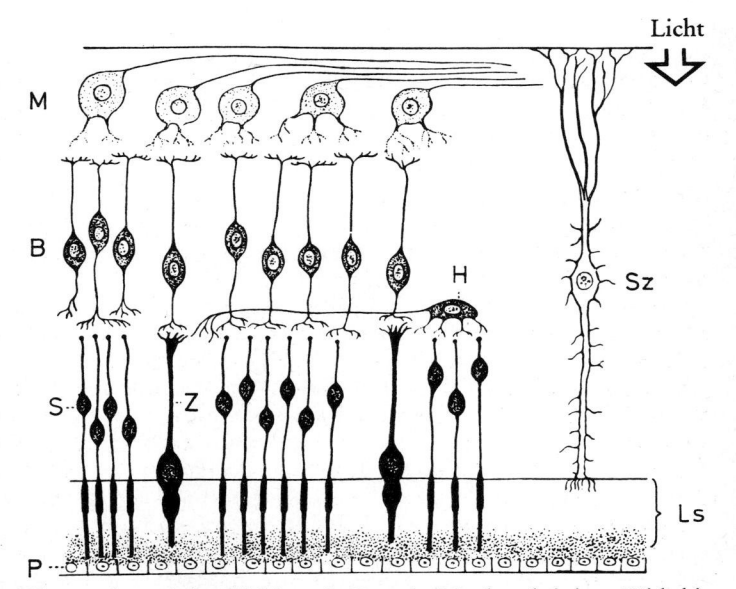

$$\text{Retin} - \overset{H}{\underset{|}{C}} = O + H_2N - \text{Opsin} \rightarrow \text{Retin} - \overset{H}{\underset{|}{C}} = N - \text{Opsin} + H_2O$$

Abb. 37: Schematische Abbildung des Baus der Netzhaut bei einem Wirbeltier. Das Licht kommt von oben.
P = Pigmentzelle, Ls = lichtempfindliche Schicht, S = Stäbchen, Z = Zapfen, H, B und M verschiedene Arten von Nervenzellen (Horizontal- Bipolar- und Multipolar- oder Ganglienzellen. Die sog. amakrinen Zellen sind nicht eingezeichnet), Sz = Stützzelle.
Aus «Boas-Thomsen, Zoologi I», 7. Aufl. von M. Thomsen & T. Normann. Kopenhagen 1958.

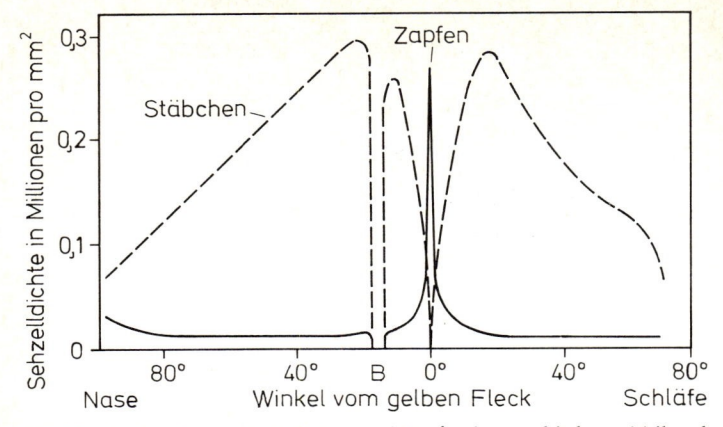

Abb. 38: Die Verteilung der Stäbchen und Zapfen in verschiedenen Teilen der Netzhaut des Menschen. Die Abszisse gibt den Winkel des Gelben Flecks an (links Richtung Nase, rechts Richtung Schläfe). Auf der Ordinate ist die Dichte der Sehzellen in Millionen pro mm² aufgetragen. Die Zapfen (durchgezogene Linie) liegen im Gelben Fleck am dichtesten (jedoch fehlen blauempfindliche Zapfen im zentralen Teil). Die Stäbchen liegen am dichtesten 20–30° außerhalb des Gelben Flecks, fehlen jedoch wie die Zapfen ganz im Blinden Fleck (B), wo der Sehnerv die Netzhaut passiert.
Modifiziert nach G. Østerberg – Acta ophth. Suppl. 6. Munksgaard. Kopenhagen 1935.

Das Retinal wird daher durch starke Bindungskräfte am Ende seiner Kohlenstoffkette festgehalten, während andere schwächere Anziehungskräfte längs des ganzen Moleküls wirksam sind.
Wenn ein Photon von einem Retinalmolekül absorbiert wird, geschieht zuerst dieselbe Reaktion wie bei dem früher erläuterten Beispiel der Umwandlung von Maleinsäure in Fumarsäure, nämlich eine cis-trans-Isomerisierung. Im vorliegenden Fall wird mono-cis-Retinal in all-trans-Retinal umgewandelt (alle Bindungen in trans-Lage). *Dies ist vermutlich das einzige, was das Licht im Sehprozeß bewirkt.* Es scheint sich nur um eine kleine Veränderung zu handeln, aber sie löst alle chemischen, elektrischen und psychologischen Prozesse aus, die zu einem Seheindruck führen.
Wie wir in Abbildung 36 sehen, besitzt das all-trans-Retinal im Gegensatz zu mono-cis-Retinal eine gerade Kohlenstoffkette. Nachdem das Photon absorbiert wurde, paßt das Retinalmolekül daher nicht mehr in sein «Fach» im Opsinmolekül und wird sehr schnell «hinausgeworfen».

Es bleibt aber zunächst noch durch die starke Bindung des letzten Kohlenstoffatoms in seiner Kette (Abb. 39: 2) wie in einer Angel hängen. Nun ändert das Opsinmolekül seine Form etwas, weil die molekularen Kräfte der Retinalkette aufgehoben sind. Auch diese Veränderung vollzieht sich sehr schnell. Danach beginnt eine Serie etwas langsamerer Reaktionen (Abb. 40), die dadurch eingeleitet werden, daß Wasser mit der verbleibenden Bindung zwischen Retinal und Opsin reagiert (die Reaktion nach der Formel auf Seite 87 verläuft rückwärts). Das freigewordene Retinalmolekül reagiert jetzt mit einem Enzym (Alkoholdehydrogenase), das es in all-trans-Vitamin A reduziert (Abb. 35). Der *Coenzymanteil* (in Abb. 40 als NAD bezeichnet; es ist dieselbe Substanz, die in Abb. 16 auftritt) gibt dabei zwei Wasserstoffatome an das Retinal ab. Der nächste Schritt ist die Isomerisierung von Vitamin A in die mono-cis-Form, die dann vom Enzym Alkoholdehydrogenase zu mono-cis-Retinal oxidiert wird. Das Molekül hängt sich gleichzeitig an das Opsin an, das wieder seine vorige Form annimmt, und der Kreislauf ist vollzogen. Im Prinzip scheint der Verlauf bei allen Sehprozessen der gleiche zu sein, obwohl kleine Abweichungen vorkommen können. Bei manchen Tieren (Hummer, Tintenfisch) löst sich das Retionalmolekül nie ganz vom Opsin. Es scheint auch, daß unter gewissen Umständen die Rückreaktion des Retinals in die mono-cis-Form ohne vorherige Reduktion erfolgen kann.

Im oben beschriebenen Kreislauf stimmen die Endprodukte mit den Ausgangssubstanzen überein; dabei wird der Zyklus durch die zuge-

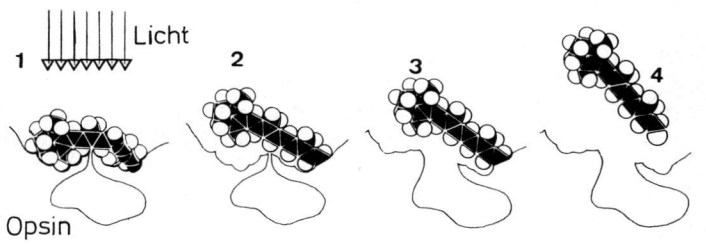

Abb. 39: Veränderungen im Rhodopsinmolekül, wenn es vom Licht getroffen wird. Mono-cis-Retinal absorbiert ein Photon (1) und geht in all-trans-Retinal über, das nicht mehr in die Oberfläche des Opsins hineinpaßt (2) (vom Opsin ist nur ein kleiner Teil gezeigt). Weil die zusammenhaltende Wirkung des Retinalmoleküls nicht mehr besteht, ändert das Opsin seine Form (3). Schließlich wird das Retinalmolekül vollständig vom Opsin losgelöst (4). Aus «Molecular isomers in vision» von R. Hubbard & A. Kropf. Copyright © 1967 by Scientific American. All rights reserved.

führte Lichtenergie in Bewegung gehalten. Aber wir wissen ja auch, daß etwas bei diesen Vorgängen herauskommen muß, etwas, das zu einem Seheindruck führen kann. Wie können wir das erklären?

Beim ganzen Sehprozeß hat man von den Vorgängen zwischen diesen Reaktionen und der Auslösung eines Nervenimpulses die geringsten Kenntnisse. Auf zwei Fakten können wir uns stützen: erstens weiß man, daß ein Stäbchen dazu gebracht werden kann, einen Nervenimpuls durch Absorption eines einzigen Photons auszulösen, und zweitens entsteht der Nervenimpuls so schnell nach der Lichtabsorption, daß für eine vollständige Trennung des Retinals vom Opsin nicht genügend Zeit bleibt (wie gesagt, vollzieht sich die Trennung bei manchen Tieren nie ganz). Die Reaktion im Kreislauf, die den Nervenimpuls auslöst, muß also vor dem Ablösen des Retinals vom Opsin liegen. Wahrscheinlich handelt es sich um die Formveränderung des Opsins, die zwischen den Stadien 2 und 3 in Abbildung 39 eintritt, aber auch Ladungsverschiebungen könnten der auslösende Faktor sein, die beim Herauslösen des Retinals aus seinem «Fach» stattfinden.

Die Auslösung eines Nervenimpulses (der mit elektrischen Meßinstrumenten gemessen werden kann) durch ein einziges Photon bedeutet eine ungeheure Energieverstärkung. Wir müssen deshalb nach einem Mechanismus für diese Verstärkung suchen. Wenn Ingenieure elektronische Verstärker konstruieren, verwenden sie Elektronenröhren oder Transistoren. Diese haben die Eigenschaft, daß ihr elektrischer Widerstand durch einen geringen äußeren Einfluß verändert werden kann. Ein geringer (elektrischer) Einfluß kann daher den Strom regulieren, der durch die Röhre oder den Transistor fließt.

Was die Verstärkung in den Sehzellen anbelangt, so sind zwei Hypothesen aufgestellt worden. Die erste hält sich daran, daß die Rhodopsinmoleküle in dünnen, gefalteten Membranen angeordnet sind, die zwei Bereiche der Zelle trennen (Abb. 41). Die Membranen scheinen gleich dick wie ein einziges Rhodopsinmolekül zu sein, d. h. die Moleküle würden in einer einzigen Schicht angeordnet sein. Wenn man sich vorstellt, daß die Membran elektrisch isolierend wirkt, und daß sie normalerweise in einem elektrischen Spannungsfeld liegt, so ist es denkbar, daß die Reaktionen im Kreislauf dazu führen, daß die Isolierung an der Stelle aufgehoben wird, an der das veränderte Rhodopsinmolekül sitzt. Elektronen (oder Ionen) sickern dann von der einen Seite der Membran auf die andere. Dieser Vorgang dauert so lange, bis sich der Kreislauf vollzogen hat, es haben also viele Ladungsträger Zeit, die Membran zu durchdringen. Ein Photon bewirkt einen Transport von vielen elektrisch geladenen Teilchen und das bedeutet Verstärkung. Man hat tatsächlich Messungen durchgeführt, die darauf hindeuten, daß die

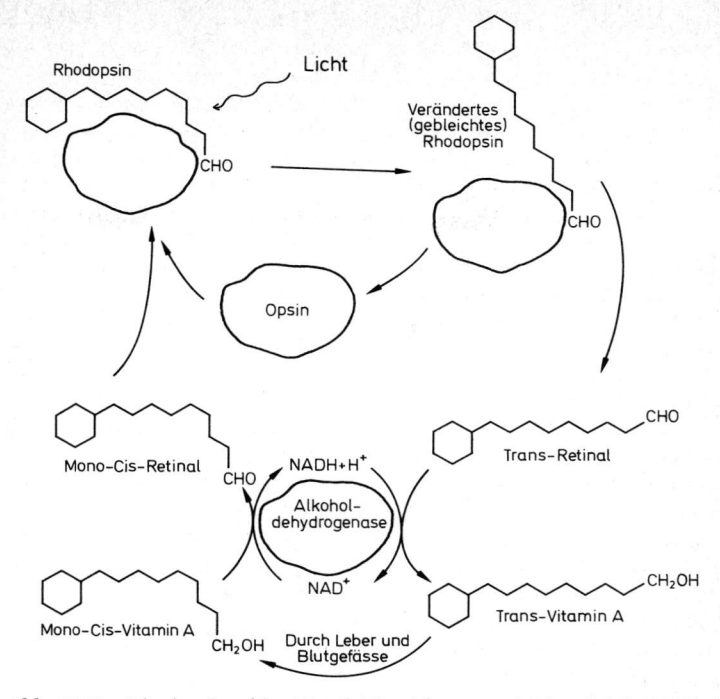

Abb. 40: Der Rhodopsinzyklus. Durch Einwirkung von Licht wird das Retinal von der mono-cis-Form in die all-trans-Form umgewandelt und dann vom Opsin abgespalten (vergleiche Abb. 39). Das Retinal wird anschließend zum entsprechenden Alkohol, all-trans-Vitamin A, mit Hilfe des Enzyms Alkohol-Dehydrogenase reduziert, unter gleichzeitiger Oxidation des Coenzyms NADH in NAD^+. Vitamin A wird in die mono-cis-Form umgewandelt, die zu mono-cis-Retinal unter Wiederherstellung von NADH aus NAD^+ oxidiert wird. Der Kreislauf schließt sich wieder, wenn sich das mono-cis-Retinal mit Opsin zu Rhodopsin vereint.

Absorption eines Photons zu einem Transport von ca. 100.000 Natriumionen innerhalb der Zelle führt, aber wie dieses Phänomen in die Ursachenkette eingefügt werden kann, ist noch ungeklärt.

Die andere Hypothese über den Vorgang der Verstärkung geht von der enormen Katalysewirkung aus, die viele Enzyme aufweisen. Ein Molekül des Enzyms Acetylcholinesterase kann pro Sekunde 300.000 Moleküle Acetylcholin (eine Verbindung, die an der Übertragung von

Impulsen von einer Nervenzelle zur anderen beteiligt ist), in Cholin und Essigsäure zerlegen. Man kann sich vorstellen, daß Opsin ein Enzym ist, das die Fähigkeit hat, einen Stoff X in einen Stoff Y umzuwandeln. Im Dunkeln fungiert Retinal als Hemmstoff, der den katalytisch aktiven Bereich des Enzyms solange überdeckt, bis die cis-trans-Isomerisierung von Retinal stattgefunden hat. An Hand von Abbildung 39 kann man sich diesen Vorgang leicht vorstellen.

Es gibt tatsächlich Beispiele dafür, daß Licht die Aktivierung eines Enzyms durch Abspaltung eines Hemmstoffes erreichen kann. Ein Beispiel hierfür ist die Wirkung des Lichts auf kohlenmonoxidvergiftete Cytochromoxydase. Cytochromoxydase ist ein Enzym, das einen Schritt in der Atmung der Menschen, der Tiere und Pflanzen katalysiert. Die Giftigkeit des Kohlenmonoxids kommt ja daher, daß es sich auf der Cytochromoxydase und auf dem Blutfarbstoff Hämoglobin festsetzt und ihre Wirksamkeit verhindert. Aber vergiftete Cytochromoxydase erhält bei genügend starker Beleuchtung seine Wirksamkeit wieder, weil die Kohlenmonoxidmoleküle durch die Photonen losgetrennt werden.

Welcher Verstärkungsmechanismus auch immer verwendet wird, die Verstärkung wird um so größer, je länger die Stoffe brauchen, um den Kreislauf zu durchlaufen und den Sehfarbstoff wieder zu bilden (wobei das «Loch» in der Membran zugestopft oder das Enzym wieder inakti-

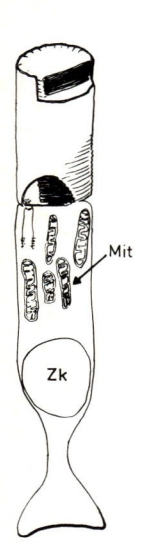

Abb. 41: Sehzelle (Stäbchen) vom Frosch, teilweise aufgeschnitten, um den inneren Bau zu zeigen. Der *vom* Licht abgewandte lichtempfindliche Teil ist nach oben gezeichnet. Er ist mit rhodopsinhaltigen Membranen gefüllt, die durch eine Einschnürung der äußeren Membran gebildet werden und im äußeren Teil freie abgeplattete Säckchen bilden (vergleiche Thylakoide der Chloroplasten). In dem dem Licht zugewandten Teil der Zelle befindet sich ein Zellkern (Zk) und eine Anzahl Mitochondrien (Mit). Die flache Stelle unten stellt den Kontakt mit der Nervenzelle her.

viert wird). Wir sehen in den auf den ersten Blick unnötig kompliziert erscheinenden und langsamen Reaktionen eine gewisse Zweckmäßigkeit. Es soll natürlich nicht zu lange dauern, bis das Sehpigment wieder hergestellt ist. Während dieser Zeit reagiert die Sehzelle nicht so empfindlich gegenüber neuen Photonen, die eventuell an ihr absorbiert werden. Es wird deutlich, daß die Natur zwischen einem hohen Verstärkungsgrad verbunden mit langer Wiederherstellungszeit und einer weniger empfindlichen, aber schneller arbeitenden Zelle zu wählen hat. In einer Stäbchenzelle kann, wie schon erwähnt, ein Impuls von einem einzigen Photon ausgelöst werden. Wenn man mit sehr starkem Licht beleuchtet, sodaß das gesamte Rhodopsin umgewandelt wird, dauert es ca. 10 Minuten, bis die Hälfte, und ca. 35 Minuten, bis fast alles Rhodopsin (99%) wiedergebildet und die Zelle zu ihrem «dunkeladaptierten» Zustand zurückgekehrt ist. Die Zapfen haben eine Lichtempfindlichkeit, die (nach Dunkeladaption) nur ein Tausendstel derjenigen der Stäbchen beträgt, aber dafür wird ihr Sehpigment viel schneller wiederhergestellt. Zapfen mit Chlorolab bilden die Hälfte des Sehpigments in 80 Sekunden und fast alles in 7 Minuten wieder. Unter anderem entscheidet die Geschwindigkeit der Sehpigmentrückbildung darüber, wie viele «Bilder pro Sekunde» das Auge registrieren kann. Der Mensch, der nicht gerade dafür konstruiert ist, als Jagdflieger oder auch nur als Autofahrer zu funktionieren, kann unter optimalen Bedingungen ungefähr 50 Bilder pro Sekunde wahrnehmen. Unsere elektrischen Glühbirnen scheinen daher ein stetiges Licht auszusenden (in Wirklichkeit blinken sie 100 mal pro Sekunde), während ein Amateurfilm (ca. 35 Blitze pro Sekunde bei der Wiedergabe) etwas flimmern kann. Vögel und Bienen können bis zu 150 Bilder in der Sekunde registrieren. Dies muß auch in Zusammenhang mit der Tatsache gesehen werden, daß z. B. ein insektenjagender Mauersegler ca. 30 Meter in einer Sekunde zurücklegen kann.

Bei vielen Tieren reagieren die Sehzellen jedoch viel langsamer als bei Menschen. Bei einer Ratte dauert die Wiederherstellung von Rhodopsin in den Stäbchen, die starkem Licht ausgesetzt wurden, 3–4 mal solange wie beim Menschen, und die «schnellen» Zapfen fehlen ganz. Eine Ratte, die starkem Licht ausgesetzt wird, ist deshalb lange Zeit geblendet. Man sagt, daß das Rattenauge lange Zeit benötigt, um für das Sehen in schwachem Licht adaptiert zu werden.

Der Adaptionszustand eines Menschenauges kann z. B. folgendermaßen gemessen werden: die Versuchsperson muß mit einem Auge eine weiße Fläche betrachten, auf die Lichtblitze verschiedener Stärke auftreffen (eventuell auch verschiedener Wellenlänge). Die Lichtintensität wird langsam erhöht, und der erste von der Versuchsperson wahrge-

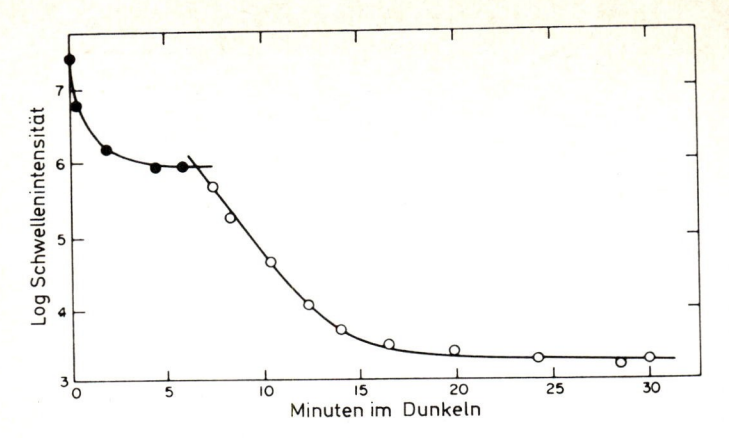

Abb. 42: Der Zeitverlauf der Umstellung des Menschenauges vom Licht- zum Dämmerungssehen (Dunkeladaption). Die Abszisse zeigt die Zeit, die das Auge nach einer Beleuchtung mit starkem Licht im Dunkeln gewesen ist. Die Ordinate gibt die relative Lichtintensität in logarithmischer Skala an (7 bedeutet also 100 mal stärkeres Licht als 5). Die Kurve zeigt den schwächsten Lichtblitz, der zu verschiedenen Zeitpunkten registriert werden kann. Während der ersten 7 Minuten zeigt die Kurve den Adaptionsverlauf der Zapfen, da diese während dieser Periode am empfindlichsten sind. Danach haben sich die Stäbchen wieder so weit von der Blendung erholt, daß sie empfindlicher geworden sind als die Zapfen. Die Farbe des Lichts kann man nur dann feststellen, wenn es stark genug für eine Beeinflussung der Zapfen ist (schwarze Punkte). Die weißen Punkte stellen die wahrgenommenen Blitze dar, ohne daß dabei die Farbe bestimmt werden konnte. Nach S. Hecht & S. Shlaer – J. opt. Soc. Am. *28:* 269, 1938.

nommene Blitz hat dann *Schwellenintensität.* Man kann den Versuch so anordnen, daß die beleuchtete Fläche einem bestimmten Teil der Netzhaut entspricht. Abbildung 42 zeigt wie die Schwellenintensität während einer Dunkelperiode nach starker Beleuchtung nach und nach sinkt (d. h. die Empfindlichkeit des Auges steigt). Die Adaptionskurve besteht aus zwei Teilen. Direkt nach dem blendenden Licht sind die Zapfen lichtempfindlicher als die Stäbchen, und die Lichtempfindlichkeit hängt ganz und gar von den Zapfen ab. Nach ungefähr 10 Minuten im Dunkeln zeigt die Adaptionskurve einen scharfen Knick, und die Lichtempfindlichkeit steigt viel schneller als vorher. Das kommt daher, daß die Lichtempfindlichkeit der Stäbchen die der Zapfen überholt hat. Jetzt hängt die Schwellenintensität des Auges nur noch von der der Stäbchen ab. Man hat auch herausgefunden, daß der Logarithmus der Lichtempfindlichkeit (gleich dem negativen Logarithmus der Schwellenintensität) in einer linearen Beziehung zur Menge des Sehpigments steht.

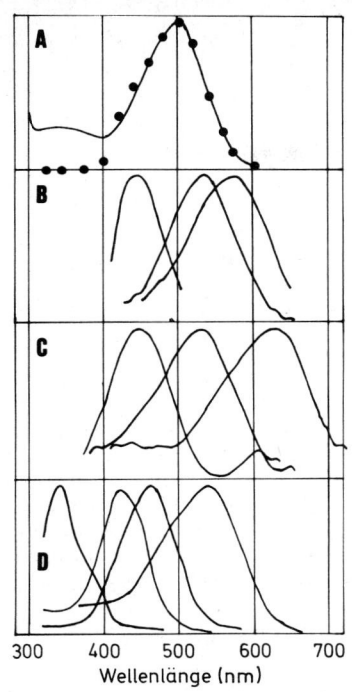

Abb. 43: Spektren der Sehpigmente des Menschen und des Sehens verschiedener Lebewesen.

A. Mensch: Das Empfindlichkeitsspektrum einer dunkeladaptierten Netzhaut ist durch Punkte, und das Absorptionsspektrum des Sehfarbstoffes (Rhodopsin) der Stäbchen durch eine durchgezogene Kurve dargestellt. Für Licht kürzerer Wellenlänge als 450 nm liegt die Empfindlichkeitskurve des Dämmerungssehens des ganzen Auges (nicht eingezeichnet) unter den Punkten, aufgrund der Absorption in der Linse; diese Abweichung steigt mit zunehmendem Alter.

B. Mensch: Absorptionsspektren der Sehfarbstoffe in den drei Arten von Zapfen. Absorptionsmaxima sind: 447 nm für Cyanolab, 540 nm für Chlorolab und 577 nm für Erythrolab (von links).

C. Goldfisch: Absorptionsspektren der Sehfarbstoffe in den drei Arten von Zapfen.

D. Arbeiterin der Honigbiene: Empfindlichkeitsspektren von vier Arten von Sehzellen in den Facettenaugen. Die Biene hat außer ihren zwei Facettenaugen auch drei Punktaugen.

Während der ersten 10 Minuten des Adaptionsverlaufs kann die Versuchsperson die Farbe der immer schwächeren Blitze der Schwellenwerte (dunkle Punkte in Abb. 42) erkennen, was im späteren Verlauf (leere Kreise in Abb. 42) nicht mehr möglich ist, *da nur Zapfen Farbeindrücke vermitteln.*

Die Fähigkeit der Zapfen, Licht verschiedener Wellenlänge zu unterscheiden, rührt daher, daß die drei Arten der Zapfen (mit Erythrolab, Chlorolab und Cyanolab als wirksame Pigmente) verschiedene spektrale Empfindlichkeit aufweisen (vergleiche Abb. 43).

Die Wirkungsspektren der verschiedenen Zapfen sollen im Prinzip mit den Absorptionsspektren der drei Pigmente übereinstimmen (siehe jedoch untere Ausnahme). Man versuchte, diese Spektren mit verschiedenen Methoden zu bestimmen:

a) Extraktionen der Netzhaut und Messungen der Farbstoffe in Lösung, eventuell nach Trennung und Reinigung. Cyanolab ist mit dieser Methode nicht mit Sicherheit nachgewiesen worden.

b) Messung der spektralen Augenempfindlichkeit, z. B. durch Grenzwertversuche wie oben beschrieben. Man vergleicht dann beispielsweise die Empfindlichkeitskurve eines normalen, dunkeladaptierten Auges mit der Kurve eines Auges, das starkem «dunkelroten» Licht ausgesetzt wurde (Wellenlänge über 700 nm). Das dunkelrote Licht wird hauptsächlich von Erythrolab absorbiert, das dabei gespalten wird. Der Unterschied zwischen den Empfindlichkeitskurven eines dunkeladaptierten und eines dunkelrotadaptierten Auges sollte daher das Spektrum für Erythrolab darstellen. Man kann nachher das Auge an starkes Licht von etwas kürzerer Wellenlänge adaptieren und auch Chlorolab «wegbleichen», um auf diese Weise auch die Spektren für Chlorolab und Cyanolab zu bestimmen.

c) Man kann die spektrale Empfindlichkeit eines normalen Auges mit der Empfindlichkeit des Auges von farbenblinden Personen vergleichen. Farbenblindheit rührt nach der allgemeinen Auffassung daher, daß einer oder mehrere Farbstoffe fehlen. Der Unterschied zwischen der «Normalkurve» und der «Farbenblindheitskurve» gibt dann das Spektrum des fehlenden Farbstoffes. Es ist jedoch möglich, daß bestimmte Formen der Farbenblindheit nicht von einem Fehlen eines Farbstoffes herrühren, sondern daß ein Farbstoff in den falschen Zapfen gebildet wird; z. B. Chlorolab in Zapfen, in denen eigentlich nur Erythrolab vorkommen sollte. Dieses Problem ist noch nicht vollständig geklärt. Die häufig vorkommende «Rotblindheit» (Protanopie) beruht jedoch auf dem Fehlen von Erythrolab.

d) Die unter b und c beschriebenen Methoden lassen sich nicht nur bei Menschen anwenden, die sich auch darüber äußern können, wenn z. B.

ein Lichtblitz einen Seheindruck vermittelt. Auch hierfür dressierte Tiere (z. B. Bienen) können für solche «subjektiven» Methoden zur Bestimmung der Augenempfindlichkeit Verwendung finden. Eine andere Methode, die man vorzugsweise bei Tieren anwendet, ist die Ableitung und Registrierung der elektrischen Signale, die im Nervensystem entstehen, wenn die Netzhaut gereizt wird. Diese Ableitung kann auf verschiedenen Ebenen im Nervensystem stattfinden, von den Sehzellen bis hinauf zur Bewußtseinsregion des Gehirns. Man erhält dadurch einen Einblick in den komplizierten Weg vom Sehzellenimpuls bis zum Sinneseindruck.

e) Man kann Licht verschiedener Wellenlänge in das Auge eines lebenden Objekts (Tier oder Mensch) einstrahlen und die Intensität des Lichts messen, das vom Augengrund aus dem Auge reflektiert wird. Ein Teil dieses Lichts hat die Farbschichten der Sehzellen zweimal passiert, die auf diese Weise ihre «Abdrücke» im gemessenen Reflektionsspektrum hinterlassen. Auch mit dieser Methode stellt man Vergleiche zwischen Augen in verschiedenen Adaptionszuständen und zwischen normalen und farbenblinden Augen an.

f) Die Absorptionsspektren können auch an einzelnen Sehzellen durch sog. Mikrodensitometrie gemessen werden. Auch hier mißt man die Spektrendifferenz zwischen unbeleuchteten und «gebleichten» Zellen. Die meisten derartigen Messungen sind aus technischen Gründen mit Lichtstrahlen ausgeführt worden, die die Sehzellen senkrecht zur Längsachse passieren. Das wurde jedoch beanstandet, da der natürliche Lichtweg parallel zur Längsachse verläuft. Manche Forscher sind nämlich der Meinung, daß die geometrischen Verhältnisse der Sehzellen und ihre Hohlleitereigenschaften (vergleiche Seite 80) von großer Bedeutung sind. Verschiedene Typen der Sehzellen seien durch unterschiedliche Dimensionen und Brechungsindices auf verschiedene Wellenlängen «abgestimmt», und diese Tatsache ist nach der Meinung dieser Forscher für das Farbensehen wichtiger als die verschiedenen Farbstoffe. Es ist in letzter Zeit gelungen, die Absorptionsspektren auch in Längsrichtung der Sehzellen zu messen. Hierbei ist jedoch nichts zu Tage getreten, was ernsthaft die «Farbstofftheorie» des Farbensehens widerlegen würde.

Es sollte niemanden wundern, der je mit Wissenschaft zu tun hatte, daß die verschiedenen oben beschriebenen Methoden zu Ergebnissen führen, die nicht ganz miteinander übereinstimmen und daß Forscher, die von den verschiedenen Methoden Gebrauch machen, nicht in allen Punkten vollkommen einer Meinung sind. Manche Diskrepanzen sind leicht zu erklären. Das intakte Menschenauge besitzt eine geringere Empfindlichkeit für blaues Licht, als man nach der jeweiligen Konzentration und den Spektren der verschiedenen Sehfarbstoffe vermuten sollte. Das rührt daher, daß ein Teil des blauen Lichts (mit zunehmendem Alter) von der Linse und ein anderer Teil vom gelben Farbstoff im gelben Fleck absorbiert wird. Eine Diskrepanz konnte jedoch noch nicht geklärt werden, nämlich daß die Methode e) zu viel höheren Werten der Absorptionsfähigkeit der Farbstoffe kommt als die Methode f) (3–13 mal). Mit den verschiedenen Methoden erhält man auch etwas differierende Wellenlängenwerte für die Absorptionsmaxima der Farbstoffe.

Die Signale der drei Arten von Zapfen (Zapfen mit Erythrolab, Chlorolab und Cyanolab) werden vom Nervensystem so zusammengestellt, daß ihre relative Intensität im großen und ganzen entscheidet, welcher Farbton erlebt wird. Ich schreibe «im großen und ganzen», weil das Farbenerlebnis einen viel komplizierteren Prozeß darstellt, als man es sich gewöhnlich vorstellt.

Wir können hier nicht darauf eingehen, wie das Nervensystem (in der Netzhaut und im Gehirn) die Signale von den Sehzellen weiterleitet, obwohl man in den letzten Jahren viele interessante Erkenntnisse auf diesem Gebiet gewonnen hat. Der Leser wird auf das Literaturverzeichnis hingewiesen. An dieser Stelle sollen nur einige Fakten angeführt werden, die mit der eigentlichen Registrierung der Photonen in den Sehzellen eng verknüpft sind.

Es wurde bereits erwähnt, daß in einer dunkeladaptierten Stäbchenzelle nicht mehr als ein einziges Photon absorbiert zu werden braucht, um einen Nervenimpuls auszulösen. Das bedeutet nicht, daß ein einziges Photon einen Seheindruck vermitteln kann. Hierzu ist vielmehr erforderlich, daß ca. sechs Photonen im selben kurzen Zeitraum (zwei hundertstel Sekunden) im selben kleinen Bereich der Netzhaut (umfaßt ca. 500 Stäbchen) absorbiert werden. Signale, die zeitlich oder räumlich weiter auseinanderliegen, werden von den sog. Ganglienzellen in der Netzhaut weggesiebt und nicht bis zum Gehirn weitergeleitet. Was wird nun damit bezweckt? Wir versuchen das durch einen Vergleich mit künstlichen Meßinstrumenten zu verstehen.

In allen elektronischen Apparaten gibt es im gewissen Umfang ein «Rauschen» oder unregelmäßige Störungen. Das Rauschen tritt besonders bei hoher Verstärkung auf. Störungen können natürlich auf verschiedene Weise entstehen, aber die durch die Materie bedingte Form des Rauschens ist schwer zu vermeiden. Es entsteht durch die unregelmäßige Wärmebewegung der Atome. Sie kann sich z. B. darin äußern, daß sich ein Elektron von einer Elektrode in einer Verstärkerröhre loslöst. Die Bewegung des Elektrons stellt einen kleinen Stromstoß dar, der in der folgenden Verstärkerstufe zusammen mit anderen Impulsen verstärkt wird und schließlich zu einem merkbaren Effekt führt (zu einem Geräusch in einem Lautsprecher, einem Zeigerausschlag auf einem Meßinstrument etc.). Das Rauschen begrenzt die Verwendbarkeit elektronischer Meßapparate, wenigstens wenn man schnelle Veränderungen registrieren will und identische Messungen nicht oft wiederholen kann.

Die Stäbchen der Netzhaut mit ihrer hohen Verstärkung besitzen auch ein vernehmbares «Rauschen». Die Grundursache liegt wie in den elektronischen Apparaten in der Wärmebewegung der Materie. Das ständige «Durchschütteln» der Moleküle führt zu einer gelegentlichen Isomerisierung der Retinalmoleküle, was ein Ablösen von Opsin zur Folge hat ohne Mitwirkung eines Photons. Dabei wird ein Impuls von der Zelle ausgelöst. Wenn man sehr schwaches Licht mit einem empfindlichen, elektronischen Belichtungsmesser messen will, kann man das «Rauschen» verringern, indem man das Meßgerät z. B. in flüssigem Stickstoff (−196° C; die niedrige Temperatur bedingt verminderte Wärmebewegung) kühlt, eine Methode, die nicht gerade empfehlenswert ist, um das Sehvermögen des menschlichen Auges zu verbessern. Deshalb senden die Sehzellen ihre Signale nicht direkt zum Gehirn, sondern (über sog. Bipolarzellen) zu den Ganglienzellen in der Netzhaut. Die Funktion der Ganglienzellen besteht sozusagen darin, die eingegangenen Meldungen durch einen Vergleich der verschiedenen Aussagen zu kontrollieren und nur übereinstimmende Berichte weiterzuleiten. Der Leser, der die im Literaturverzeichnis aufgeführten Arbeiten studiert, wird bald feststellen, daß dies eine äußerst vereinfachte und unvollständige Beschreibung der Funktion der Ganglienzellen ist, aber eine eingehende Darstellung würde den Rahmen dieses Buches sprengen.

Man könnte meinen, daß das Rhodopsin als Sehfarbstoff ungeeignet wäre, weil es «spontan» reagiert, d. h. ohne von Licht getroffen zu werden. Tatsächlich ist Rhodopsin ein stabiler Stoff, insbesondere wenn man bedenkt, daß es sich um einen kompliziert aufgebauten Eiweißstoff handelt. Man schätzt, daß die Zerfallszeit eines Rhodopsinmoleküls, das bei Körpertemperatur im Dunkeln gehalten wird, im Durchschnitt ungefähr 220 Jahre beträgt. Es zerfällt jedoch unregelmäßig, ein Teil früher, ein Teil später. Von einer bestimmten Menge Rhodopsin ist nach 220 Jahren noch die Hälfte vorhanden. Anders ausgedrückt: die Wahrscheinlichkeit, daß ein bestimmtes Molekül in einer bestimmten Sekunde zerfallen wird, ist nur 1 zu 10 000 000 000. Aber nachdem es in einer Stäbchenzelle ungefähr 30 000 000 Rhodopsinmoleküle gibt, wird im Durchschnitt alle 5 Minuten in jeder Stäbchenzelle ein «falscher» Impuls ausgelöst. Und nachdem wir ca. 125 000 000 Stäbchen in jedem Auge haben, würden wir in völliger Dunkelheit ständig ein gewaltiges

Feuerwerk sehen, wenn jeder Sehzellenimpuls zum Gehirn weitergegeben würde. Die Sehpigmente der Zapfen sind weniger stabil und ihr «Rauschfaktor» ist daher mehr als 1000 mal so groß wie der der Stäbchen. Manche Wissenschaftler sehen hierin die Hauptursache dafür, daß sie für das Sehen in schwachem Licht nicht ausgenützt werden können. Der höhere Rauschfaktor ist nicht das Ergebnis einer unvollständigeren Konstruktion. Die erythrolab- und chlorolabhaltigen Zapfen (die für den Hauptanteil der gesamten Zapfenempfindlichkeit verantwortlich sind) *müssen* nach den physikalischen Gesetzen aus folgenden Gründen einen höheren Rauschfaktor besitzen:

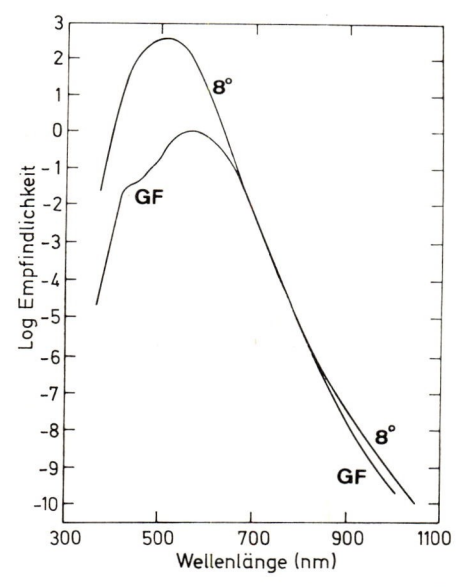

Abb. 44: Die Empfindlichkeit der menschlichen Netzhaut für Licht verschiedener Wellenlänge. Die untere Kurve (GF) zeigt die Empfindlichkeit im Gelben Fleck, in dem die Zapfen überwiegen, die obere Kurve die Empfindlichkeit 8° oberhalb des Gelben Flecks, wo die Stäbchen in der Mehrzahl sind. Die Ordinate gibt die Lichtempfindlichkeit in logarithmischer Skala an, sodaß 2 die 10 mal so hohe Empfindlichkeit als 1 und 1000 mal so hohe Empfindlichkeit als −1 bezeichnet. Obwohl das Maximum der Empfindlichkeit des Gelben Flecks bei größerer Wellenlänge als für die übrige Netzhaut liegt, ist die Empfindlichkeit für langwelliges Licht nicht größer.

Aus «Light: Physical and biological action» von H. H. Seliger & W. D. McElroy. Academic Press 1965.

Da die Absorptionsspektren und Wirkungsspektren für Isomerisierung von Chlorolab und Erythrolab (Maxima bei 540 bzw. 577 nm) im Verhältnis zum Spektrum für Rhodopsin (Maximum bei 507 nm) in die langwelligere Richtung verschoben sind, ist weniger Energie erforderlich, um ein Pi-Elektron aus seiner Bahn zu heben, die Doppelbindung zu brechen und damit die cis-trans-Isomerisierung in Chlorolab und Erythrolab zu ermöglichen. Deshalb werden die beiden erstgenannten Molekültypen durch Stöße und Wärmestrahlung öfters die erforderliche Energie bekommen, was natürlich stärkeres «Rauschen» zur Folge hat. Auch bei künstlichen Photozellen ist eine große Empfindlichkeit für langwelligere Strahlung mit höherem «Rauschfaktor» verbunden. Eine Verschiebung des Empfindlichkeitsmaximums um 33 nm führt nach den Formeln der Physiker zu tausendfacher Verstärkung des «Rauschens», was annähernd mit den Verhältnissen in den Sehzellen übereinstimmt.

Farben im Pflanzen- und Tierreich

Ich habe auf den letzten Seiten zu zeigen versucht, daß die Art, wie verschiedene Tiere sehen und ihre Fähigkeit, Farbe und Form aufzufassen, an und für sich ein sehr interessantes Stoffgebiet ist. Nicht weniger interessant ist der Versuch, den Sehsinn in seinem biologischen Zusammenhang zu sehen, seine Rolle für das Verhältnis der verschiedenen Organismen zueinander und für die biologische Entwicklung zu untersuchen. Ich werde hier einige Aspekte zu diesem Thema herausgreifen.

Die Entwicklung der Blütenpflanzen und Insekten

«Schauet die Lilien auf dem Felde ... ich sage Euch, daß auch Salomo in aller seiner Herrlichkeit nicht bekleidet gewesen ist wie derselben eine».
Warum all diese Pracht in der Blumenwelt? Wenn wir uns selbst als die Herren der Schöpfung und deren letzten Sinn betrachten, ist es wohl die Aufgabe der Blumen, uns Schönheit zu vermitteln. Aber die biologische Bedeutung müssen wir nicht in unserem Farbenerlebnis, sondern in dem der Insekten suchen. Die Blüten sind die Fortpflanzungsorgane der Pflanzen, und im Kampf ums Dasein sind nur diejenigen Pflanzen erfolgreich gewesen, die für eine effektive Kommunikation zwischen

männlichen und weiblichen Organen gesorgt haben. Bei primitiven Pflanzen werden die männlichen Geschlechtszellen ziemlich zufällig durch Wasser überführt, in dem sie mit Hilfe von Geißeln schwimmen können. Bei manchen Pflanzen können beide Arten der Geschlechtszellen schwimmen. Wenn eine männliche Zelle (Spermie) in die Nähe einer weiblichen Zelle (Ei) gelangt, tritt ein chemischer Sinn («Geschmack» oder «Geruch») in Funktion und steuert die Geißelbewegungen in die richtige Richtung. Bei den Nadelbäumen, die einen Übergang zu den eigentlichen Blütenpflanzen darstellen, wird der Pollen mit Hilfe vom Wind verbreitet. Dasselbe gilt für viele andere Pflanzen mit unansehnlichen Blüten, z. B. Gräser (Roggen) und Kätzchenblütler (Birke). Bei den Pflanzen, die wir gewöhnlich Blumen nennen, sind die Geschlechtsorgane von farbenprächtigen Blütenblättern (oder anderen farbenreichen Gebilden) umgeben. Die Pollenübertragung geschieht mit Hilfe von Tieren, in den meisten Fällen Insekten. Daß sich uns die Sommerwiese voll schöner Blumen präsentiert, stammt also von einer gewissen Ähnlichkeit zwischen unserem Farbensehen und dem der Insekten, d. h. dieselben chemischen Verbindungen erscheinen uns gleichermaßen anziehend wie den Insekten. Könnten die Insekten nur die für uns unsichtbare ultraviolette Strahlung wahrnehmen, so würde uns vielleicht die Natur ziemlich farblos erscheinen, da die Pflanzen sich dem Sehsinn der Insekten angepaßt hätten. Aber vielleicht hätte sich dann das Farbensehen der Säugetiere und das unserige auch anders entwickelt.

Es ist natürlich eine grobe Vereinfachung zu sagen, daß die Entwicklung der Blumenfarben vom Sehsinn der Insekten bestimmt wurde. Tatsächlich lief die Entwicklung und die gegenseitige Anpassung in kleinen Schritten ab. Gleichzeitig erfolgten Anpassungen und Spezialisierungen auf verschiedene Art und Weise wie Blumendüfte – Riechorgane, Nektar – Geschmacksorgane, Verdauungsorgane etc.. Wir wissen nicht, wie und in welcher Reihenfolge die Anpassungen stattfanden.

Durch Beobachtungen an Fossilien konnte man feststellen, daß die ersten fliegenden Insekten während der Karbonzeit auftraten, vor ca. 300 Millionen Jahren. Aus derselben Epoche stammen die ersten Blütenpflanzen. Über die Farben der ersten Blumen wissen wir noch nichts. Es ist jedoch nicht ausgeschlossen, daß die künftige Forschung mehr Erkenntnisse zu Tage bringen wird, wenn die Analysemethoden verbessert worden sind und wir mehr über die chemischen Veränderungen bei Fossilierungsprozessen wissen.

Wenn das Farbensehen der Insekten und Menschen Ähnlichkeiten aufweist, so gibt es doch auch Unterschiede. Viele der Insekten, die so fleißig die Blumen aufsuchen, sehen das Ultraviolett als besondere Farbe

(Seite 73, Abb. 43). Daher können Blumen auf Insekten abgestimmte Farbmuster haben, die wir nicht wahrnehmen können. In Tafel 15 und 16 sind Blumen teils mit für den Menschen sichtbarem Licht, teils mit ultraviolettem Licht photographiert worden. Diese Blumen erscheinen dem menschlichen Auge beinahe einfarbig gelb.

Schutzfarben und schützende Verkleidung

Schutzfarben und schützende Verkleidung sind andere Beispiele dafür, wie einige Organismen ihr Aussehen gegenseitig beeinflußt haben. Ich möchte hier einige biochemische Gesichtspunkte anführen.
Irgendwann vor sehr langer Zeit gelang es primitiven Pflanzen, Chlorophyll zu synthetisieren. Es erwies sich, daß dieser Stoff sehr effektiv als «Elektronenpumpe» im Photosyntheseprozeß funktionierte (Seite 29) und im Existenzkampf eventuelle Konkurrenten schlug. Der Umstand, daß die Pflanzen Chlorophyll «wählten», hat viele Tiergruppen (Eidechsen, Blattläuse, Schmetterlingsraupen, um einige Beispiele zu erwähnen) dazu gezwungen, grüne Farbstoffe zu synthetisieren. Diese Farbstoffe besitzen natürlich eine sehr unterschiedliche Struktur, aber diese ist im Rahmen der biochemischen Möglichkeiten jeder Tiergattung solange variiert worden, bis die Farbe so genau wie möglich mit der der grünen Pflanzen übereinstimmte. Die Lichtabsorption in den Sehfarbstoffen der Feinde dieser jeweiligen Tiere – Vögel, Schlupfwespen usw., hat die Farbanpassung reguliert.

Mimikry (Nachahmung)

Viele Tiere haben besondere Verteidigungsmöglichkeiten und bedürfen daher keiner Schutzfärbung. Wespen sind hierfür ein gutes Beispiel. Sie schmecken schlecht und können stechen und werden daher von den insektenfressenden Vögeln gemieden. (Vögel haben keinen «angeborenen» Instinkt, Wespen zu meiden, sondern lernen durch Fehler.) Die Wespen sind leicht durch ihre grellen Körperfarben zu erkennen, was sowohl für die Wespen als auch für die Vögel von Nutzen ist. Man nennt eine solche Farbzeichnung Warnfarbe. Es gibt jedoch viele «wohlschmeckende» und stachellose Insekten, die sich mit den Wespenfarben schmücken und dadurch den gleichen Schutz genießen wie eine Wespe. Solche Insekten sind manche Blumenfliegen, ein Schmetterling (Pap-

pelglasschwärmer), verschiedene Käfer usw. Nach dem gleichen Prinzip hat die Hummelfliege eine Farbzeichnung und einen Flugstil, der deutlich an den einer Hummel erinnert. Viele Spinnen und Insekten ahmen Ameisen und Marienkäfer nach, die beide von den meisten Vögeln gemieden werden (die Marienkäfer sondern eine «schlechtschmeckende» Flüssigkeit ab, und ihr auffallendes Pünktchenmuster ist als Warnfarbe aufzufassen). Die vielleicht schönsten Beispiele der Nachahmung findet man bei bestimmten tropischen Schmetterlingen, bei denen schlechtschmeckende Arten fast perfekte Nachahmer in anderen Gruppen haben.
Am häufigsten scheint Nachahmung bei Insekten und Spinnen vorzukommen, man findet jedoch auch zahlreiche Beispiele in anderen Tier- und Pflanzengruppen. Die Orchideen besitzen eine unglaubliche Vielfalt an raffiniertesten Kniffen, um Insekten zur Bestäubung anzulocken. Eine Art – die Fliegen-Ragwurz – besitzt keinen Nektar, sondern Blüten mit einem Duft und einem Aussehen, die an die Weibchen eines Glatthautflüglers (Gorytes) in so hohem Maße erinnern, daß das Männchen dazu verleitet wird, die Blumen zu besuchen, wobei Pollen übertragen wird.
Die giftigen Korallenschlangen sind rot, gelb und schwarz gestreift (Warnfarben). Sie werden von anderen, nicht giftigen Schlangen nachgeahmt.
Der Kuckuck brütet bekanntlich seine Eier nicht selbst aus, sondern quartiert sie bei anderen Vögeln ein. Damit die Pflegeeltern richtig reagieren, darf das Kuckucksei nicht allzusehr vom Aussehen der Eier des Gastgebervogels abweichen. In Finnland, wo die Pflegeeltern in der Regel Gartenrotschwanz, Weißkehlchen und braunkehliger Schmätzer sind, legt der Kuckuck wie diese Vögel einfarbig bläuliche Eier. In Südschweden sind die Pflegeeltern meistens verschiedene Sänger, Pieper und Bachstelzen. Diese Vögel haben Eier mit braunen Flecken auf hellem Untergrund und südschwedische Kuckucksvögel legen daher auch solche Eier.

Kapitel 5

Orientierung im Raum

Einfache Richtungsorientierung

Bewegungen, deren Richtung vom Licht bestimmt werden, kommen häufig sowohl im Tier- als auch im Pflanzenreich vor.

Wenn wir mit den Mikroorganismen anfangen, dann zeigt sich der Einfluß des Lichts auf die Bewegungen am deutlichsten bei solchen Formen, die von Licht leben, d. h. Photosynthese ausführen (vergleiche Kapitel 2). Wir werden hier nur zwei Gruppen behandeln, die Purpurbakterien und die grünen Flagellaten. (Flagellaten oder Geißeltierchen nehmen eine Position zwischen Tier- und Pflanzenreich ein. Die chlo-

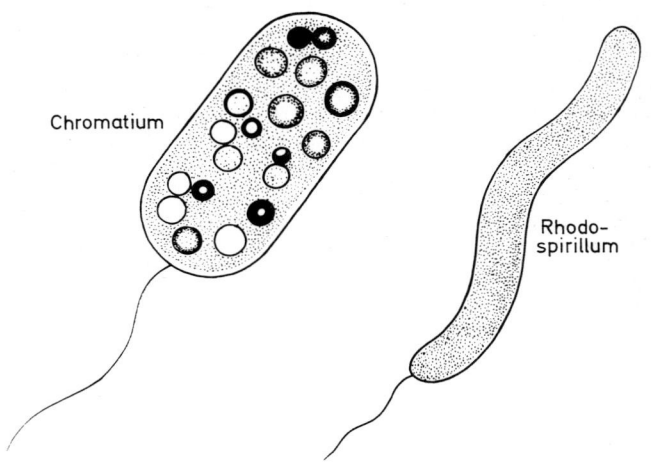

Abb. 45: Zwei Arten von photosynthetischen Purpurbakterien. Links: Chromatium okeni mit Schwefelkörnern, die bei der Photosynthese gebildet wurden, Rechts: Rhodospirillum rubrum.
Beide Bakterien sind mit Geißeln versehen, mit denen sie herumschwimmen können. Die Bilder sind von Dr. Sten Ståhl, Lund, gezeichnet.

rophyllhaltigen, grünen Formen zählen normalerweise zu den Pflanzen.)
Die Purpurbakterien gehören mit zu den primitivsten existierenden Organismen. Auch ihre Fortbewegung ist allereinfachster Art. Zwei sehr verschiedene Vertreter sind Chromatium und Rhodospirillum (Abb. 45). Sie bewegen sich mit Hilfe von Geißeln. Belichtet man einen kleinen Teil einer Suspension aus Purpurbakterien mit einem sehr dünnen Lichtstrahl, findet man die Bakterien im beleuchteten Gebiet versammelt. Man könnte sich vorstellen, daß die Bakterien auf irgendeine Weise das Licht «sehen» und dorthin schwimmen können. Tatsächlich ist die Reaktionsweise jedoch viel einfacher.
Die Chromatiumbakterien schwimmen normalerweise «aufs Geratewohl» in allen Richtungen umher. Sie sind jedoch so konstruiert, daß die Geißelbewegungen für einen kurzen Augenblick aufhören, wenn das Licht plötzlich an Intensität verliert. Wenn sich die Bakterienzellen dann auch nicht aktiv bewegen, so liegen sie doch nicht ganz still, sondern werden wie alle kleinen Teilchen merklich von den Stößen der Wärmebewegung der Wassermoleküle beeinflußt und führen daher unregelmäßige Zick-zack- und Drehbewegungen aus. Wenn das Bakterium die Geißelbewegung nach einer Pause von etwa einer Sek. wieder aufnimmt, wird es in eine neue Richtung schwimmen.
Dieser Mechanismus ist sehr einfach, aber führt doch dazu, daß sich die Bakterien im lebensspendenden Licht ansammeln. Solange ein Bakterium innerhalb eines beleuchteten Gebietes schwimmt, bewegt es sich ziemlich geradeaus. Kommt es aber an die Hell-Dunkelgrenze, so wechselt es die Richtung, und die Chance ist im großen ganzen eins zu zwei, daß es wieder in das beleuchtete Gebiet zurückschwimmt. Wenn dagegen ein Bakterium von einem dunklen Gebiet in ein beleuchtetes schwimmt, wird seine Bewegungsrichtung nicht beeinflußt.
Rhodospirillum zeigt eine etwas fortgeschrittenere Reaktionsweise. Eine Herabsetzung der Beleuchtung führt bei diesem Bakterium dazu, daß seine Geißel die Bewegungsrichtung ändert und die Zelle auf der Stelle «kehrt macht».
Man nennt Fortbewegungen, deren Richtung vom Licht bestimmt werden, *Phototaxien* (Singular: Phototaxis oder phototaktische Bewegung). Wenn die Fortbewegung nicht von der Lichtrichtung beeinflußt wird, sondern aus einer *Veränderung* der Lichtintensität (wie bei den Purpurbakterien) resultiert, spricht man von *Phobo-Phototaxis*. Im beschriebenen Fall handelt es sich um eine *positive* Phobophototaxis, da sich die Bakterien ja letztlich vom Dunkeln zum Licht fortbewegen.
Das Wirkungsspektrum der Phobophototaxis der Purpurbakterien ist identisch mit dem Wirkungsspektrum ihrer Photosynthese. Tatsächlich

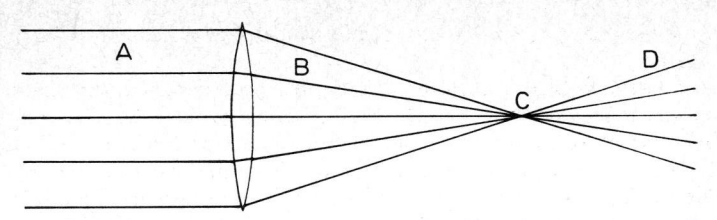

Abb. 46: Lichtbündel zur Erklärung des Unterschiedes zwischen Phobo- und Topo-Phototaxis. Erläuterungen im Text.

rührt die momentane Unterbrechung der Geißelschläge des Chromatiums daher, daß die Photosynthese mit sinkender Lichtintensität abnimmt, oder exakter ausgedrückt, daß der dadurch entstandene ATP-Gehalt (Kap. 2) abnimmt.

Phobophototaxis kommt auch bei den grünen Flagellaten vor. Sie unterscheiden sich von den Purpurbakterien dadurch, daß sie auch noch *topo-phototaktisch* reagieren können, d. h. auf eine bestimmte Lichtrichtung hin.

Abbildung 46 stellt ein paralleles Lichtbündel dar, das mit einer Linse zu Punkt C gebrochen wird, um nachher wieder zu divergieren. Ein positiver phobo-phototaktischer Organismus im Bereich A reagiert gar

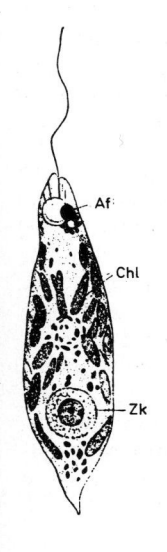

Abb. 47: Das Augentierchen Euglena. Der deutsche Name ist irreführend, da der Organismus Photosynthese ausführen kann und daher zu den Pflanzen zählt. Die Grenze zwischen Tier- und Pflanzenreich ist jedoch kein «Eiserner Vorhang»; z. B. kann die Euglena leicht durch eine bestimmte Behandlung ihre Chloroplasten (Chl) verlieren, wobei sie aber die Fähigkeit behält zu leben und sich zu vermehren.
Af = Augenfleck (Stigma), Zk = Zellkern.

nicht phototaktisch, da das Licht überall dieselbe Intensität hat. Ein *positiver topo-phototaktischer* Organismus dagegen bewegt sich in *Lichtrichtung*, d. h. in der Abbildung nach links (ein *negativer phototaktischer* natürlich in die entgegengesetzte Richtung). Befindet er sich im Bereich B oder D, bewegt er sich auch in dieselbe Richtung, d. h. im Bereich B zum schwächeren, im Bereich D zum stärkeren Licht hin. Die Lichtintensität ist also bedeutungslos für die topo-phototaktische Reaktionsweise.

Oft können die Flagellaten entweder phobo-phototaktisch oder topo-phototaktisch reagieren, und entweder positiv oder negativ, je nach den Umständen. Schließlich wirkt das Licht auch *photokinetisch*, d. h. es beeinflußt die Bewegungsgeschwindigkeit. Daher ist die Reaktionsweise der Flagellaten äußerst kompliziert und hat zu vielen wissenschaftlichen Auseinandersetzungen geführt.

Um einmal zu zeigen, wie leicht man seine Beobachtungen fehldeutet, können wir uns folgendes Experiment vorstellen: eine Suspension aus grünen Flagellaten wird ins Dunkle ohne Zugang zu organischen Nährstoffen gestellt. Nach einiger Zeit hören die Bewegungen infolge Energiemangels ganz auf. Beleuchten wir nun die Suspension, so zeigt sich nach einer Weile, daß die Zellen im beleuchteten Bereich viel verstreuter liegen als im unbeleuchteten Teil. Hieraus zieht man leicht die Schlußfolgerung, daß der Organismus negativ phototaktisch reagiert. Tatsächlich aber rührt das Ergebnis vielleicht nur daher, daß die Geißelbewegungen im beleuchteten Organismus wieder in Gang kommen, sodaß sie wieder Photosynthese ausführen können. Sie schwimmen dann in zufällig eingeschlagener Richtung weg und gelangen außerhalb des beleuchteten Gebietes, wo die Bewegungen wegen Energiemangels wieder aufhören. Man hat also in diesem Fall negative Phototaxis mit positiver Photokinese verwechselt.

Phototaxis hat bei den Flagellaten (Abb. 47, 26) nichts mit Photosynthese zu tun (die Photosynthese bildet natürlich den Antrieb für die Bewegung, bestimmt aber nicht in irgendeiner Weise die Richtung der Fortbewegung). Diese Tatsache geht aus Abbildung 48 hervor, die das Wirkungsspektrum für Topo-phototaxis bei Platymonas zeigt (dieser Organismus kann dazu veranlaßt werden, entweder positiv oder negativ topo-phototaktisch zu reagieren, je nach der Zusammensetzung der jeweiligen Lösung). Die Kurve zeigt, daß nur kurzwellige Strahlung (Wellenlänge unter 570 nm) wirksam ist, was bei der Photosynthese nicht der Fall ist. Daraus kann man den Schluß ziehen, daß ein proteingebundenes Carotinoid (vergleiche Seite 30) als Lichtabsorbator wirksam ist. Es mag in diesem Zusammenhang von Interesse sein, daran zu erinnern, daß die Sehpigmente der höheren Tiere ähnlich zusammenge-

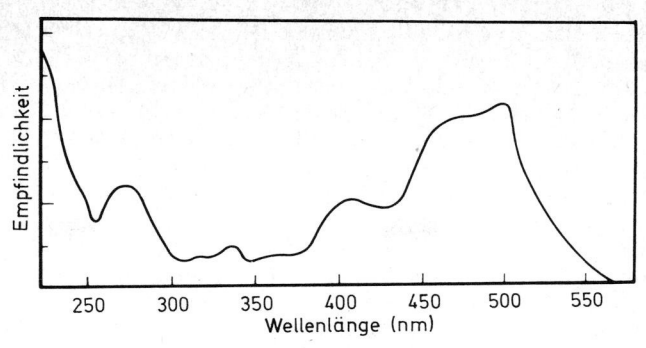

Abb. 48: Das Wirkungsspektrum für Phototaxis bei dem Flagellaten Platymonas. Die Kurve entspricht dem Absorptionsspektrum für einen Carotinoid-Protein-Komplex. Abszisse: Wellenlänge. Ordinate: relative Wirkung pro Photon.
Nach P. Halldal – Physiologia Plantarum *14:* 133, 1961.

setzt sind (Rhodopsin besteht sozusagen aus einem halben proteingebundenen Carotinoidmolekül). Man ist auch allgemein der Auffassung, daß sich die Stäbchen und Zapfen aus Zellen entwickelt haben, die mit Geißeln ausgestattet waren.

Während das Licht für die Photosynthese in den Chloroplasten der Flagellaten absorbiert wird, ist die phototaktische Empfindlichkeit in einem kleinen, scheinbar farblosen Bereich in der Nähe der Geißelbasis lokalisiert. Da diese Stelle farblos wirkt, muß die Konzentration des lichtempfindlichen Farbstoffes gering sein. Die Flagellaten besitzen jedoch im allgemeinen einen anderen, sehr kräftig gelb- oder orangegefärbten Bereich, der sog. Augenfleck (Af in Abb. 47). Die Farbe des Augenflecks rührt auch von Carotinoiden her, vor allem Astaxanthin, einem Stoff, der auch im Tierreich vorkommt (in manchen Sehzellen!).

Der Augenfleck hat die Funktion (und zwar abhängig von der Lage der Zelle zur Lichtrichtung), den lichtempfindlichen Bereich zeitweise zu beschatten. Auf diese Weise kann der Flagellat die Lichtrichtung bestimmen und die Geißelschläge danach richten. Man glaubt, daß der Schatten des Augenflecks so dunkel ist, daß seine Farbe das Wirkungsspektrum der Phototaxis nicht beeinflußt.

Vermutlich besteht zwischen Phobo- und Topo-Phototaxis kein so scharfer prinzipieller Unterschied, wie die vorhergehende Schilderung vermuten läßt. Auch ein sog. topo-phototaktischer Organismus wird von einer Art Phobo-Phototaxis gesteuert, obwohl die Reizung (die

Veränderung der Beleuchtung im lichtempfindlichen Bereich durch den Schatten des Augenflecks, wenn sich der Organismus dreht) teilweise «selbstverschuldet» ist. Natürlich steht die Reaktionsweise der Geißel im Zusammenhang mit der Lage von Geißel, Augenfleck und lichtempfindlichem Bereich untereinander, die bei den verschiedenen Arten variiert.

Die mehrzelligen Pflanzen sitzen im allgemeinen fest und führen mit Ausnahme der Geschlechtszellen keine Eigenbewegungen aus, wohl aber lichtgesteuerte Krümmungs- und Drehbewegungen. Wenn das Licht nur für den auslösenden Reiz verantwortlich ist, die Bewegungsrichtung aber durch den Bau des reagierenden Organs bestimmt wird, spricht man von einer *Photonastie* (Seite 115). Wenn außerdem die Richtung des Lichts die Bewegungsrichtung bestimmt, nennt man das Phänomen *Phototropismus*. Wir werden uns hier hauptsächlich dem wichtigsten Fall, dem positiven Phototropismus, widmen, d. h. der Beugung zum Licht hin.

Positiver Phototropismus kommt in der Regel bei den photosynthetischen Pflanzen vor, für die ausreichend starke Beleuchtung lebenswichtig ist. Sie zeigen in der freien Natur ein ausgeprägtes Verlangen nach Licht, und im dichten Pflanzenwuchs herrscht ein Kampf auf Leben und Tod, wer nun das Licht erreicht, und wer unterliegt.

Positiver Phototropismus kommt jedoch auch sehr häufig bei Pilzen vor, die von organischen Nährstoffen anderer Organismen leben und deshalb keine Photosynthese ausführen. Vor allem bei den sporentragenden Organen der landlebenden Pilze lassen sich phototropische Eigenschaften erkennen, nicht jedoch bei den im Wasser existierenden Arten. Manchmal sind die Sporenträger mit Vorrichtungen zum Wegschießen der Sporen in Lichtrichtung versehen, so z. B. beim Schleuderschimmel (Pilobolus). Er wächst auf Mist, an dessen Oberfläche er einige Millimeter lange Stiele bildet. An der Spitze dieser Stiele entsteht eine Blase und daran wiederum ein Säckchen, das die Sporen enthält. Die Blase dehnt sich infolge inneren Überdrucks stark aus und platzt schließlich am Ansatz zum Sporensäckchen, wodurch es mit einer Anfangsgeschwindigkeit von ca. 14 m/sek. weggeschleudert wird. Die Schußweite kann über einen Meter betragen.

Da sich der Sporenträger vor dem «Schuß» dem Licht zugewandt hat, gelangt das klebrige Sporensäckchen aus dem Mist (z. B. einem Pferdeapfel) heraus und haftet dann z. B. an einer Pflanze der Umgebung. Über ein pflanzenfressendes Tier gelangen die Sporen dann auf neuen Nährboden und sichern die Verbreitung ihrer Art in neuen Gebieten.

Beim Schleuderschimmel ist nur die dicht unter der Blase liegende Wachstumszone des Stiels lichtempfindlich. Die Krümmung zum Licht

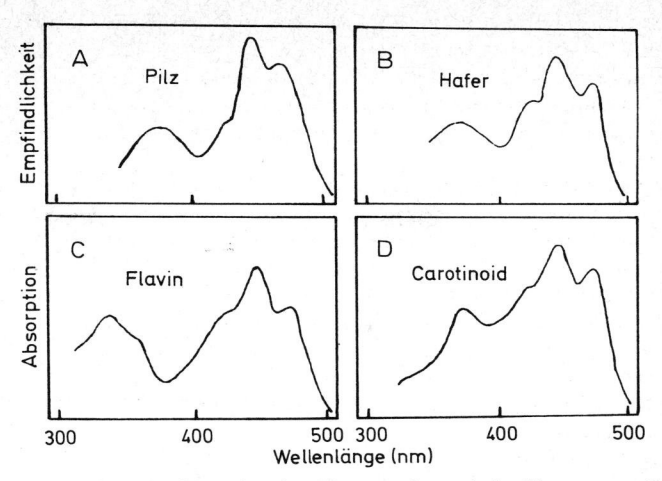

Abb. 49: Wirkungsspektren für den Phototropismus beim Phycomyces-Sporangienträger (A) und beim Haferkeimling (B) verglichen mit den Absorptionsspektren von einem Flavin (3-metyl-Lumiflavin in Benzen gelöst, C) und ein Carotinoid (Lutein in verdünntem Alkohol, D).

rührt daher, daß die beiden Seiten des Stiels verschieden stark wachsen. Ein sichtbares «Sinnesorgan» gibt es nicht. Um den lichtempfindlichen Bereich herum ist Carotin in sichtbarer Menge vorhanden, und es liegt auf der Hand, das proteingebundene Carotin (wie bei den Flagellaten) als das lichtempfindliche Pigment anzusehen, das das wirksame Licht absorbiert. Das Wirkungsspektrum des Phototropismus, das bei dem nahe verwandten Pilz Phycomyces bestimmt wurde, deutet diese Möglichkeit an (Abb. 49; rotes Licht ist bei allen Pilzen phototropisch unwirksam). Das Wirkungsspektrum ähnelt jedoch auch sehr dem Absorptionsspektrum von Stoffen – sog. Flavinen – die mit dem Vitamin B_2 verwandt sind. Da in den Pilzen (wie in anderen Pflanzen und Tieren) proteingebundene Flavine vorkommen (Flavo-Proteide sind u. a. als Atmungsenzym wirksam), könnten auch sie die phototropische Reizung vermitteln. Es gibt viele verschiedene Flavo-Proteide und Carotin-Proteide, alle mit etwas verschiedenen Absorptionsspektren, und deshalb ist es schwierig, mit Hilfe des Wirkungsspektrums des Phototropismus eine Wahl zwischen den beiden Stoffgruppen zu treffen.

Bei den Samenpflanzen hat man den Phototropismus junger Gräser besonders genau untersucht. Die Blätter und die Triebspitze eines Keimlings werden anfänglich von einem oben geschlossenen, cylinderförmigen Organ – der Koleoptile – umgeben. Wenn die Pflanze wächst, platzt die Koleoptile schließlich auf und stirbt ab. Die lebende Koleoptile junger Pflanzen, die im Dunkeln ausgekeimt sind, ist besonders für phototropische Experimente geeignet (Abb. 50). Merkwürdigerweise stimmt das Wirkungsspektrum des Phototropismus der Koleoptile nahezu mit dem des Phycomyces überein. Auch in diesem Fall konnte man sich nicht einigen, ob der lichtabsorbierende Stoff ein Carotin-Proteid oder ein Flavo-Proteid ist, da die Koleoptile beide Verbindungen enthält (Abb. 49).

Anders als beim Schleuderschimmel fällt bei der Koleoptile der lichtempfindliche Bereich (nahe der Koleoptilspitze) nicht mit dem sich krümmenden Teil zusammen (näher der Basis). Wir haben hier also zwischen dem *Perzeptionsgebiet* und dem *Reaktionsgebiet* einen Abstand von mehreren mm. Zwischen diesen beiden Zonen muß eine *Erregungsübertragung* stattfinden. Man stellte fest, daß die Erregung folgendermaßen übertragen wird: ein von der Koleoptilspitze ausgehender Strom von Wachstumshormon (Auxin = Indolylessigsäure) wird so dirigiert, daß der Hormongehalt auf der dem Licht abgewand-

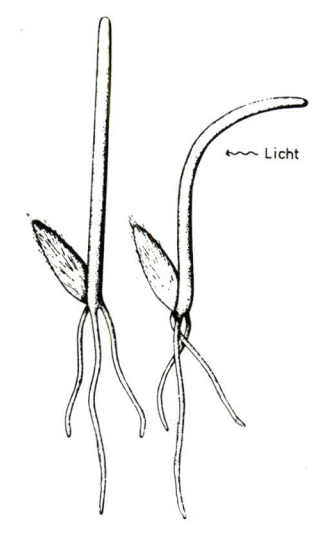

Abb. 50: Haferkeimling im Dunkeln gewachsen vor (links) und nach Beleuchtung von rechts.
Aus «Lehrbuch der Pflanzenphysiologie» von H. Mohr. Springer Verlag 1969.

ten Seite zunimmt, sodaß diese Seite stärker wächst. Bei starker Beleuchtung wird dieser Verteilungseffekt vermutlich von einer photochemischen Zerstörung des Hormons auf der beleuchteten Seite verstärkt.

Außer der unbeantworteten Frage nach dem lichtempfindlichen Pigment ist beim Phototropismus noch vieles andere unverständlich. U. a. ist der Zusammenhang zwischen Beleuchtung und Krümmung manchmal sehr kompliziert (Abb. 51).

Man sollte annehmen, daß die Krümmung der Koleoptile in erster Linie (außer von der Lichtrichtung) von der Anzahl der Lichtquanten, d. h. von der Menge der Photonen, abhängt, die von dem lichtempfindlichen Stoff absorbiert werden. Eine kleine Menge sollte eine schwache Krümmung ergeben, eine größere eine stärkere. Der erhaltene Krümmungswinkel sollte dann vom Produkt aus Lichtintensität und Beleuchtungszeit abhängen, nicht aber von den einzelnen Werten dieser Faktoren.

Diese Vermutungen stimmen mit den Versuchsergebnissen überein, solange die Anzahl der Photonen gering bleibt (Abb. 51). Wenn jedoch eine gewisse Menge überschritten wird, verkleinert sich der Krümmungswinkel wieder und die Koleoptile kann sogar in negativen Phototropismus übergehen (d. h. Krümmung vom Licht weg). Bei noch höheren Photonenmengen verstärkt sich die Krümmung zum Licht hin. Man bekommt dann außerdem verschiedene Ergebnisse, je nachdem wie man Beleuchtungszeit und Intensität kombiniert hat. Um darüberhinaus die eigentümliche Reaktion der Pflanze zu demonstrieren, wird in Abbildung 51 die Wirkung von rotem Licht gezeigt. Rotes Licht allein erzeugt keine phototropische Krümmung bei der Haferkoleoptile, auch nicht in sehr hoher Dosis. Dagegen hat es einen großen Einfluß darauf, wie die Pflanze auf nachfolgende Beleuchtung mit blauem Licht reagiert (u. a. nimmt die Empfindlichkeit für kleine Mengen blauen Lichts ab). Die Wirkung des roten Lichts wird von Phytochrom vermittelt, das in anderem Zusammenhang behandelt wird (Seite 133).

Die große phototropische Lichtempfindlichkeit der Pflanzen ist offenbar von Vorteil, wenn Keimlinge oder Triebe trotz erheblicher Hindernisse dem Licht entgegenwachsen. Wenn man Steine hochhebt, kann man manchmal Pflanzen sehen, die sich zentimeterweise ihren Weg zum Licht gesucht haben. Es dürfte hierbei auch für die Pflanze von Vorteil sein, daß der Lichtmangel ein sog. Etiolement, d. h. einen schmächtigen Wuchs zur Folge hat (Abb. 64), bei dem auf Kosten der Stabilität alles verfügbare Material in das Längenwachstum gesteuert wird. Wenn die Pflanze dann die Hindernisse überwunden hat, ist die hohe Lichtempfindlichkeit nicht mehr so wichtig. Erforderlich ist jedoch immer noch, daß der Phototropismus in der relativ starken allseitigen Beleuchtung

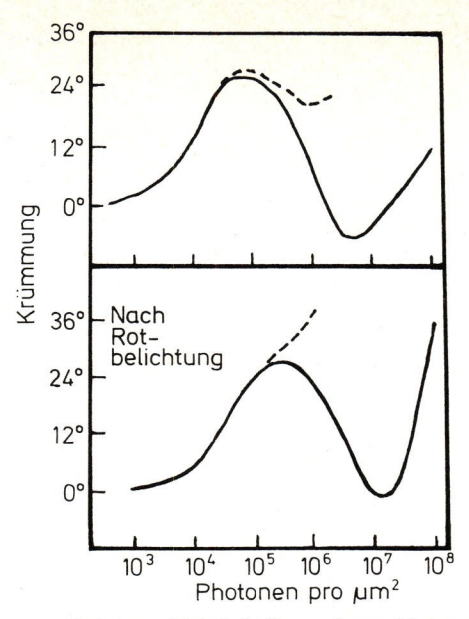

Abb. 51: Krümmung bei einem Haferkeimling nach verschiedener Beleuchtung mit blauem Licht (436 nm), mit (unten) und ohne (oben) Vorbelichtung mit rotem Licht. An der Ordinate ist die Krümmung zum (nach oben) bzw. vom (nach unten) blauen Licht aufgetragen. Die Abszisse gibt die Anzahl der Photonen blauen Lichts an, mit denen die Pflanze pro μm^2 bestrahlt wurden. Die durchgezogenen Kurven geben den Krümmungsgrad an, der bei Licht mit hoher Intensität erreicht wurde, während die gestrichelten Kurven den Krümmungsgrad darstellen, der mit einer hundertmal schwächeren Intensität, aber mit der hundertfachen Zeitspanne erreicht wurde. Umgezeichnet nach B. K. Zimmermann & W. R. Briggs – Plant Physiology *38:* 253, 1963.

nicht aufhört, sondern die Pflanze die Richtung zum stärksten Licht findet. Unter natürlichen Verhältnissen ist die Pflanze hierzu in der Lage (vergleiche die Adaption beim Tier- und Menschenauge). Der negative Phototropismus, den Koleoptilen manchmal unter Laborverhältnissen aufweisen können, kann für die Pflanze wohl kaum von praktischem Nutzen sein. Man muß bedenken, daß solche Effekte nur bei so kurzen Beleuchtungszeiten wahrgenommen worden sind, wie sie in der Natur nie vorkommen. Dagegen gibt es einen natürlichen negativen Phototropismus bei manchen anderen Pflanzenteilen, z. B. bei den

Luftwurzeln epiphytischer (auf anderen Pflanzen lebender, aber nicht parasitierender) Pflanzen (z. B. beim Efeu). Die Wurzeln werden auf diese Weise zu Borkenspalten usw. geleitet, in denen sie Feuchtigkeit und Halt finden.

Eine andere Form von Phototropismus, die bei vielen Pflanzen vorkommt, ist die Stellung der Blätter senkrecht zur Hauptrichtung des Tageslichtes. Das kann bei manchen Topfpflanzen beobachtet werden, die an einem Fenster einseitig beleuchtet werden. Einige Pflanzen, z. B. Malva neglecta, folgen sogar mit den Blättern dem täglichen Gang der Sonne. In diesem Fall rührt die Bewegung nicht (im Gegensatz zum normalen Phototropismus) von der Regulierung des Wachstums durch das Licht, sondern von periodischen Druckveränderungen in Zellen an der Blattbasis her. Durch die genaue Stellung der Blätter kann mehr Licht für den Photosyntheseprozeß gewonnen werden.

Phototropismus läßt sich auch bei festsitzenden Tieren ohne Augen feststellen, z. B. bei Nesseltieren (Seerose, Seeanemone) und Moostierchen. Die Bewegungen der Nesseltiere haben nicht viel mit denen der Pflanzen gemein. Die Krümmung zum Licht wird von einer Muskelkontraktion an der beleuchteten Seite verursacht. Über wirksame Pigmente ist nichts bekannt. Licht kann Kontraktionen z. B. in herausgeschnittenen Froschschenkelmuskeln und in den Muskeln um die Adern der Menschenhaut auslösen. In diesem Fall handelt es sich um eine direkte Einwirkung auf die Muskelzellen, vielleicht auf das gefärbte Muskelprotein Myoglobin. Es ist möglich, daß der Phototropismus der Nesseltiere auch von einer direkten Lichteinwirkung auf die Muskelzellen herrührt.

Der positive Phototropismus der Moostierchen besitzt ein Wirkungsspektrum, das dem des dunkeladaptierten Menschenauges ähnelt. Es kann deshalb sein, daß die Lichtempfindlichkeit dieser Tiere von einem rhodopsinähnlichen Pigment vermittelt wird.

Photonastien, d. h. lichtinduzierte Bewegungen, deren Richtung von der des Lichts abhängig ist, gehören eigentlich nicht zum Thema dieses Kapitels. Da diese Phänomene sowohl im Tier- als auch im Pflanzenreich so zahlreich sind, wollen wir sie hier mit einigen Worten erwähnen, weitere Fälle werden dann an anderer Stelle dieses Buches berührt.

Viele Blüten öffnen sich morgens und schließen sich am Abend (einige machen es genau umgekehrt). Das sind in einigen Fällen photonastische Reaktionen, während die Bewegungen in anderen Fällen z. B. von Temperaturvariationen ausgelöst werden. Manche Pflanzen, die aus der freien Natur in vollkommen konstante Laborverhältnisse versetzt werden (stetiges Licht, gleichmäßige Wärme usw.), setzen ihre Bewegungen

im natürlichen Rhythmus viele Tage fort. Das beweist, daß diese Pflanzen eine Art «innere Uhr» besitzen, die jedoch unter natürlichen Verhältnissen entsprechend dem Tages- und Nachtrhythmus «gestellt» wird. Mehr darüber später (Seite 128).
Viele Tiere, auch solche ohne Augen, die keine sichtbare Reaktion auf konstantes Licht oder auf eine schnelle Beleuchtungssteigerung zeigen, reagieren sehr schnell und intensiv auf schnelle Beleuchtungsverminderung. Das Phänomen kann im allgemeinen als Schutzreaktion bei herannahender Gefahr (Beschattung durch gefährliche Tiere) gedeutet werden. Festsitzende Tiere reagieren damit, daß sie sich zusammenziehen. Der Seeigel Diadema setzt bei Beschattung seine Stacheln in schwingende Bewegungen. Durch Beleuchtungssteigerung kann man zwar auch Bewegungen erzielen, aber das erfordert eine 1000 mal größere Änderung. Besondere Augen fehlen bei Diadema, und die Lichtempfindlichkeit ist in einem bestimmten Teil des Nervensystems nur vage zu lokalisieren. Blaues Licht zeigt die beste Wirkung, aber man weiß nicht, welche Pigmente dem Tier die Unterscheidung zwischen hell und dunkel ermöglichen. Auch bei vielen Tieren mit Augen, z. B. Krebstieren, können die «gewöhnlichen» Nervenzellen ziemlich lichtempfindlich sein, sodaß sie bei Beleuchtung elektrische Impulse und Muskelaktivität auslösen.

Kompaßorientierung mit Hilfe von Himmelskörpern

Im vorigen Abschnitt wurden verschiedene Fälle von lichtgesteuerten Richtungsbewegungen (Phototaxien und Phototropismus) bei Tieren und Pflanzen beschrieben. Manche Tiere mit gut entwickeltem Sehsinn (vor allem manche Insekten, Fische und Vögel) zeigen das, was man eine hochentwickelte Form von Phototaxis nennen kann. Sie verwenden die Sonne (manchmal auch andere Himmelskörper), um Himmelsrichtungen zu unterscheiden.
Bei Ameisen finden wir einen vergleichsweise einfachen Typus solcher Orientierungsfähigkeit. Wenn eine Ameise den Bau verläßt, merkt sie sich offensichtlich, aus welcher Richtung die Sonne scheint. Auf dem Rückweg läßt sie die Sonne auf der anderen Seite liegen und findet so den Weg zum Bau zurück.
Wenn eine schwarze Gartenameise noch außerhalb ihres Baus gefangen und einige Stunden im Dunkeln eingesperrt wird, dann hat sie nach ihrer Freilassung die Orientierung verloren. Aus ihrem Verhalten kann man schließen, daß sie nicht die Fähigkeit besitzt, die Zeit und die Verände-

rungen des Sonnenstandes mit einzubeziehen (nach Ansicht einiger Forscher gilt dies nur für Ameisen, die im Labor aufgezogen wurden und nicht die Erfahrung gemacht haben, daß sich die Sonne bewegt). Ihre Orientierungsfähigkeit scheint an kürzere Ausflüge angepaßt zu sein. Die rote Waldameise kann dagegen in gewissem Maße die Zeit einkalkulieren und notwendige Korrekturen vornehmen, unter der Voraussetzung, daß man das Experiment nicht zu früh im Frühjahr durchführt, um ihr Gelegenheit zu geben, draußen in der Natur zu «üben». Das Prinzip der Orientierung unter Zuhilfenahme der Sonne als Kompaß geht aus Abbildung 52 hervor. Wenn man in südliche Richtung gehen will, muß man vormittags gegen 9.00 Uhr die Sonne schräg links, nachmittags gegen 15.00 Uhr schräg rechts zur Bewegungsrichtung liegenlassen.

Die Bienen haben einen bedeutend besser entwickelten «Sonnenkompaß» als ihre Verwandten, die Ameisen, und auch einen ausgeprägten Sinn für die Tageszeit. Sie können auch ihre Erfahrungen einander mit-

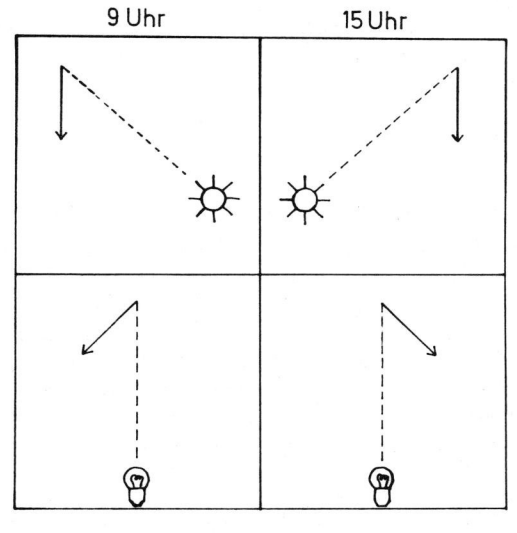

Abb. 52: Das Prinzip der Sonnenkompaßorientierung. Will man um 9.00 Uhr südwärts gehen, so schlägt man eine Richtung ein, die schräg links zur Sonne liegt (linkes Bild), bzw. schräg rechts um 15.00 Uhr (rechtes Bild). Zur Bestimmung der Himmelsrichtungen mit Hilfe der Sonne muß man also die Uhrzeit wissen. Wenn man statt der Sonne, die sich bewegt, im Versuch eine Lampe benutzt, dreht sich das Tier stattdessen um.

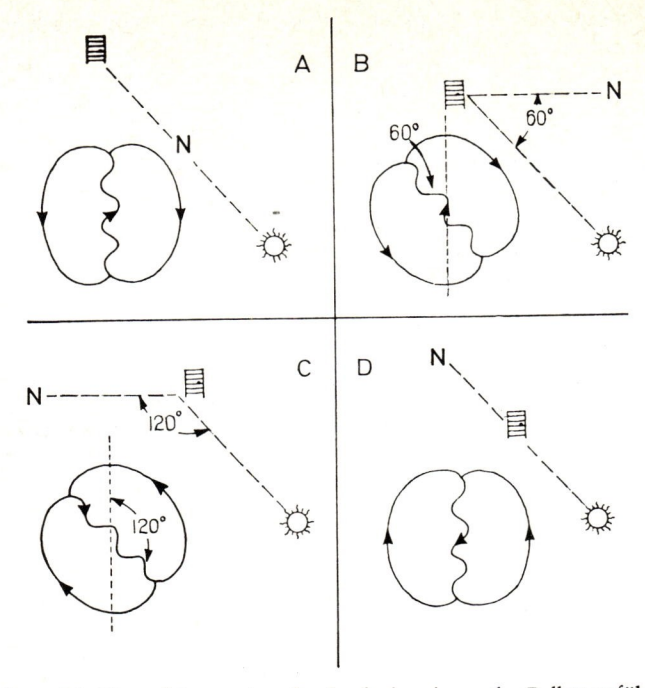

Abb. 53: Die Bienen können einander durch eine eigenartige Ballettvorführung auf den senkrecht gestellten Waben des Bienenstocks mitteilen, in welcher Richtung sie Nahrung gefunden haben. Sie bewegen sich dabei in beinahe achterförmigen Figuren. Beim Durchlaufen des Mittelstücks ihrer «Schwänzeltanzfigur» zeigen sie ihren Stockgenossinnen die Richtung der Nahrungsquelle an. Dabei übertragen sie die ursprüngliche Referenzrichtung (zur Sonne hin) in eine neue, die in diesem Falle senkrecht nach oben verläuft. Die Abbildung zeigt den Schwänzeltanz in vier verschiedenen Fällen entsprechend der Richtung der gefundenen Nahrungsquelle (N). Die Biene teilt bei ihrem Tanz auch die Entfernung durch die Häufigkeit der schwänzelnden Bewegung ihres Hinterteils mit. Versuche von K. von Frisch. «Animal navigation» von R. M. Lockley. Arthur Barker Ltd. 1967.

teilen (Abb. 53). Ein Experiment des deutschen Forschers Karl von Frisch soll dies verdeutlichen. Die Einwohner eines Bienenstocks hatten einen Nachmittag lang (ungefähr zwischen 16.00 und 20.00 Uhr) Gelegenheit, Zuckerwasser von einer 180 m in nordwestlicher Richtung gelegenen «Futterstelle» zu holen. In der Nacht wurde dann der Standort des Bienenstocks um 23 km verlegt, um sicher zu gehen, daß sich die Bienen nicht nach bekannten Bäumen, Häusern oder ähnlichem orientieren. Futterplätze wurden in vier verschiedenen Himmelsrichtungen aufgestellt. Als man die Bienen am nächsten *Morgen* herausließ, flogen sie wieder nach Nordwesten, in die Richtung also, in der sie am *Nachmittag* des vorigen Tages das Zuckerwasser gefunden hatten, obwohl die Sonne bei den beiden Ausflügen nicht in derselben Himmelsrichtung stand.

Die Bienen müssen diese Orientierung lernen, indem sie die tägliche Bewegung der Sonne über den Himmel beobachten, und wenn sie auf die südliche Hälfte der Erde gebracht werden, können sie sich auf die scheinbar umgekehrte Bewegungsrichtung der Sonne einstellen. Bienen, die nahe am Äquator leben, können erkennen, daß die Sonne zu bestimmten Jahreszeiten von Ost über Süd, zu anderen Jahreszeiten von Ost über Nord nach Westen wandert. Die Forscher sind sich jedoch nicht einig darüber, welche Bedeutung das Angelernte im Verhältnis zum ererbten Instinkt hat.

Die Bienen müssen die Sonne selbst nicht direkt sehen, um sich nach ihr orientieren zu können. Dazu genügt ein kleines Stück blauen Himmels, weil nämlich das blaue Himmelslicht polarisiert ist (Seite 2), und die Bienen die vom Stand der Sonne abhängige Polarisationsrichtung erkennen. Auch die unten erwähnten Wasserläufer und Tangflöhe haben diese Fähigkeit. Bei völlig bedecktem Himmel funktioniert dagegen der «Kompaß» der Bienen nicht. Für nähere Angaben über den Orientierungssinn der Bienen wird auf das Literaturverzeichnis hingewiesen.

Die Wolfsspinnen leben um Ufer von Seen und Flüssen. Wenn man eine Wolfsspinne auf die Wasseroberfläche vor dem Ufer ihres Heimatreviers setzt, versucht sie zurück zum Ufer zu laufen. Setzt man sie auf der gegenüberliegenden Seite des Flusses oder Sees in der Nähe des Ufers aufs Wasser, versucht sie sich nicht ans nächstliegende Ufer zu retten, sondern begibt sich in dieselbe geographische Richtung wie im ersten Fall. Das beweist, daß die Spinne ihre Fluchtrichtung nicht durch Ausschau nach dem nächstgelegenen Ufer festlegt, sondern durch Bestimmung der Himmelsrichtung. Dabei geht sie davon aus, daß das Ufer vom Wasser aus gesehen immer in derselben Richtung liegt. Wie die Bienen bestimmt sie die Kompaßrichtung, indem sie ihre «Uhr» mit der Richtung zur Sonne vergleicht.

Viele andere Tiere, die am Ufer leben, reagieren auf ähnliche Weise. Wenn das Ufer z. B. in westöstlicher Richtung mit Land zum Norden hin verläuft, begeben sie sich nach Norden, wenn sie aufs Wasser gesetzt werden, aber nach Süden, wenn sie auf eine trockene Unterlage gesetzt

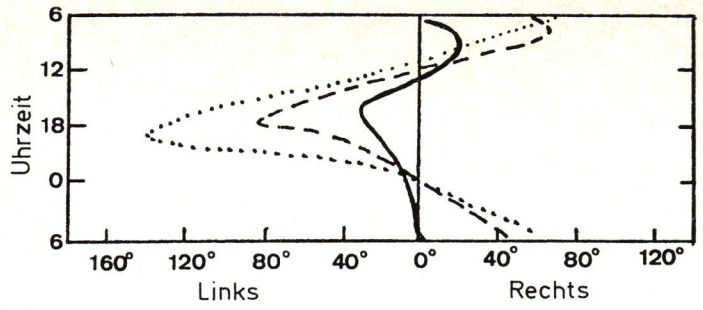

Abb. 54: Die Fluchtrichtung des Wasserläufers an verschiedenen Tages- und Jahreszeiten. Das Tier mußte sich mit Hilfe einer festen Lampe orientieren. Die Abszisse zeigt die Fluchtrichtung im Verhältnis zur Richtung zur Lampe, und auf der Ordinate ist die Tageszeit aufgetragen. Zwei Versuche wurden durchgeführt nach Aufzucht unter natürlichen Lichtverhältnissen:
1.) am 15. Januar (durchgezogene Linie),
2.) am 28. März (gestrichelte Linie).
Die gepünktelte Kurve zeigt die Orientierung im Februar nach einem Monat Aufenthalt bei künstlichem Licht, das den Sommeranfang simulierte (17 Stunden Licht pro Tag). Umgezeichnet nach G. Birukow & E. Busch – Z. Tierpsychol. *14:* 184, 1957.

werden. Wenn man sie im Haus mit einer festen Lampe als einziger Lichtquelle freiläßt, flüchten sie in einem bestimmten Winkel zur Richtung der Lampe. Unter diesem Winkel hätten sie dann unter natürlichen Verhältnissen heimgefunden. Da die Tiere die ortsfeste Lampe für die bewegliche Sonne halten, fliehen sie der jeweiligen Tageszeit entsprechend in verschiedene Richtungen.

Diese Richtungsorientierung nach der Sonne ist oft sehr exakt. Die Leistung ist umso erstaunlicher, wenn man bedenkt, daß die Himmelsrichtung, in der die Sonne steht (das Azimut), sich im Laufe des Tages nicht mit gleichmäßiger Geschwindigkeit ändert und daß der Sonnenstand auch der Jahreszeit entsprechend variiert. Das rührt daher, daß die Erdachse nicht senkrecht zur Verbindungslinie Sonne – Erde steht, d. h. «die Erde neigt sich». Die Sonne steht in Europa mittags 12.00 Uhr im Süden (wenn wir mit der sog. Sonnenzeit rechnen, die nicht genau mit unserer Uhr übereinstimmt), um Mitternacht im Norden (obwohl wir sie normalerweise dann nicht sehen können). Um 6.00 Uhr morgens und 18.00 Uhr abends steht die Sonne nur ausnahmsweise gerade im Osten bzw. im Westen. Viele Tiere, die sich nach dem «Sonnenkompaß» orientieren, berücksichtigen diese jahreszeitlichen Abweichungen.

Der Wasserläufer ist ein Insekt, mit dem deutsche Forscher sehr interessante Orientierungsversuche unternommen haben. Wie ihre bekannteren Verwandten, die Wassertreterwanzen, laufen die Wasserläufer auf der Wasseroberfläche und jagen nach Kleintieren. Als die Forscher die Wasserläufer auf das Trockene setzten, stellten sie fest, daß die Tiere eigentümlicherweise genau nach Süden liefen, unabhängig davon, wo sich das nächstliegende Gewässer befand. Man hat gar keine Zweckmäßigkeit in diesem Verhalten nachweisen können, aber man hat klar erkannt, daß die Tiere die Lage der Sonne benützen, um die Südrichtung herauszufinden.

Wenn man im Hause mit diesen Tieren experimentiert, also mit einer festen Lampe statt der Sonne, ändern die Tiere im Laufe des Tages ihre Fluchtrichtung (Abb. 54). Vormittags liegt sie rechts von der Richtung zur Lampe, um die Mittagszeit zur Lampe hin und nachmittags links davon. Die Tiere sind also mit anderen Worten der «Meinung», daß sich die Lampe über den Himmel in dieselbe Richtung bewegt, wie die Sonne während des Tages. Wo «vermutet» der Wasserläufer den Stand der Sonne, nachdem sie untergegangen ist? Das findet man heraus, indem man sie nachts auf eine trockene Unterlage vor eine eingeschaltete Lampe setzt. Die Orientierung basiert auf der «Vermutung» des Tieres, die Sonne würde nachts in die entgegengesetzte Richtung – also zum Ausgangspunkt zurück – wandern, wo sie wieder aufgeht. Beispielsweise würde die Sonne also um Mitternacht im Süden unter dem Hori-

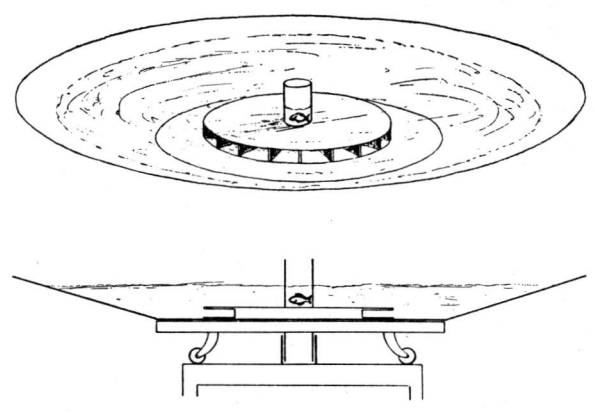

Abb. 55: Versuchsanordnung bei Orientierungsversuchen mit einem Fisch. Erklärung siehe Text. Nach A. D. Hasler, R. M. Horrall, W. J. Wisby & W. Braemer – Limnol. Oceanogr. *3:* 353, 1958.

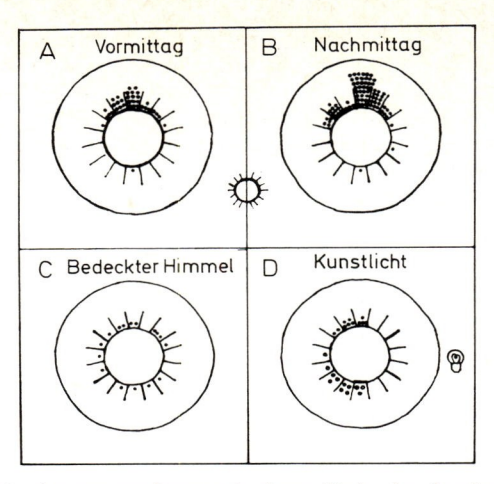

Abb. 56: Orientierungsexperiment mit einem Fisch, der dressiert wurde, in einem Fach in nördlicher Richtung (in der Abb. oben) Schutz zu suchen. Jeder Punkt repräsentiert das vom Fisch jeweils gewählte Fach. Die Versuche wurden bei klarem Wetter am Vormittag (A), bzw. am Nachmittag (B) ausgeführt. Der Stand der Sonne ist im Verhältnis zur Versuchsanordnung angedeutet. C. Versuche bei bedecktem Wetter. Der Fisch wählt das Fach zufällig. D. Versuch mit künstlicher Beleuchtung. Da der Fisch die feste Lampe für die «bewegliche» Sonne hält, wählt er vormittags (Punkte) und nachmittags (Kreise) unterschiedliche Richtungen. Umgezeichnet nach A. D. Hasler, R. M. Horrall, W. J. Wisby & W. Braemer – Limnol. Oceanogr. *3:* 353, 1958.

zont stehen. Die Fluchtrichtung des Tieres, die tagsüber immer mehr nach links schwenkte, fängt also in der Zeit des Sonnenuntergangs an, sich zurück nach rechts zu verschieben.

Im Winter geht die Sonne später auf und früher unter als im Sommer (siehe Abb. 71). Die Himmelsrichtungen, in denen die Sonne auf- und untergeht, liegen der Südrichtung im Winter näher als im Sommer. Diese Tatsache spiegelt sich im Verhalten des Wasserläufers wieder, wenn er mit der festen Lampe anstatt mit der beweglichen Sonne getestet wird. Tiere, die sich vor dem Versuch unter natürlichen Lichtverhältnissen aufgehalten haben, ändern im Januar ihre Fluchtrichtung von 20 Grad nach rechts zur Lampenrichtung um 9.00 Uhr auf 35 Grad links zur Lampenrichtung um 16.00 Uhr (Abb. 54). Im Mai sind die maximalen Abweichungen um 8.00 Uhr auf 60 Grad nach rechts bzw. um 18.00 Uhr auf 100 Grad nach links geändert worden. Der Wasserläufer kann also nicht nur die Tageszeiten, sondern auch die Jahreszeiten berücksichtigen. Dabei orientiert er sich, wie so viele andere Lebewesen, (siehe Seite 141), auch an der Dauer der Nächte. Das kann man zeigen, indem man die Wasserläufer ein paar Wochen vor einer Serie von Orientierungsversuchen in einem Aquarium mit 17 Stunden elektrischem Licht und 7 Stunden Dunkel leben läßt. Auch in Februar reagieren sie dann, als ob es Sommer wäre.

Man hat auch mit anderen Tieren ähnliche Versuche angestellt. Manche Tiere, z. B. Tangflöhe (eine Art kleiner Krebstiere), legen ihrem Verhalten bei solchen nächtlichen Experimenten wie die Wasserläufer die «Annahme» zugrunde, daß die Sonne über Süden zum Ausgangspunkt zurückwandern würde. Andere Tiere, z. B. Bienen, Fische und Stare, legen ihre Richtung unter der Voraussetzung fest, daß die Sonne unter dem nördlichen Horizont nach Osten zurückkehrt.

Die Leistungen der Zugvögel haben seit langem auch Menschen außerhalb biologischer Fachkreise erstaunt. Die Wissenschaftler haben sich natürlich die Frage nach dem Orientierungsmechanismus der Zugvögel gestellt und dabei wurden viele umfassende Versuche über die Bedeutung der Sonne für die Orientierung dieser Tiere durchgeführt. Einige Forscher glauben, daß die Vögel *navigieren*, d. h. ihre Position auf der Erdoberfläche und ihren Kurs zum Zielort bestimmen können. Diese Theorien sind jedoch sehr umstritten.

In letzter Zeit hat man immer mehr erkannt, daß nicht nur Vögel, sondern auch viele Meerestiere lange Wanderungen zu besonderen Brutplätzen unternehmen. Der Lachs und der Aal sind bekannte Beispiele bei den Fischen. Andere weniger bekannte Fälle sind Seeschildkröten, Seehunde und der im Ostpazifik lebende Grauwal. Der Grauwal verbringt einen Teil des Jahres im nördlichen Stillen Ozean, wandert aber südwärts, um im Frühjahr südlich von Kalifornien Junge in die Welt zu setzen. Wie sich diese Tiere orientieren, ist in den meisten Fällen unbekannt. Bei den Fischen kommt ohne Zweifel Sonnenkompaßorientierung vor, wie das folgende Beispiel zeigt: Der Versuchsfisch wurde in ein offenes Bassin (Abb. 55) unter freiem Himmel eingesetzt. Er konnte sich in einem der 16 kleinen, kreisförmig angeordneten Fächer verstekken. Man hielt den Fisch zunächst mitten im Bassin eingesperrt, wie Abbildung 55 zeigt. Dann ließ man ihn frei und versetzte ihm einen leichten elektrischen Schlag, um ihn zu zwingen, in einem Fach Schutz zu suchen. Anfangs waren alle Fächer mit Ausnahme des direkt nördlich vom Startplatz gelegenen gesperrt, und zwar so, daß der Fisch am Ausgangspunkt nicht feststellen konnte, welches Fach ihm Schutz bieten würde. Durch wiederholte «Fluchtübungen» wurde der Fisch daran gewöhnt, Schutz in nördlicher Richtung zu suchen. Darauf folgten Testperioden, bei denen die Absperrungen entfernt wurden, sodaß der Fisch

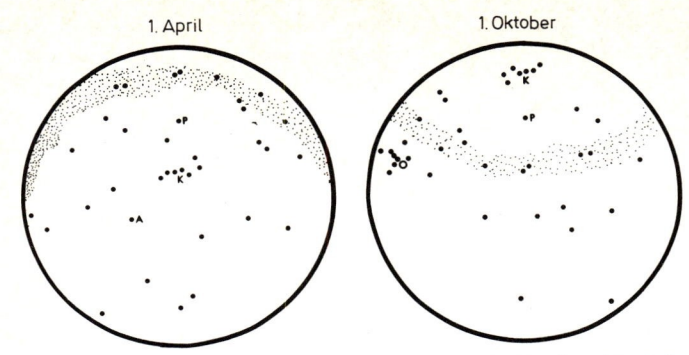

Abb. 57: Das Aussehen des Sternenhimmels über Deutschland und Südschweden um Mitternacht am 1. April (links) und am 1. Oktober (rechts). Nur die lichtstärksten Sterne und die Milchstraße sind angegeben. Norden ist oben. P=Polarstern, K=der Große Wagen, A=Arcturus, O=Orion.

in allen Fächern hätte Schutz finden können. Abbildung 56 zeigt durch Punkte an, wie oft er in den einzelnen Fächern Schutz gesucht hat. Die Abbildung zeigt, daß er vor allem in die Nordrichtung flüchtete und zwar unabhängig davon, zu welcher Tageszeit er getestet wurde. Er berücksichtigte also, daß sich die Richtung zur Sonne (mit einem kleinen Sonnenzeichen in Abb. 56A und B bezeichnet) änderte. Bei bedecktem Himmel war er desorientiert (Abb. 56C). Wenn die natürliche Sonne durch eine feste Lampe ersetzt wurde (Abb. 56D), hing die Fluchtrichtung von der Tageszeit ab.

Man ist der Ansicht, daß sich der Lachs unter natürlichen Verhältnissen mit Hilfe der Sonne orientiert. Der Lachs kehrt im Alter zum Laichen vom Meer zu dem Fluß oder Binnensee zurück, in dem er geboren wurde. Nur ein paar Prozent der Lachse suchen das «falsche» Gewässer auf. Außerdem wird der Lachs auch von seinem Geruchssinn geleitet; jedes Gewässer hat eine spezifische Zusammensetzung.

Eigentlich sollten die Tiere im Polargebiet die Sonnenkompaßorientierung nicht anwenden können. Wie sollten sie die Stunden des Tages mit genügender Präzision einteilen können, wenn die Sonne Tag und Nacht am Himmel steht? Die Leistungen des kleinen Adèliepinguins sind daher sehr eindrucksvoll. Transportiert man ihn von seiner Brutstätte zu einem unbekannten Platz auf dem ebenen, monotonen Ross-shelf, so rutscht, kriecht und läuft er entschlossen in kerzengerader Richtung, solange die Sonne scheint. Sobald sie jedoch in den Wolken verschwindet, beginnt er planlos umherzuirren, setzt aber seinen ursprünglichen

Weg fort, sobald die Sonne wieder scheint. Pinguine, die irgendwo in der Antarktis freigelassen werden, scheinen immer einen Kurs einzuschlagen, der parallel zu einer nördlichen (oder eher nord-nordöstlichen) Richtung liegt, die durch ihren Brutplatz verläuft. Betrachtet man die Karte der Antarktis, so wird deutlich, daß es sich dabei nicht immer um die wirkliche Nordrichtung handelt, weil die Meridiane zum Südpol hin konvergieren. Man kann das Verhalten des Pinguins, der aus Versehen ins Land hineingeriet, als eine Methode auffassen, zurück ans Wasser zu gelangen, da der nach Norden eingeschlagene Weg am Südpol immer zum Wasser führt. Am Meer angekommen, erhält der Pinguin offensichtlich noch von einer anderen Orientierungs- oder Navigationsmethode Hilfe, denn er findet sein Zuhause, auch wenn er an die falsche Seite des Kontinents gerät.

In der Einleitung dieses Kapitels wurde erwähnt, daß manche Tiere sich nach anderen Himmelskörpern als der Sonne orientieren. Manche Vögel ziehen nachts und orientieren sich dabei an den Sternen. Daß sie wirklich aufgrund der Sternbilder den Kurs bestimmen, hat man durch Experimente mit Vögeln in Planetarien bewiesen, in denen man einen künstlichen Sternenhimmel an die Decke projizieren kann. Die Sternbilder können nach Gutdünken gedreht und gewendet werden, und die

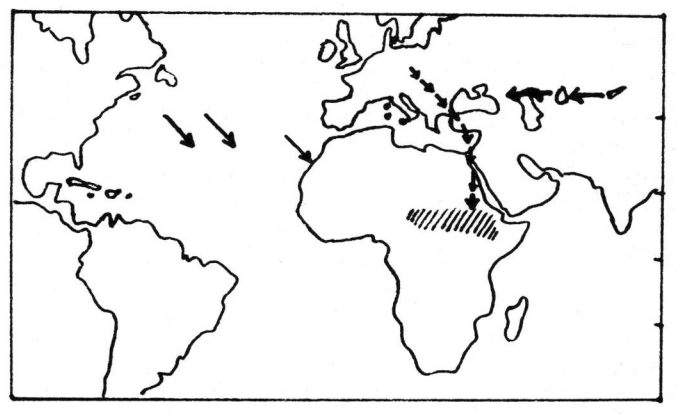

Abb. 58: Der normale Zugweg (kleine Pfeile) der im Text erwähnten Grasmücken. Das Überwinterungsgebiet in Afrika ist gestrichelt. Die längeren Pfeile zeigen, daß im Herbst ziehende Vögel, die eingefangen und über dem Atlantik wieder freigelassen wurden, nach SO flogen, während sie nach Westen zogen, wenn sie in Asien freigelassen wurden (im Planetarium simuliert). Umgezeichnet nach F. Sauer – Zschr. Tierpsychol. *14:* 29, 1957.

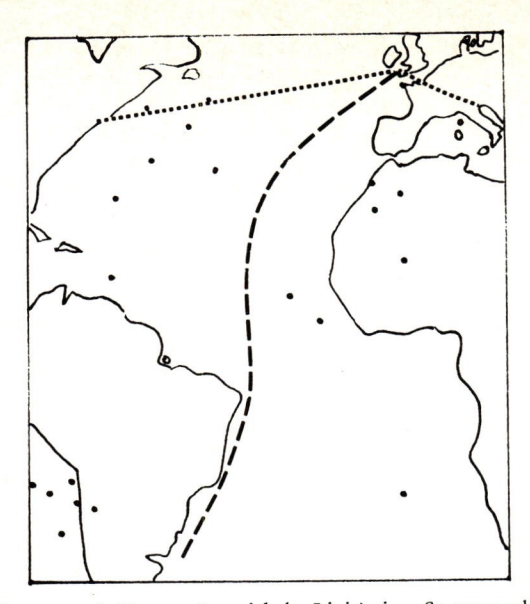

Abb. 59: Der normale Zugweg (gestrichelte Linie) einer Sturmvogelart, die auf der Insel Skokholm vor Groß-Britanniens Westküste nistet und vor Süd-Amerika während des südlichen Sommers fischt. Eine nahe verwandte Art nistet auf der Insel Tristan da Cunha im südlichen Atlantik und zieht während des südlichen Winters nordwärts. Diese Vögel fliegen Tag und Nacht und scheinen sich sowohl nach der Sonne als auch nach Sternen orientieren zu können. Die Karte zeigt, wo verschiedene Sterne am 1. April um Mitternacht im Zenit stehen. Von zwei Sturmvögeln, die während der Brutzeit von Skokholm nach Boston (USA) versetzt wurden, kehrte der eine in $12^1/_2$ Tagen zurück, während der andere verunglückte. Ein anderer, der in Venedig wieder freigelassen wurde, nahm sofort Kurs von der Lagune direkt über die Alpen nach Hause. Diese Versuche unterstützen die Theorien über die Navigationsfähigkeit der Vögel. Umgezeichnet nach «Animal navigation» von R. M. Lockley. Arthur Barker Ltd., 1967.

Vögel richten sich hier nach den vorgegebenen Himmelsrichtungen. Sie können natürlich im Planetarium nicht wirklich wegziehen, aber sie springen und flattern in eine bestimmte Richtung.
Man hat mit verschiedenen Grasmücken in Deutschland und mit Spatzen in Amerika entsprechende Versuche unternommen, deren Ergebnisse sich etwas unterscheiden. Der natürliche Sternenhimmel ändert sich mit der Jahreszeit (Abb. 57), und die Grasmücken scheinen es sehr genau damit zu nehmen, welcher Sternenhimmel ihnen gezeigt wird. Im

Frühjahr wollen sie einen Frühjahrshimmel und im Herbst einen Herbsthimmel sehen, andernfalls werden sie desorientiert. Die Forscher, die diese Versuche ausgeführt haben, sind der Ansicht, daß diese Vögel auch die Unterschiede zwischen den verschiedenen Breiten und Längengraden auf der Erdoberfläche erkennen, d. h. daß sie navigieren können. Der Polarstern hat in den verschiedenen Breiten eine unterschiedliche Höhe über dem Horizont. Am Nordpol steht er im Zenit und am Äquator sieht man ihn im Norden dicht über dem Horizont. Singvögel mit «Herbstumzugslaune» flogen unter einem nördlichen Sternenhimmel (über 35 Grad nördliche Breite) in südöstliche Richtung. Unter einem südlicheren Himmel (weniger als 20 Grad nördliche Breite) flogen sie direkt nach Süden. Das entspricht nach Ansicht jener Forscher der Richtungsänderung im Verlauf ihres natürlichen Zuges von Deutschland nach Mittelafrika (siehe Abb. 58). Auch wenn der Sternenhimmel einer anderen geografischen Länge simuliert wurde (was mit einer Änderung der Tageszeit ohne Längenänderung gleichzusetzen ist), reagieren die Vögel ganz natürlich mit einer Kursänderung. Dies bedeutet nach Ansicht des Experimentators, daß die Vögel auch dann in Afrika gelandet wären, wenn sie vor ihrem Abflug nach Asien oder hinaus auf den Atlantik befördert worden wären (vorausgesetzt, sie hätten die Kraft, so weit zu fliegen). Die Theorien über die *Navigation* der Vögel nach den Sternen sind zwar heftig kritisiert worden, es ist jedoch erwiesen, daß die Vögel die Fertigkeit haben, sich nach den Sternen zu *orientieren.*

Schließlich muß noch erwähnt werden, daß wenigstens eine Art von Tangfloh (siehe oben) nicht nur die Fähigkeit besitzt, sich tagsüber mit Hilfe der Sonne zu orientieren, sondern auch nachts mit Hilfe des Mondes. Das kleine Tier ist offensichtlich mit zwei verschiedenen «Uhren» ausgerüstet. Die eine scheint nach dem scheinbaren Sonnenumlauf um die Erde von 24 Stunden, die andere nach dem scheinbaren Mondumlauf um die Erde von ca. 25 Stunden ausgerichtet zu sein.

Kapitel 6
Orientierung in der Zeit

Die innere Uhr

Es wurden schon viele Spekulationen über den Zeitsinn, die «innere Uhr», angestellt, der sich beispielsweise in der Fähigkeit zeigt, sich nach dem Sonnenkompaß zu orientieren. Mit Hilfe ihres Zeitsinns können sich die Organismen hinsichtlich der Tages- und Jahreszeit richtig verhalten. Viele Tiere leiten die Jahreszeiten aus der unterschiedlichen Länge der Tage (bzw. Nächte) ab. Wie wir gleich sehen werden, macht sich die «innere Uhr» auch auf andere Art und Weise bemerkbar.

Wie die «Uhr» funktioniert, weiß man nicht, aber sie muß ja auf physikalischen oder chemischen Prozessen in den lebenden Organismen beruhen. Die Geschwindigkeit solcher Prozesse steigt oft mit der Temperatur. Wasser fließt durch ein dünnes Rohr beispielsweise bei 35° C doppelt so schnell wie bei 5° C, vorausgesetzt, daß der Druckunterschied zwischen den Enden des Rohres in beiden Fällen derselbe ist. Biochemische Reaktionen beschleunigen bei demselben Temperaturintervall die Geschwindigkeit oft auf das zwanzigfache. Man sollte erwarten, daß die «innere Uhr» nur bei einer bestimmten Temperatur richtig gehen würde. Die Säugetiere und die Vögel haben dieses Problem durch eine beinahe konstante Körpertemperatur gelöst, aber wie verhält es sich bei anderen Organismen?

Abbildung 60 zeigt, wie die Leuchtfähigkeit des Einzellers Gonyaulax (siehe Seite 64) variiert, wenn er ständiger Beleuchtung statt dem natürlichen Wechsel zwischen hell und dunkel ausgesetzt wird. Wie man sieht, variiert die Leuchtfähigkeit beinahe wie unter natürlichen Verhältnissen, man spricht von einem *zirkadianen* (von zirka = ungefähr und dies = Tag: ungefähr täglichen) Rhythmus. Dieser Rhythmus hängt sehr wenig von der Temperatur ab, auch wenn die Leuchtfähigkeit, d. h. die Stärke der Schwingungen, bei den beiden Temperaturen verschieden ist. Die durchschnittliche Zeit zwischen zwei Maxima an Leuchtfähigkeit ist 22,8 Stunden bei 17° und 26,3 Stunden bei 27°. Das bedeutet eine Geschwindigkeits*abnahme* von 15% für 10 Grad Temperaturerhöhung, während bei einer typischen chemischen Reaktion im selben

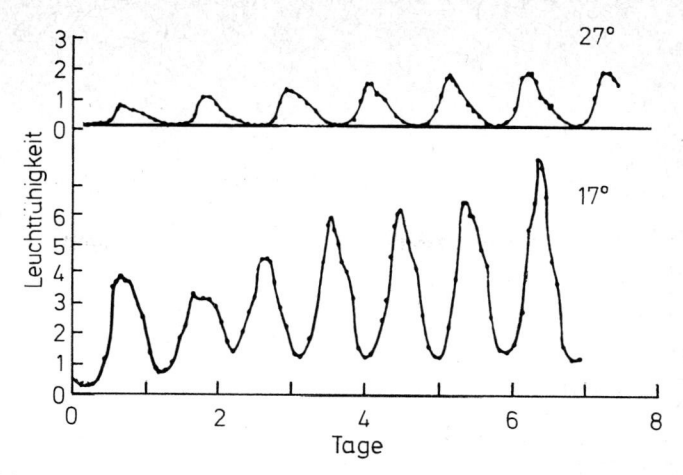

Abb. 60: Die Lichtaussendung bei Gonyaulax in schwachem Licht, unter konstanten Verhältnissen gezüchtet. Die Periode der Schwingung ist 26,5 Stunden bei 27° C (oben) und 22,8 Stunden bei 17° C. Umgezeichnet nach J. W. Hastings & B. M. Sweeney – Proc. nat. Acad. Sci. U. S. *43:* 807, 1957.

Temperaturintervall und einer *Geschwindigkeitserhöhung* von 100–200% zu rechnen ist. Wie die Organismen ihre «innere Uhr» so unabhängig von der Temperatur machen konnten, weiß man nicht.
Wie aus Abbildung 60 hervorgeht, ist trotz geringer Temperaturabhängigkeit nach einigen Tagen zwischen den beiden unter konstanten Laborverhältnissen und verschiedenen Temperaturen laufenden Uhren eine Differenz eingetreten. In der Natur wird jedoch durch die Einwirkung des Tag- und Nachtwechsels der Gang der Uhren geregelt (Abb. 61), sodaß der Organismus auf einen *exakten* Tagesrhythmus eingestellt wird.
Andere Organismen verhalten sich ähnlich, wenn sich auch das Vorhandensein einer «inneren Uhr» durch andere Erscheinungen als durch periodisch schwankende Leuchtfähigkeit dokumentiert. Die Pflanzen bewegen z. B. im Tagesrhythmus ihre Blätter (Tafel 10) und Tiere sind meist zu bestimmten Tageszeiten in Bewegung, d. h. sie zeigen einen Aktivitätsrhythmus. In einem Versuch mit Feuerbohnen betrug die Periodenlänge des Blattbewegungsrhythmus 29 Stunden bei 15 Grad, 24 Stunden bei 25 Grad und 19 Stunden bei 35 Grad. Der Aktivitätsrhythmus einer Eidechse bei denselben Temperaturen lag bei 25, 24 und 24 Stunden.

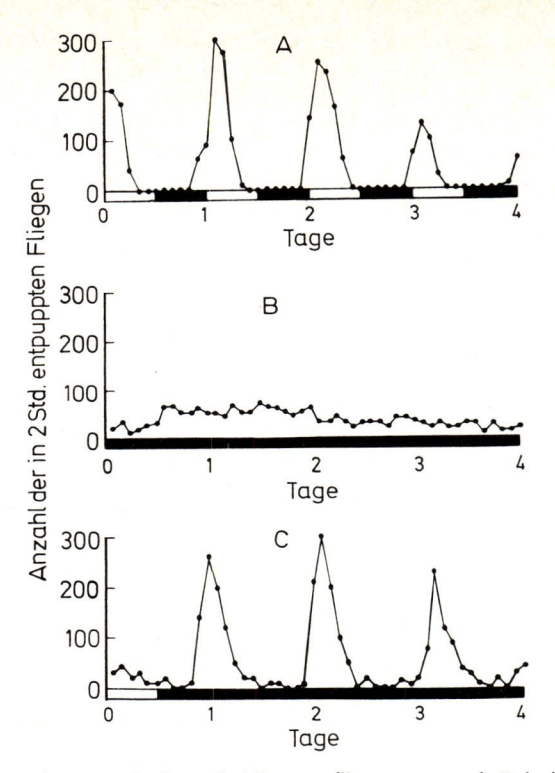

Abb. 61: Ausbrütungsrhythmus bei Bananenfliegenpuppen als Beispiel dafür, wie ein innerer Rhythmus, in diesem Fall die Ausbrütungsneigung, mit wechselndem Licht synchronisiert werden kann. Das Diagramm zeigt, wie viele Puppen in einer Kultur zu verschiedenen Zeiten (Abszisse) schlüpfen (Ordinate). Unter den Kurven wird angegeben, zu welchen Zeiten die Tiere dem Licht ausgesetzt werden. Bei einem natürlichen Rhythmus mit 12 Stunden Licht pro Tag (oben) schlüpfen die meisten Puppen morgens. In kontinuierlicher Dunkelheit (Mitte) ist kein Rhythmus zu sehen. Jedes Tier hat wahrscheinlich seinen eigenen 24-Stundenrhythmus, der nicht mit dem der anderen übereinstimmt, und deshalb schlüpfen die Puppen den ganzen Tag. Eine einzige Lichtperiode (unten) genügt, um die verschiedenen Individuen zu synchronisieren.

Die Fähigkeit der Lebewesen, Tageszeiten wahrzunehmen, ist nicht nur für die einzelne Art von Bedeutung, sondern auch für das Zusammenspiel zwischen den verschiedenen Arten in der Natur. Die Bienen müssen nicht nur die Blumen finden, sondern sie auch dann antreffen, wenn sie offen und Nektar und Blütenstaub erreichbar sind. Umgekehrt müssen sich die Blumen rechtzeitig für das Eintreffen der Bienen öffnen, um bestäubt zu werden. Viele Blumen schließen wieder die Blütenblätter, wenn die «Besuchszeit» zu Ende ist und schützen so die empfindlichen inneren Teile. Die einzelnen Blumenarten sind zu verschiedenen Zeiten geöffnet (Abb. 62), und die verschiedenen bestäubenden Insekten können sich diese Zeiten merken.

Man kann den Gang der «inneren Uhr» verstellen, indem man ein Lebewesen einem unnatürlichen Beleuchtungsrhythmus aussetzt. Abbildung 63 zeigt ein Experiment mit einem Star, der darauf dressiert wurde, sein Futter in dem mit einem Pfeil markierten Behälter zu suchen. Nach der Dressur mußte der Vogel Futter in leeren, gleichaussehenden Behältern suchen, die in einem Kreis um die Stelle angeordnet waren, an der der Vogel freigelassen wurde. Auf diese Weise konnte man feststellen, wie oft der Vogel bei einer Anzahl von Versuchen einen bestimmten Behälter wählte (durch Punkte in Abb. 63 angegeben). Die linke Abbildung zeigt das Ergebnis unter natürlichen Lichtverhältnissen, d. h. wenn ein konstanter Hell- und Dunkelwechsel entsprechend dem na-

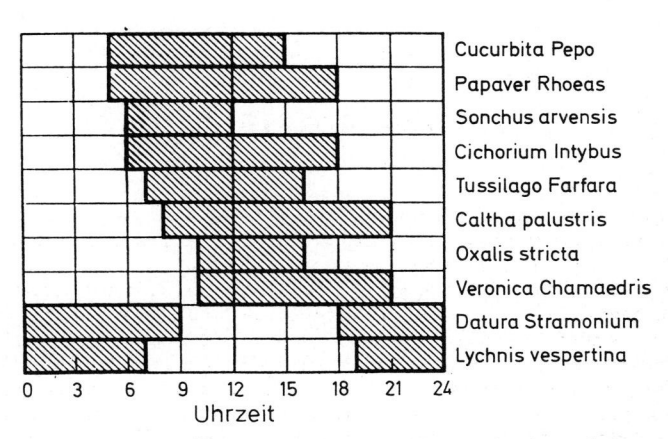

Abb. 62: Die Öffnungs- und Schließzeiten der Blüten. Die Tageszeit ist waagrecht aufgetragen und der gestrichelte Bereich gibt den Öffnungszeitraum der jeweiligen Blume an. Die Pflanzen sind von oben nach unten:
Kürbis, Klatschmohn, Ackergänsedistel, Zichorie, Huflattich, Sumpfdotterblume, Sauerklee, Gamanderehrenpreis (alles «Tagesblumen») und Stechapfel und eine Pechnelkenart («Nachtblumen»). Aus «Entwicklungs- und Bewegungsphysiologie der Pflanze» (3. Aufl.) von E. Bünning. Springer Verlag 1953.

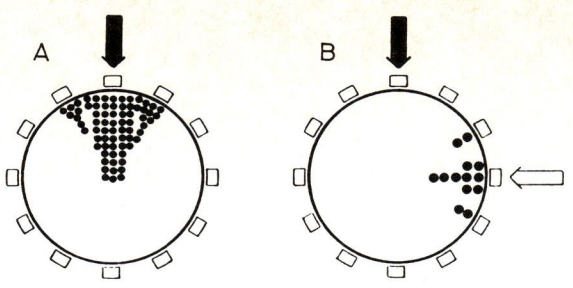

Abb. 63: Ein Star wurde in einen runden Käfig eingesperrt, aus dem er den Himmel, aber nicht die Landschaft oder die Gegenstände um ihn herum sehen konnte. Er wurde darauf dressiert, Futter in der mit dem schwarzen Pfeil bezeichneten, nördlich gelegenen Kiste zu suchen. Danach wurden Experimente nur mit leeren Kisten durchgeführt. Auch dann suchte der Star in nördlicher Richtung nach Nahrung (A: jeder Punkt bezeichnet das Ergebnis eines Experimentes). Der Vogel wurde dann zwei Wochen lang einem um 6 Stunden verschobenen aber immer noch 24-stündigen Lichtrhythmus ausgesetzt. In dieser Zeit stellte der Vogel offensichtlich seine «innere Uhr» um, denn er suchte, als er ohne erneute Dressur getestet wurde (B), Nahrung ostwärts vom Käfig. $^{1}/_{4}$ Tag Umstellung der «inneren Uhr» ließ den Sonnenkompaß um eine $^{1}/_{4}$ Umdrehung falsch anzeigen. Umgezeichnet nach K. Hoffmann – Z. Tierpsychol. *11:* 453, 1954.

türlichen Tagesrhythmus erfolgt und sich die Vögel mit Hilfe der natürlichen Sonne orientieren dürfen. Die Vögel orientieren sich dann richtig und suchen Futter in der andressierten Richtung. Die rechte Abbildung zeigt das Ergebnis, wenn die Tiere 12–18 Tage lang zwischen Dressur und Versuch einem Hell-Dunkelwechsel ausgesetzt wurden, der um 6 Stunden ($^{1}/_{4}$ Tag) verschoben war. Die Vögel schlagen dann eine Richtung ein, die um 90 Grad ($^{1}/_{4}$ Umdrehung) von der gelernten abweicht. Sie haben sich offensichtlich in der Tageszeit geirrt und die falsche Kompaßrichtung mit Hilfe der Sonne eingeschlagen. Der Gang der «inneren Uhr» der Stare ist durch den veränderten Lichtrhythmus verstellt worden. Andere Organismen reagieren auf dieselbe Weise, auch wenn die Zeit, die für eine Verstellung der «Uhr» erforderlich ist, variieren kann.

Wie nehmen die Organismen den Lichtwechsel auf, nach dem sie ihre «Uhren» einstellen? Es mag ziemlich selbstverständlich erscheinen, daß Tiere das mit ihren Augen tun, und daß dieser Reiz ihren inneren Rhythmus beeinflußt und ihnen eine Erkennung der Tageslänge ermöglicht. Man sollte jedoch immer mit Schlußfolgerungen ohne beweiskräftige Experimente vorsichtig sein. Tatsächlich wurden auch eine

Reihe von Versuchen durchgeführt, um hierüber Klarheit zu schaffen. Säugetiere scheinen den Lichtreiz nur mit den Augen aufzunehmen. Bei anderen Tieren stimmen die Ergebnisse nicht ganz überein. Es scheint jedoch Beweise dafür zu geben, daß sowohl Vögel als auch Insekten, bei denen die Augen außer Funktion gesetzt wurden, immer noch die Fähigkeit besitzen, ihre «Uhr» nach dem Lichtwechsel einzustellen und die Jahreszeit mit Hilfe der Tageslänge zu erkennen. Weiterhin scheint bei diesen Tieren die Wirkung von Licht mit verschiedener Farbe nicht mit der spektralen Empfindlichkeit der Augen zusammenzufallen. Es sieht daher so aus, als ob es außer den Augen auch noch ein anderes lichtempfindliches Organ im Kopf dieser Tiere gibt. In beiden Fällen handelt es sich vermutlich um irgendeinen Teil des Gehirns, bei den Vögeln vielleicht um den sog. Hypothalamus.

Bei den Pflanzen sind es im allgemeinen die Blätter, die «sehen», wann es hell oder dunkel ist und Signale an andere Pflanzenteile entsenden. Bei den Laubbäumen können die Knospen registrieren, wann die Tage des Frühjahrs länger werden und es Zeit wird für das Knospentreiben (daneben spielt auch die steigende Temperatur in diesem Zusammenhang eine wichtige Rolle). Der Farbstoff, der den Lichtreiz auffängt und das «Sehen» der Pflanzen ermöglicht, ist das Phytochrom, das im nächsten Abschnitt näher behandelt wird.

Phytochrom

Außer Photosynthese (Seite 15) und Phototropismus (Seite 110) hat man viele andere Prozesse in den Pflanzen entdeckt, die von Licht beeinflußt werden. Diese Phänomene sind sehr verschiedenartig und scheinen zunächst wenig gemeinsam zu haben. Wir können folgende Beispiele nennen:

1. Manche Samenkörner keimen erst nach Belichtung. Jeder Hobbygärtner weiß, daß man ein Stück Land, das man mit großer Mühe gejätet hat, nur umgraben muß, um darauf noch mehr Unkraut zu erhalten als vorher. Manche Samen können jahrelang in der feuchten Erde liegen, ohne zu keimen; erst wenn sie von Licht getroffen werden, beginnen die Lebensprozesse, die zum Keimen führen. Dieser Mechanismus ist natürlich sehr zweckmäßig.

2. Ob eine Pflanze Blütenknospen anlegt oder noch mehr grüne Blätter produziert, hängt oft von speziellen Lichtverhältnissen ab (siehe Seite 144).

3. Keimlinge, die im Dunkeln nur mit der Vorratsnahrung des Samen-

korns aufgezogen werden, bekommen eine anomale Form. Die Sproßachsen werden abnorm lang und weich, die Blätter bei Gräsern ungewöhnlich lang und schmal, bei anderen Pflanzen sehr klein (Abb. 64, 65). Diese Art von Wachstum hat nichts damit zu tun, daß die Pflanze nach einer längeren Zeit im Dunkeln infolge unterbliebener Photosynthese «verhungert», sondern hängt damit zusammen, daß die Konzen-

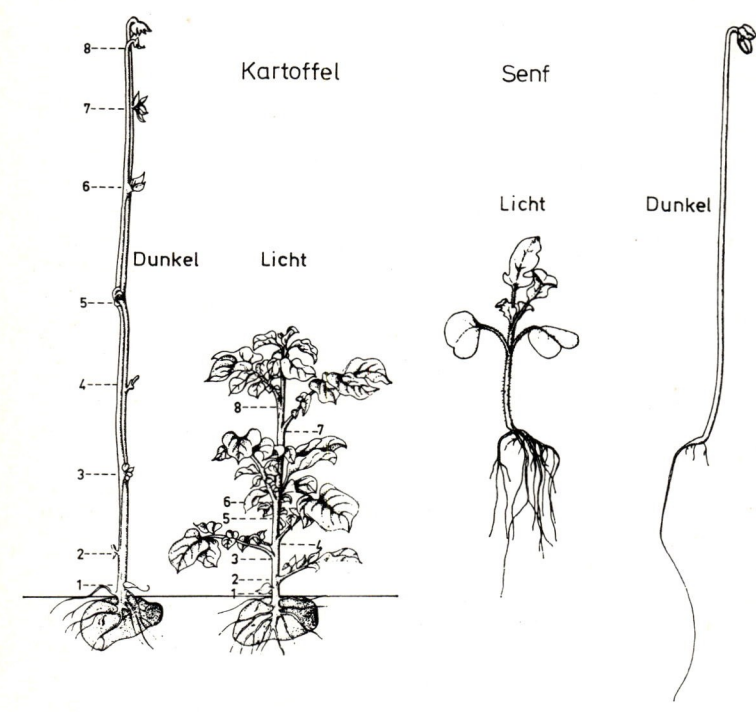

Abb. 64 (links), Abb. 65: Die Einwirkung des Lichts auf den Wuchs von Kartoffel- (Abb. 64) und Senfpflanzen (Abb. 65). Die kurzen Pflanzen mit entwickelten Blättern sind unter natürlichen Lichtverhältnissen aufgewachsen, die langgezogenen, weichen (etiolierten) mit kleinen Blättern sind im Dunkeln gewachsen. Nur die im Licht gewachsenen Pflanzen sind grün geworden, die anderen sind blaßgelb. Die Zahlen an den beiden Kartoffelpflanzen geben die entsprechenden Ansatzstellen der Blätter an. Aus «Lehrbuch der Pflanzenphysiologie» von H. Mohr, Springer Verlag 1969, und «Pflanzenphysiologie» von W. Pfeffer, Wilhelm-Engelmann Verlag, Leipzig 1904.

trationen von Wuchshormonen durch Licht beeinflußt werden. Der Wuchs der Pflanze kann nämlich durch Licht verändert werden, und zwar von so schwachem, daß es für die Photosynthese ohne Bedeutung ist. Man nennt eine Pflanze mit diesem schlaffen, langgezogenen, durch Lichtmangel verursachten Wuchs *etioliert*.

Versuche haben gezeigt, daß rotes Licht am wirkungsvollsten ist, grünes dagegen fast ohne Effekt bleibt, sowohl für das Keimen lichtempfindlicher Samenkörner als auch für die Blütenregulierung und die Beseitigung des Etiolements (dasselbe gilt für andere Prozesse, die hier nicht aufgezählt werden). Die Wirkung von blauem Licht ist von Fall zu Fall verschieden. Man tendierte daher zur Annahme, daß der Farbstoff, der das Licht auffängt und die Wirkung weiterleitet, eine Art Chlorophyll sei. Chlorophyll absorbiert ja sowohl rotes wie blaues Licht, grünes jedoch in geringerem Maße (Abb. 2). In einigen Pflanzenteilen, in denen diese Reaktionen stattfinden, konnte zwar kein Chlorophyll nachgewiesen werden, möglicherweise könnte es sich aber um sehr geringe und deshalb nur schwer auffindbare Mengen handeln. In etiolierten Pflanzen konnte auch kein Chlorophyll nachgewiesen werden, wohl aber ein verwandter Stoff, Protochlorophyll, mit ähnlichem Absorptionsspektrum.

Das Protochlorophyll wird schon bei einer Belichtung der Pflanze mit schwachem rotem Licht schnell in Chlorophyll umgewandelt (Seite 50). Man könnte sich ja vorstellen, daß diese Umwandlung in irgendeiner Weise bei Belichtung der Pflanze eine Änderung des Wuchses bewirkt. Aufgrund der unterschiedlichen Wirkung von verschiedenfarbigem Licht nahm man mit ziemlicher Sicherheit an, daß der lichtempfindliche Farbstoff rotes Licht stark und grünes Licht schwach absorbieren mußte. Außer Chlorophyll und Protochlorophyll kannte man jedoch keinen solchen Farbstoff in einer Pflanze.

Der wichtige Schritt zur Klärung des Rätsels wurde gemacht, als man entdeckte, daß die Wirkung von rotem Licht durch eine nachfolgende Bestrahlung mit noch langwelligerem Licht (Abb. 66) aufgehoben werden kann.

Dieses Licht, das mit einer Wellenlänge von mehr als 700 nm an der Grenze zwischen sichtbarem Licht und infraroter Strahlung liegt, werden wir künftig dunkelrot nennen. Man ging jetzt von der Existenz eines hypothetischen Farbstoffes aus, Phytochrom. Es dauerte jedoch lange, bis es gelang, diesen Farbstoff qualitativ und quantitativ nachzuweisen. Auf indirektem Wege, d. h. indem man die Reaktion der Pflanze auf rotes und dunkelrotes Licht verschiedener Stärke und in verschiedenen Kombinationen exakt maß, konnte man einige der Eigenschaften des Phytochroms analysieren (Abb. 67, 68): Man erkannte, daß der Stoff in

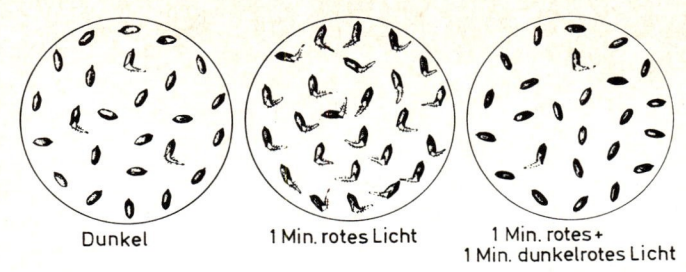

Abb. 66: Salatsamen, die nach Quellung den angegebenen Beleuchtungen ausgesetzt wurden und hinterher wieder eine Zeit im Dunkeln lagen. Die «rotbeleuchteten» Samen in der Mitte sind alle gekeimt, dunkelrotes Licht hebt die keimfördernde Wirkung von rotem Licht auf. Nach H. Mohr in «An introduction to photobiology» (Herausg. C. P. Swanson). Prentice Hall 1969.

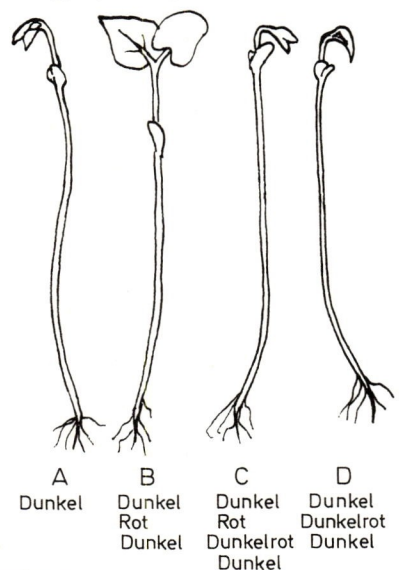

Abb. 67: Bohnenpflanze

A. Ganz im Dunkeln gewachsen

B. Einer kurzen Beleuchtung mit rotem Licht ausgesetzt und dann im Dunkeln weitergewachsen

C. Wie B behandelt, aber nach der Rotbeleuchtung noch mit dunkelrotem Licht bestrahlt.

D. Nur mit dunkelrotem Licht bestrahlt. Alle Pflanzen sind gleich alt. Umgezeichnet nach R. J. Downs – Plant Physiology *30:* 468, 1955.

zwei verschiedenen Formen vorkommen konnte; eine Form, die wir P_R nennen, hat das Absorptionsmaximum im roten Spektralbereich (660 nm), die andere, P_{DR} genannt, im dunkelroten (730 nm). P_R wird teilweise (max. 80%) durch Einwirkung von rotem Licht in P_{DR} umgewandelt. P_{DR} wird durch Einwirkung von dunkelrotem Licht in P_R umgewandelt, ein Vorgang, der, allerdings langsamer, auch im Dunkeln abläuft. Weiter wurde entdeckt, daß P_{DR} eine biochemische Wirkung ausübt, die P_R fehlt. Es handelt sich um jenen, immer noch unbekannten biochemischen Primäreffekt, der stufenweise über verschiedene Folgereaktionen beispielsweise zur Keimung des Samens und zur Blüten-

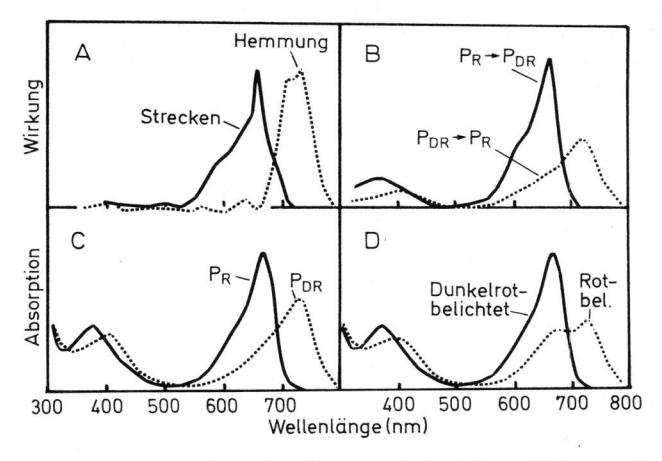

Abb. 68: A. Wirkungsspektren für das Strecken der Spitze etiolierter Bohnenpflanzen (die Veränderung von a zu b in Abb. 67, durchgezogene Kurve) und für das Hemmen des Streckens (vergleiche Abb. 67, gepünktelte Kurve).
B. Wirkungsspektren für die Umwandlung von P_R in in wäßriger Lösung in P_{DR} (durchgezogene Kurve) und für den entgegengesetzten Prozeß (gepünktelte Kurve).
C. Absorptionsspektren für P_R (durchgezogene Kurve) und P_{DR} (gepünkelte Kurve). Die Kurven in A ähneln denen in C. Die in A liegen jedoch viel tiefer im violetten Bereich (um 400 nm), vermutlich wegen der vorhandenen Carotinoide und der anderen gelben Farbstoffe, die violettes Licht absorbieren.
D. Absorptionsspektren für Phytochromlösungen, die mit dunkelrotem Licht (durchgezogene Linie) bzw. mit rotem Licht (gepünkelte Linie) bestrahlt wurden. Die erste besteht ganz und gar aus P_R, da nur P_{DR} dunkelrotes Licht absorbiert. Die letzte besteht aus einer Mischung aus P_{DR} und P_R, da sowohl P_R wie P_{DR} rotes Licht absorbieren.

bildung zur rechten Jahreszeit führt. Wir fassen dies in folgendem Schema zusammen:

$$P_R \underset{\text{Dunkelheit}}{\overset{\overset{\text{dunkelrotes Licht}}{\longleftarrow}}{\underset{\longleftarrow}{\xrightarrow{\text{rotes Licht}}}}} P_{DR} \longrightarrow \text{biochemischer Effekt} \longrightarrow \text{physiologischer Effekt}$$

Nach mühevoller Arbeit ist es nun gelungen, reines Phytochrom herzustellen und seine chemische Struktur zu untersuchen. Dies wäre unmöglich gewesen, wenn man nicht zuerst auf indirektem Wege so viele Eigenschaften herausgefunden hätte. Auf diese Weise wußte man genau, welchen Stoff man suchen mußte. Das Phytochrom kommt nämlich in der Pflanze nur in äußerst geringer Konzentration vor: 1 kg grüne Blätter enthält ungefähr 1 g Chlorophyll, während erst in 100 Tonnen Blätter 1 g Phytochrom vorhanden ist.

Das Phytochrom ist eine Proteinverbindung (Eiweißstoff). Dieses Protein enthält außer Aminosäuren eine Farbstoffkomponente mit der in Abbildung 69 dargestellten Formel. Das Phytochrom ist chemisch den roten und blauen Farbstoffen in Rot- und Blaualgen (Phycoerythrin und Phycocyanin) ähnlich. Die Farbstoffkomponente kann auch mit einem aufgesprengten Chlorophyllmolekül verglichen werden, so daß die kleinen Ringe statt eines größeren Rings eine Kette bilden. Den chemischen Unterschied zwischen P_R und P_{DR} kennt man jedoch noch immer nicht mit letzter Sicherheit und man weiß auch nicht, auf welche chemische Reaktion P_{DR} primär regulierend einwirkt. Die Tatsache, daß das Phytochrom ein Protein ist, gibt eine Erklärung für die außerordentliche Wirkung, obwohl es in so kleinen Mengen vorkommt. Manche Forscher sind der Ansicht, daß die P_{DR}-Form als Enzym funktioniert, die P_R-Form jedoch inaktiv ist (vergleiche Seite 91). Obwohl man die Wirkung des Phytochroms an vielen verschiedenen Stoffen geprüft hat, konnte man keine enzymatische Aktivität finden. Gewisse Phänomene scheinen am besten durch die Annahme erklärt werden zu können, daß P_{DR} auf verschiedene Gene (Erbanlagen) aktivierend oder inaktivierend wirkt und dadurch die Synthese verschiedener Enzyme steuert.

In anderen Fällen ist jedoch eine solche Erklärung offenbar nicht ausreichend. Es gibt Beispiele dafür, daß eine Bestrahlung mit rotem Licht schon nach einigen Sekunden ein sichtbares Ergebnis zeigt. Da die Wirkung der Gene auf der Bildung von Enzymen durch Vermittlung von RNA (Ribonukleinsäure) beruht, kann eine Veränderung der Genakti-

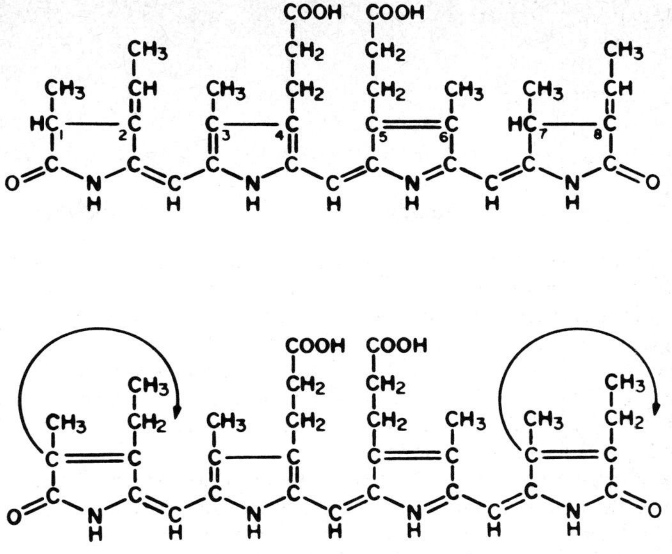

Abb. 69: Vermutliche Formeln für den Farbstoffanteil in P_R (oben) und in P_{DR}. Die Pfeile geben die Bewegungen von zwei Wasserstoffatomen an, die, wie man glaubt, bei der Umwandlung $P_R \rightarrow P_{DR}$ stattfinden. Man weiß auch, daß sich das Molekül bei dieser Umwandlung um 90° dreht, vermutlich aufgrund der Veränderung der Bindung am Proteinteil (vergleiche Rhodopsin).

vität kein augenblicklich sichtbares Ergebnis zeigen (z. B. Einwirkung auf Bewegungen einer Pflanze; siehe nächster Abschnitt).
Durch genaue Beobachtungen über Bewegungen der Chloroplasten in den Zellen unter verschiedenen Beleuchtungsverhältnissen konnte man einige sehr interessante Schlußfolgerungen über das Phytochrom ziehen. In vielen Pflanzenzellen stellen sich die abgeplatteten Chloroplasten bei schwacher Beleuchtung mit der breiten Seite gegen das Licht (Abb. 22), um es maximal auszunützen. Bei starker Beleuchtung drehen die Chloroplasten dagegen die schmale Seite gegen das Licht, um sich vor zuviel Lichtabsorption zu schützen. Außerdem wird der Überschuß an Licht zu den dahinterliegenden Zellen durchgelassen. Man hat entdeckt, daß der diese Reaktionen auslösende Lichtreiz nicht von den Chloroplasten selbst, sondern von einem Farbstoff im Cytoplasma ausgeht. Bei den meisten Pflanzen ist dieser Farbstoff ein Flavoproteid (vergleiche Seite 111). Bei der Alge Mougeotia wird dagegen der Impuls

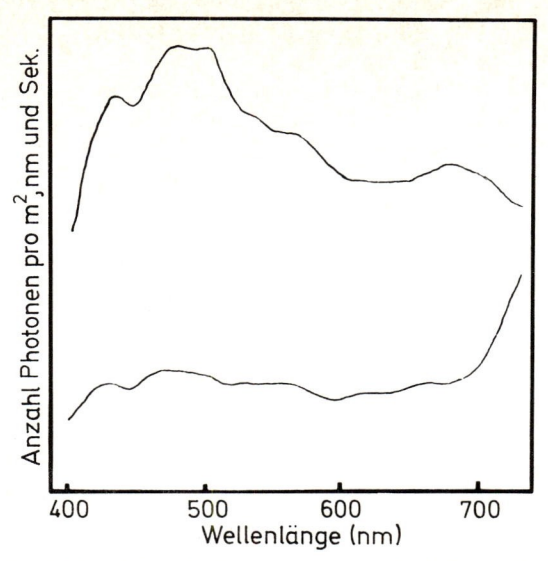

Abb. 70: Vergleich zwischen der Zusammensetzung des Lichts im Freien (Sonne durch einen Wolkenschleier verdeckt, obere Kurve) und in einem Nadelwald (untere Kurve). Das Licht im Wald hat einen größeren Anteil an dunkelrotem Licht, weil es zum großen Teil von den Nadeln reflektiert wird. Die Nadeln absorbieren dagegen das kurzwelligere Licht. Die beiden Kurven sind von S. Linder und B. Nordström, Universität Umeå, gemessen worden.

zur Einstellung in schwachem Licht vom Phytochrom aufgefangen. Durch Beleuchtung von Mougeotiazellen an verschiedenen Stellen mit kleinen punktförmigen Lichtquellen und durch Verwendung von planpolarisiertem Licht (siehe Seite 2) mit verschiedener Schwingungsebene ist man zu dem Ergebnis gekommen, daß das Phytochrom in der Membran liegt, die das Cytoplasma zur Zellwand hin abgrenzt. Die P_R-Moleküle sind parallel zur Zelloberfläche in einem schraubenförmigen Muster angeordnet. Wenn das Phytochrom von der P_R-Form umgewandelt wird, drehen sich die Moleküle um 90 Grad.

Die Entdeckung, daß die Phytochrommoleküle in einer Membran liegen und sich bei Belichtung drehen, öffnet neue Perspektiven für die Erklärung des Wirkungsmechanismus des Phytochroms. Vielleicht bewirkt das Licht ein «Loch» in der Membran, genauso wie beim Sehprozeß (Seite 90). Dieses «Loch» könnte einen elektrischen Strom oder einen Stofftransport durch die Membran verursachen und dies könnte

wiederum die schnellen Lichtreaktionen bewirken, die man manchmal bei Pflanzen beobachtet hat.
Entsprechen die Laborexperimente mit Licht verschiedener Farbe den Verhältnissen in der Natur? Diese Frage ist noch sehr unvollständig beantwortet, aber man beginnt, sich mehr und mehr für die Zusammensetzung des natürlichen Lichts unter verschiedenen Bedingungen zu interessieren. Wir haben früher (Abb. 18) gesehen, daß das Licht in der Meerestiefe eine ganz andere spektrale Zusammensetzung hat als an der Oberfläche. Abbildung 70 zeigt, daß das Licht im Wald einen viel größeren Anteil dunkelroten Lichts besitzt als im Freien und das Phytochrom also mehr zum P_R-Bereich hin verschiebt.

Der photoperiodische Kalender

Für Tiere und Pflanzen ist es eine Lebensbedingung, über die Jahreszeit richtig orientiert zu sein, besonders in einem Klima wie dem unserigen mit großen Unterschieden zwischen Sommer und Winter. Wenn die Zugvögel im Dezember von Afrika nach Europa aufbrechen würden, wäre das Ergebnis gleich katastrophal, wie wenn die Wiesenblumen zu Weihnachten blühen würden. Für eine hungrige Schmetterlingsraupe wäre es schlecht, an einem kahlen Baum ausschlüpfen zu müssen, selbst an einem warmen Frühlingstag. Zur Erhaltung einer Tierart ist es auch erforderlich, daß Männchen und Weibchen zur selben Jahreszeit paarungsbereit sind.

Man glaubte lange Zeit, daß die Organismen über die Jahreszeit informiert seien, weil sich die Temperatur der Umgebung im Lauf der Jahreszeit verändert. Darin liegt natürlich auch viel Wahres. Man kann Blumenzwiebeln und Birkenzweige auch im Winter zum Treiben bringen, indem man sie aus der Kälte holt und an einem warmen Platz stellt. Viele Arten von Pflanzensamen können nicht keimen, bevor sie großer Kälte ausgesetzt waren. Diese Eigenschaft hindert sie daran, bereits im Spätsommer zu keimen, was ihren sicheren Untergang bedeuten würde.

Die Temperatur ist jedoch ein unsicherer Indikator der Jahreszeit. Es können große, zufällige Abweichungen von der normalen Temperatur einer Jahreszeit vorkommen. Biologische Entwicklung muß oft auf lange Sicht «geplant» werden und kann deshalb nicht von den zufälligen Wechselfällen des Wetters gesteuert werden.

Einen viel zuverlässigeren Kalender als die Temperaturveränderungen stellen die jährlichen Variationen in der Tageslänge dar, d. h. in der Zeit von Sonnenaufgang bis zum Sonnenuntergang (Abb. 71). Diese Veränderungen wiederholen sich mit astronomischer Präzision von Jahr zu Jahr. Man ist immer mehr zu der Einsicht gekommen, daß eine Messung der Tagesläufe («Photoperiode») die wichtigste Methode der Lebewesen ist, die Jahreszeiten auseinanderzuhalten. Man nennt diese Methode *Photoperiodismus*.

Blattläuse erwecken bei den meisten Menschen keine Zuneigung. Die Blattläuse sind aber aus vielen Gesichtspunkten sehr interessant (wie übrigens alle Tiere, die man genau genug beobachtet). Z. B. ist ihre Fortpflanzung recht bemerkenswert. Die Tiere überwintern in der Regel in Form von befruchteten Eiern. Aus diesen Eiern schlüpfen im Frühjahr kleine Blattläuse, die zur vollen Größe wachsen, ohne ein Puppenstadium zu durchlaufen. Die Blattläuse, die auf diese Weise entstehen, sind Weibchen in dem Sinne, daß sie Junge zur Welt bringen, aber sie tun dies ohne sich vorher gepaart zu haben. Männchen kommen um diese Jahreszeit kaum vor. Die Jungen werden lebend geboren, und es entstehen fast nur Weibchen, die ohne Befruchtung neue Jungen gebären, vorausgesetzt, daß sie nicht auf Marienkäfer oder etwas anderes «Unangenehmes» stoßen. So vergeht der ganze Sommer mit neuen Generationen von «jungferngebärenden» Weibchen. Eine geringe Zahl

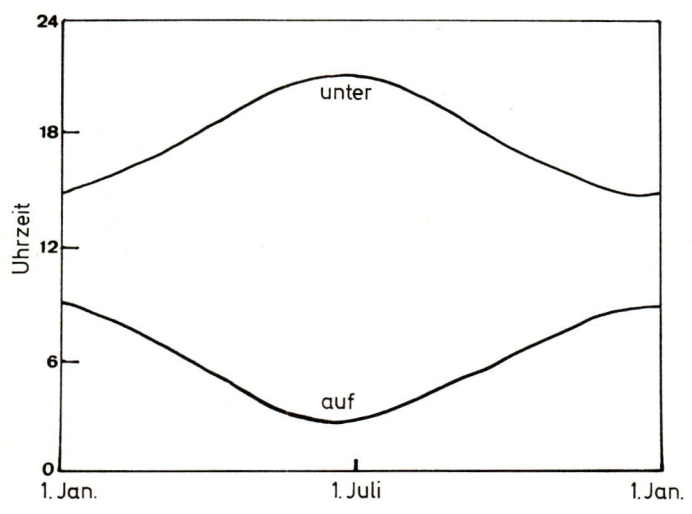

Abb. 71: Der Zeitpunkt des Sonnenaufgangs und Sonnenuntergangs in Stockholm zu verschiedenen Jahreszeiten.

Männchen werden auch geboren, aber sie spielen während des Sommers für die Fortpflanzung der Tiere keine Rolle (vergleiche Abb. 72).
Im Herbst tritt eine Veränderung ein. Jetzt wird eine andere Art von Weibchen geboren, die sich auf andere Weise fortpflanzen. Sie legen Eier, anstatt lebende Junge zu gebären und müssen sich auch mit Männchen paaren, damit die Eier fertig ausgebildet werden. Außer einem Wechsel zwischen verschiedenen Fortpflanzungsarten kommt bei den Blattläusen auch ein Wechsel zwischen geflügelten und flügellosen Formen und ein Wechsel der verschiedenen Wirtspflanzen vor.
Man hat herausgefunden, daß es die Tageslänge ist, die die Fortpflanzungsart der Blattläuse bestimmt. Eine Blattlausart, die u. a. auf Bohnenpflanzen lebt, ist eingehend untersucht worden. Solange sie einer Lichtperiode von mindestens 16 Stunden pro Tag ausgesetzt wird, findet die Fortpflanzung zu 100% ungeschlechtlich durch Jungfernzeugung statt. Wenn die Tageslänge auf höchstens 14 Stunden herabgesetzt wird (mit mindestens 10 Stunden zusammenhängender Dunkelheit pro Tag), erfolgt die Fortpflanzung zu 100% auf geschlechtlichem Wege mit Eierlegen.
Wie kann die Tageslänge die Tiere auf diese Weise beeinflussen? Da man weiß, daß Pflanzen auf die Tageslänge empfindlich reagieren (siehe unten), könnte man sich vorstellen, daß die Blattläuse über ihre Wirts-

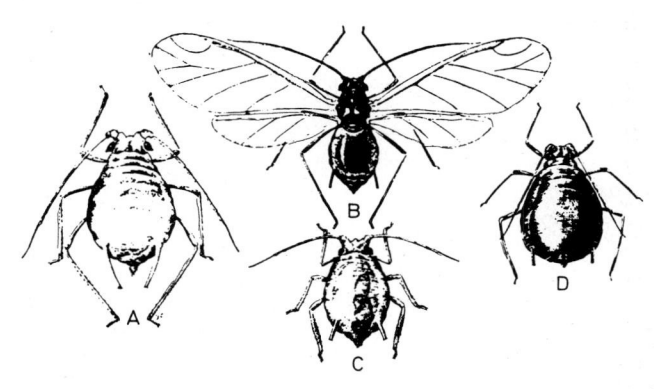

Abb. 72: Verschiedene Typen einer Blattlausart, die Apfelbäume angreift.
A. Eierlegendes Weibchen
B. Geflügelte Herbstform
C. Gebärendes Weibchen
D. Flügellose Frühlingsform, die ohne Befruchtung Junge gebiert.
Aus «Insect pests of farm, garden and orchard» von R. H. Davidson & L. M. Peairs. Wiley 1966.

pflanze indirekt beeinflußt werden. Das ist jedoch nicht der Fall. Aber es ist auch nicht – wie man meinen könnte – von dem Licht abhängig das auf ein bestimmtes Blattlausweibchen einwirkt, ob es lebende Jungen gebärt oder sich paart und Eier legt. Wenn man neugeborene Blattläuse aus einer Langtagzüchtung (16 Stunden Licht pro Tag) in einer Kurztagzüchtung aufwachsen läßt, beginnen sie nach ca. 2 Wochen lebende Junge zu gebären, genau so, wie wenn sie in einer Langtagzüchtung aufgewachsen wären. Erst eine Generation später findet ein Übergang zu geschlechtlicher Fortpflanzung statt.

Ein photoperiodisch gesteuerter sog. Saisondimorphismus (jahreszeitgebundener Wechsel zwischen verschiedenen Tiertypen) kommt auch in anderen Insektengruppen vor. Carl von Linné beschrieb seinerzeit zwei Schmetterlinge, denen er die Namen Araschnia levana und Araschnia prorsa gab. Die zwei Schmetterlingstypen haben ganz verschiedene Farbzeichnungen an den Flügeln (Abb. 73). Man hat jetzt den Nachweis erbracht, daß es sich um dieselbe Schmetterlingsart mit einer Frühjahrs- und einer Sommerform handelt. Die Farbzeichnung der Flügel hängt davon ab, ob die Schmetterlingsraupen während Kurztag- oder Langtagverhältnissen aufwachsen.

Die Fähigkeit der Insekten zu überwintern wird zu einem großen Teil vom Photoperiodismus gesteuert. Wenn die Tage kürzer werden, tritt das Insekt allmählich in ein Ruhestadium ein und zwar je nach Insektenart in Ei-, Raupen- oder Puppenform oder als vollentwickeltes Insekt. Charakteristisch für das Ruhestadium ist der herabgesetzte Stoffwechsel und die große Kälteverträglichkeit.

Im ganzen Tierreich werden die Paarungszeiten meistens photoperiodisch geregelt, wie auch die damit verbundenen Erscheinungen wie z. B. das Wachsen des Geweihs bei den Hirschtieren und die Zugzeiten mancher Vögel. Bei Schneehasen, Wieseln, Schneehühnern und anderen Tieren, die eine Winter- und eine Sommertracht besitzen, wird der Wechsel offensichtlich photoperiodisch gesteuert.

Auch bei den Pflanzen kommt es sehr häufig vor, daß der Jahresrhythmus der Entwicklung photoperiodisch reguliert wird. Die Erforschung der Blütenbildung führte 1920 zu der Entdeckung des Phänomens Photoperiodismus. Es hat natürlich eine große ökonomische Bedeutung, daß man im großen und ganzen weiß, wie das Wachstum der Blüte reguliert wird. Dadurch kann man nicht nur schöne Blumen mitten im Winter züchten, man kann auch vermeiden, daß die Pflanzen ihre Kräfte für die Blüte vergeuden, wenn man erreichen will, daß sich die Blätter (Spinat, Tabak) oder die unterirdischen Teile (Zuckerrübe, Kartoffel) besonders gut entwickeln.

Bei einigen Pflanzen wird die Blütenbildung nicht photoperiodisch re-

Abb. 73: Araschnia levana
A Frühjahrsform, B Sommerform
Aus «Boas-Thomsen, Zoologi I (8. Aufl.) von M. Thomsen & T. Normann. Gyldendal, Kopenhagen 1968.

guliert, sie blühen sowohl nach Kurztags- wie auch nach Langtagsbehandlung. Zu dieser Gruppe gehört die Tomatenpflanze. Sie wird jedoch durch ganz konstante Verhältnisse geschädigt, wie sie auch immer sein mögen. Wenn die Tomate im kontinuierlichen Licht gezüchtet wird, muß man sie, damit sie sich wohlfühlt, tagesrhythmischen Temperaturschwankungen aussetzen. Offensichtlich muß irgendein «Pendel» in der «inneren Uhr» der Pflanze in gleichmäßigen Abständen einen Stoß erhalten, damit das Uhrwerk des Lebens nicht stehen bleibt.

Die meisten Pflanzen mit photoperiodisch regulierter Blüte können in zwei großen Gruppen zusammengefaßt werden: in Langtag- und Kurztagpflanzen. Langtagpflanzen blühen nur, wenn sie täglich einer Lichtperiode ausgesetzt werden, die länger ist als ihre sog. «kritische Tageslänge». Bei den Kurztagpflanzen muß umgekehrt die tägliche Lichtperiode kürzer sein als ihre kritische Tageslänge» (Tafel 18). Manche Pflanzen erfordern, um Blüten zu bilden, eine tägliche Lichtperiode innerhalb bestimmter Werte, z. B. zwischen 12 und 16 Stunden, oder eine Lichtperiode außerhalb bestimmter Werte. Wieder andere benötigen nacheinander zwei verschiedene Tageslängen. Die Natur scheint ungeheuer erfinderisch zu sein, um die richtige Blütezeit der Pflanzen in einem speziellen Milieu sicherzustellen. Die «richtige» Blütezeit wechselt natürlich von Fall zu Fall. Unter allen Umständen ist es wichtig, daß viele Exemplare derselben Art gleichzeitig blühen, damit eine große Wahrscheinlichkeit für eine Bestäubung erreicht wird.

Ein bestimmtes photoperiodisches Verhalten ist bei den verschiedenen Gruppen des Pflanzenreiches nicht artspezifisch, sondern hängt eher mit den Verbreitungsgebieten und dem Milieu zusammen. Es gibt Beispiele für verschiedene Reaktionsweisen innerhalb derselben Pflanzengattung oder sogar Variationen innerhalb derselben Art. Bei den Tabakpflanzen gibt es beispielsweise sowohl Langtag- wie Kurztagpflanzen.

Unsere einheimischen Pflanzen blühen vor allem während des Sommers in einer Langtagperiode. Es ist deshalb nicht erstaunlich, daß man in unserer wildwachsenden Flora viele Langtagpflanzen vorfindet. Typische Langtagpflanzen sind Teufelswurz, verschiedene Kleearten und von den gezüchteten Pflanzen Spinat, Hafer, Roggen, Zuckerrübe, Karotte, schwarzer Senf und Feldbohne. Zu den Kurztagpflanzen gehören dagegen viele Pflanzen, die in südlichen Ländern zuhause sind oder aus ihnen stammen: Soyabohne, Hanf, Erdartischocke, Rosenscharte und Dahlie.

Man hat viel darüber nachgedacht, wie Tiere und Pflanzen in der Lage sind, die Länge des Tages zu bestimmen. Aus vielen Versuchen scheint tatsächlich hervorzugehen – wenigstens bei Pflanzen – daß nicht die Länge des Tages, sondern die Länge der Nacht (die ununterbrochene Dunkelheit) von Bedeutung ist. Man kann z. B. die Blütenbildung einer Kurztagpflanze verhindern, die unter Kurztagverhältnissen gezüchtet wird (oder die Blüte bei einem Langtaggewächs induzieren), indem man die Dunkelheit mit einem sehr kurzen Lichtblitz unterbricht. Die Pflanzen werden dagegen nicht gestört, wenn ein langer Tag durch eine kurze Dunkelperiode unterbrochen wird, er «zählt» trotzdem als langer Tag.

Der erste Versuch einer Erklärung des Photoperiodismus war die sog. «Sanduhrhypothese». Sie besagte, daß ein Stoff A am Tage durch Einwirkung von Licht in einen anderen Stoff B umgewandelt würde, der dann in der Nacht durch eine chemische Reaktion wieder langsam verschwinden würde, vielleicht durch Rückkehr zu A (wie der Sand aus dem oberen Behälter einer Sanduhr langsam herausfließt)

$$A \underset{\text{Dunkel in der Nacht}}{\overset{\text{Licht während des Tages}}{\rightleftarrows}} B$$

Man stellte sich vor, daß der Stoff B die Blütenbildung bei Langtagpflanzen fördert, aber bei Kurztagpflanzen verhindert. Durch Unterbrechung der Dunkelheit mit einem Lichtblitz bei einer Kurztagpflanze geht A in B über, und deshalb wird die B-freie Zeitspanne zu kurz, um die Pflanze blühen zu lassen. Man könnte sagen, daß die Sanduhr bei

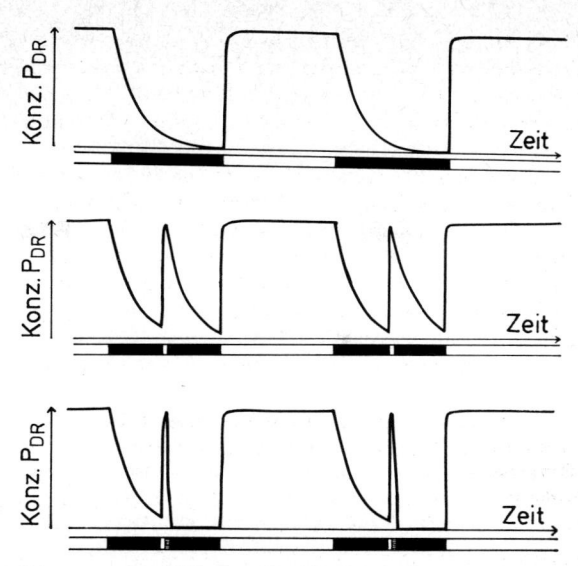

Abb. 74: Diagramm zur Erklärung des Photoperiodismus nach der «Sanduhrhypothese». Man glaubte nämlich, daß sich die Konzentration von P_{DR} bei verschiedener Beleuchtung verändert. P_R würde die entgegengesetzten Veränderungen durchlaufen. Näheres im Text.

jeder Belichtung auf Nullzeit eingestellt wird. Als man das Phytochrom entdeckte (Seite 135), stellte sich heraus, daß P_R dem postulierten Stoff A und P_{DR} dem B beinahe entspricht. Abbildung 74 zeigt schematisch, wie man sich die Reaktion des P_{DR} nach der Sanduhrhypothese vorstellte: a) bei einem normalen Tagesrhythmus im Wechsel zwischen Hell- und Dunkelphase (oberes Diagramm), b) bei kurzer Belichtung mit weißem oder rotem Licht um Mitternacht (mittleres Diagramm) und c) bei kurzer Nachtbelichtung mit nachfolgender Bestrahlung von dunkelrotem Licht (unteres Bild). Man hat jetzt durch direkte Messungen des Phytochroms festgestellt, daß es sich in der Tat ungefähr so wie im Diagramm verhält. Jedoch verläuft die Phytochromumwandlung in Wirklichkeit zu schnell, als daß die Theorie ganz stimmen könnte. Eine andere Unstimmigkeit besteht darin, daß ein Teil des P_{DR} verschwindet, ohne daß die entsprechende Menge P_R gebildet wird. Was aus diesem verschwundenen Phytochrom wird, weiß man noch nicht. Vielleicht entfaltet das Phytochrom gerade in diesem Zusammenhang seine Wirkung.

Manche Versuchsergebnisse scheinen also ganz gut auf die «Sanduhrhypothese» zu passen, aber es gibt auch welche, die absolut nicht damit übereinstimmen. Abbildung 75 zeigt die Blütenbildung bei der Kurztagpflanze Kalanchoë, nachdem sie einem Belichtungsrhythmus einer Dreitagesperiode anstelle des üblichen Tagesrhythmus ausgesetzt wurde. $11^{1}/_{2}$ Stunden lang in jeder Dreitagesperiode wurde die Pflanze einer kontinuierlichen Belichtung ausgesetzt, während man die langen Dunkelperioden durch eine halbstündige «Extrabeleuchtung» unterbrach, die bei den einzelnen Versuchen an verschiedener Stelle im Zyklus stattfand. Bei normalem Tagesrhythmus, d. h. wenn die Lichtperiode kürzer als 12 Stunden ist und somit die Dunkelperiode 12 Stunden übersteigt, blüht die Kalanchoë. Wenn die «Sanduhrhypothese» richtig wäre, würde die Pflanze in dem oben in Abbildung 75 gezeigten

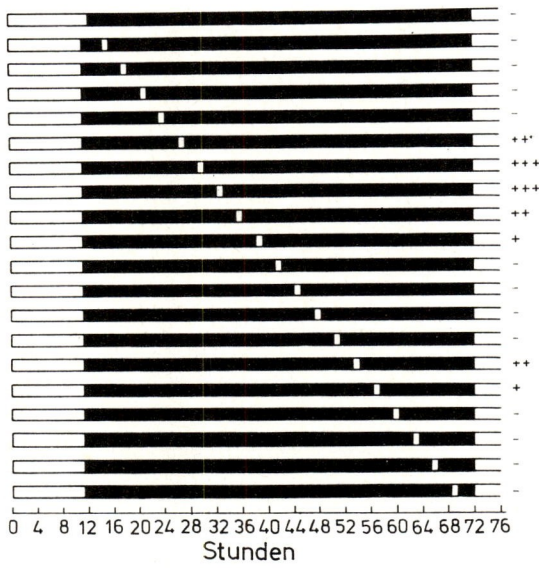

Abb. 75: Das Blühen der Kalanchoe, wenn sie in einem Dreitagesrhythmus mit 11,5 Stunden Licht abwechselnd mit 60,5 Stunden Dunkelheit gezüchtet wird, wobei die Dunkelphase durch halbstündige Beleuchtung zu verschiedenen Zeitpunkten unterbrochen wird. Die schwarzen und hellen Zonen markieren die Zeit für Licht- und Dunkelphasen in 20 verschiedenen Experimenten. Rechts wird das Blühen angegeben: – bedeutet keine Blüte, +, + + und + + + immer stärkere Blütenbildung. Nach einem Experiment von D. J. Carr, aus «Entwicklungs- und Bewegungsphysiologie der Pflanze» von E. Bünning. Springer Verlag 1953.

Fall bei einer ununterbrochenen Lichtperiode von 12 Stunden und einer zusammenhängenden Dunkelperiode von 60 Stunden in jedem Zyklus blühen. Die Pflanze müßte ja dann während einer längeren Zeitspanne beinahe frei von P_{DR} sein, als dies beim normalen Tagesrhythmus der Fall ist (z. B. 11 Stunden Licht und 13 Stunden Dunkelheit). Aus der Abbildung geht jedoch hervor, daß sie nicht blüht, wenn sie einer zusammenhängenden Dunkelperiode von 60 Stunden ausgesetzt wird. Stattdessen blüht sie manchmal, wenn die Dunkelperiode durch kurze Belichtung unterbrochen wird. Genauer gesagt blüht sie, wenn die Unterbrechung entweder zwischen einem und eineinhalb Tagen nach Beginn der Hauptlichtperiode oder dann wieder einen Tag später stattfindet.

Um diese und ähnliche Versuchsergebnisse zu erklären, hat der deutsche Forscher E. Bünning die «Sanduhrhypothese» verworfen und eine andere Theorie aufgestellt. Danach wechselt die Pflanze rhythmisch zwischen Zuständen, die er die photophile (lichtliebende) und die skotophile (dunkelliebende) Phase nennt. Die Blütenbildung einer Pflanze wird bei Belichtung während der photophilen Phase gefördert. Den Wechsel zwischen photophiler und skotophiler Phase reguliert die «innere Uhr», und unter konstanten Verhältnissen findet der Wechsel in einem ungefähr täglichen, sog. zirkadianen Rhythmus statt (siehe Seite 128). Unter natürlichen Verhältnissen wird die «innere Uhr» sowohl bei Kurztag- wie bei Langtagpflanzen beim Übergang von der Dunkel- zur Hellphase «gestellt», jedoch unterschiedlich bei den beiden Pflanzentypen. Kurztagpflanzen beginnen ihren Rhythmus mit einer photophilen Phase, die nach ca. 12 Stunden in eine skotophile umschlägt. Der Leser kann selbst kontrollieren, daß dieser Gedankengang mit Abbildung 75 übereinstimmt. Bei den Langtagpflanzen erreicht dagegen die photophile Phase ihren Höhepunkt erst 12–20 Stunden nach Beginn der Beleuchtung.

Zu erwähnen wäre noch, daß viele Kurztagpflanzen zum Blühen Licht brauchen, auch wenn man ihnen auf künstlichem Wege organische Nahrung zuführt, sodaß sie vom Photosyntheseprozeß unabhängig werden. Manchen genügt ein einziger Lichtblitz von der Dauer eines Sekundenbruchteils. Es scheint so, als ob die Funktion des Lichtblitzes darin bestünde, die «innere Uhr» in Gang zu setzen.

Für Bünnings Theorie über photophile und skotophile Zustände spricht auch folgender Umstand: die beiden Zustände sind nicht nur abstrakte Begriffe, von denen man Beobachtungen darüber ableiten kann, wie die Belichtungen zu verschiedenen Zeiten die Bereitschaft zum Blühen beeinflussen. Bei vielen Pflanzen kann der Wechsel zwischen den Zuständen *direkt beobachtet* werden: Die Pflanzen heben und senken regel-

Licht
12 Std.

Licht
12 Std.
+1 Std.

Licht
20 Std.

Abb. 76: Douglasien nach zwölfmonatigem Wachstum unter folgender täglicher Beleuchtung:
12 Stunden (links),
12 Stunden plus 1 Stunde mitten in der Dunkelperiode (Mitte)
und 20 Stunden (rechts).
Umgezeichnet nach einem Photo von R. J. Downs, aus «Lehrbuch der Pflanzenphysiologie» von H. Mohr. Springer Verlag 1969.

mäßig ihre Blätter in einer charakteristischen Weise (Tafel 17): sie heben sie in der photophilen und senken sie in der skotophilen Phase. Unter natürlichen Verhältnissen hebt also eine Kurztagpflanze ihre Blätter am Morgen, eine Langtagpflanze dagegen am Abend. Pflanzen, die unabhängig vom Tagesrhythmus blühen, zeigen keine regelmäßigen Blattbewegungen. Wenn ein innerer Rhythmus vorhanden ist, kann er außer an Blattbewegungen auch an Änderungen im Stoffwechsel, z. B. am Wechsel in der Atmungsintensität beobachtet werden.

Der Photoperiodismus der Pflanzen ist hier im Zusammenhang mit der Blütenbildung behandelt worden. Wie bei den Tieren sind die photoperiodischen Phänomene bei den Pflanzen aber von sehr unterschiedlicher Art. Abbildung 76 zeigt, wie die Entwicklung eines Baumes auf sehr durchgreifende Weise über das Phytochromsystem von der Tageslänge beeinflußt werden kann. Ein weiteres Beispiel für photoperiodisch gesteuerte Prozesse bei den Pflanzen ist die Bildung von Zwiebeln und Erdknollen.

Bei den Pflanzen sind es normalerweise die Blätter, die mit Hilfe des lichtempfindlichen Phytochroms «sehen», wie lang die Tage und Nächte sind, und die dadurch die Jahreszeit feststellen. Die Blätter senden daraufhin chemische Signale (Hormone) beispielsweise an die Triebspitzen oder an die unterirdischen Teile. Diese chemischen Signale teilen mit, ob es Zeit ist, Blüten zu bilden oder Vorratsnahrung einzusammeln. Bei Laubbäumen und anderen Pflanzen, die im Winter keine Blätter haben und die blühen, bevor sie Blätter bekommen, können die Blütenknospen lichtempfindlich sein und sich mehr oder weniger autonom dem Jahreszeitenwechsel anpassen.

Kapitel 7

7. Die Photobiologie der Haut

Sonnenbräune

Unsere eigene Photobiologie enthält viele interessante Fragestellungen. Wie kommt es beispielsweise, daß man manchmal von der Sonne schön braun wird, und ein anderes Mal Schmerzen bekommt und sich die Haut schält? Ist Sonnenöl so gut, wie die Reklame verspricht? Warum können Sonnenstrahlen manchmal Hautkrankheiten verursachen, aber auch Krankheiten heilen? Wie beeinflußt uns eigentlich die «unnatürliche» Benützung von Kleidern, Häusern und elektrischem Licht?
Um zu verstehen, wie das Licht die Haut beeinflußt, müssen wir etwas über ihren anatomischen Aufbau wissen (Abb. 77).
In der *Oberhaut* unterscheidet man zwei Schichten lebender Zellen, eine untere, an die *Lederhaut* grenzende Schicht von *Basalzellen* und eine obere Schicht von *malpighischen Zellen*. Die letzteren sind nach außen hin immer mehr abgeplattet und gehen in die *Hornschicht* über in scheibchenförmige, tote Zellen, die die Haut nach außen hin dicht abschließen. Die Lederhaut ist hauptsächlich aus Bindegewebe aufgebaut, enthält jedoch u. a. auch Nerven und Blutgefäße.
Die Dunkelfärbung der Haut, die wir Sonnenbräune nennen, beruht auf zwei verschiedenen Prozessen. Der erste ist die sog. *unmittelbare Dunkelfärbung,* die in wenigen Minuten entsteht, nachdem die Haut dem Sonnenlicht ausgesetzt wurde. Bei Unterbrechung der Bestrahlung verblaßt die Farbe wieder und die entstandene Dunkelfärbung verschwindet nach ein paar Stunden wieder ganz. Die unmittelbare Dunkelfärbung rührt von einer photochemischen Oxidation eines in der Oberhaut in ziemlich kleinen Mengen gelagerten Stoffes her. Bei dieser Oxidation entsteht der Pigmentfarbstoff Melanin. Diese Art von Dunkelfärbung ist bei Menschen mit angeborener dunkler Hautfarbe ausgeprägter als bei nördlichen Völkern. Sowohl ultraviolettes wie sichtbares Licht sind dabei wirksam; am stärksten wirkt die Strahlung im Spektralbereich 320–600 nm. Die unmittelbare Dunkelfärbung führt nicht zu einer dauerhaften Sonnenbräune.
Das Sonnenlicht verursacht aber auch andere photochemische Reaktio-

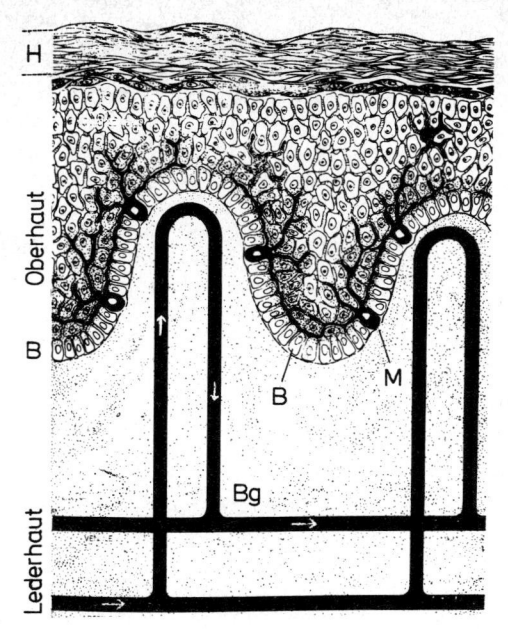

Abb. 77: Querschnitt der menschlichen Haut, schematisch. H = Hornschicht, M = Melanocyt, Bg = Blutgefäße, B = Basalzelle.
Aus «Sunburn» von F. Daniels, Jr., J. C. van der Leun & B. E. Johnson. Copyright © by Scientific American. All rights reserved.

nen, die nicht zu einem unmittelbar sichtbaren Ergebnis führen. Diese Prozesse finden vor allem in den lebenden Oberhautzellen statt, teilweise auch in der Hornschicht. Die Stoffe, die dabei gebildet werden, wandern in die Basalzellen und in die Lederhaut, wo sie mit der Zeit (nach einigen Stunden) verschiedene Veränderungen hervorrufen. Das erste Anzeichen ist eine Ausdehnung der Blutgefäße der Lederhaut, die sich als Hautrötung äußert. Bei starker Sonnenbestrahlung werden auch Nerven beeinflußt, was Juckreiz und Brennen zur Folge hat. Die Blutgefäße nehmen allmählich ihre ursprünglichen Dimensionen wieder an, ungefähr gleichzeitig treten neue Veränderungen in der Oberhaut auf: der braune Farbstoff der Haut (Melanin), der sich in Partikeln (Melaninkörpern) im innersten Teil der Oberhaut angesammelt hat, verbreitet sich zur Oberfläche der Haut hin (die Zellen, die Melanin enthalten, die Melanocyten, haben, wie in Abb. 77 zu sehen ist, Fortsätze zur Oberfläche hin). Gleichzeitig setzt erneut eine kräftige Synthese von Melanin ein. Durch die beiden zuletzt erwähnten Prozesse entsteht die dauerhaftere, für die Sonnenbad-Enthusiasten so erstrebenswerte Braunfärbung.

Die meisten Experten halten heutzutage die dauerhafte Braunfärbung für eine Reaktion auf eine Hautschädigung. Man kann dieselbe Art von Braunfärbung auch durch radioaktive Strahlung, Hitze oder mechanische Bearbeitung der Haut hervorrufen. Man sollte sich also über den Ausdruck «gesunde Sonnenbräune» doch Gedanken machen. Nicht die Sonnenbräune an sich ist gesund, sie ist nur ein Zeichen dafür, daß ein Mensch mit gebräunter Haut vielleicht ein Leben führt, das aus anderen Gründen als gesund bezeichnet werden kann.

Zweifeln kann man auch, wenn das Etikett der Sonnenölflasche verkündet, daß der Inhalt «gegen die schädlichen Strahlen schützt, aber die bräunende Strahlung durchläßt». Die Tatsache, die der geschickte Werbefachmann auf diese verschönende Weise umschreibt, ist jedenfalls,

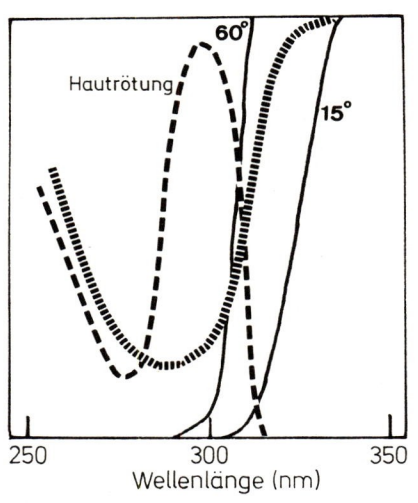

Abb. 78: Wirkungsspektrum für Hautrötung (gestrichelte Kurve) und die relative Intensität des kurzwelligen Teils der Sonnenstrahlung an der Meeresoberfläche (durchgezogene Kurven). Es ist offenbar, daß die Sonne die Haut umso stärker beeinflußt, je höher sie am Himmel steht. Die dicke, quergestrichelte Kurve gibt die Durchlässigkeit eines Stoffes (Para-Aminobenzoësäure) an, der in Sonnenschutzmitteln verwendet wird. Umgezeichnet nach «Sunburn» von F. Daniels, J. C. van der Leun & B. E. Johnson. Copyright © 1968 by Scientific American. All rights reserved.

daß Hautrötung, Brennen und damit zusammenhängende Prozesse am wirkungsvollsten von Strahlung mit einer Wellenlänge unter 320 nm (Abb. 78) verursacht werden, während Licht von größerer Wellenlänge, das vom Sonnenöl durchgelassen wird, zu einer unmittelbaren Dunkelfärbung führt. Die dauerhafte Sonnenbräune wird jedoch von denselben Strahlen verursacht wie die Hautrötung.

Zweifellos kann Sonnenlicht gewisse gesundheitsfördernde Wirkungen auf die Haut ausüben, wovon später ausführlicher die Rede sein wird. Dazu gehört die bakterientötende Wirkung und die photochemische Reaktion, durch die Vitamin D in der Haut gebildet wird. Es dürfte auch interessieren, daß gerade die Strahlen, die diese Wirkungen ausüben, vom Sonnenöl absorbiert werden. Die Fabrikanten scheinen dies zu wissen, da man auf den Etiketten Ausdrücke wie «bakterientötend» und «enthält wertvolle Vitamine» finden kann. Vermutlich hat man geringe Mengen irgendeines Vitamins beigemischt, um nicht lügen zu müssen, dabei wurde aber verschwiegen, daß es gar keine Beweise dafür gibt, daß die Haut Vitamine verwerten kann, die auf diese Weise angeboten werden.

Kommen wir zurück zur Sonnenbräune: erfüllt sie eine biologische Funktion? Man ist ja geneigt zu glauben, daß das Melanin durch seine lichtabsorbierende Wirkung die darunterliegenden Zellen gegen schädliches Licht schützt. Eigentlich ist es auch so. Man muß aber daran denken, daß die sichtbaren Farben in dieser Hinsicht nicht den wichtigsten Spektralbereich darstellen. Die für die Zellen schädlichste Strahlung liegt im unsichtbaren, ultravioletten Spektralbereich. Auch dieser wird vom Melanin absorbiert, aber man ist auch der Meinung, daß das Melanin eine chemische Schutzfunktion hat, indem es schädliche, sog. freie Radikale neutralisiert, die bei manchen photochemischen Reaktionen in der Haut entstehen.

Von Licht verursachte Krankheiten

Viele Arten von Krankheiten können unter verschiedenen Bedingungen durch die Einwirkung des Sonnenlichts entstehen. Besonders Personen mit heller Hautfarbe können bei langdauernder und ständig wiederholter Einwirkung von starkem Sonnenlicht Hautkrebs bekommen. Xeroderma pigmentosum ist eine Art Überempfindlichkeit gegen Sonnenlicht, die oft Hautkrebs verursacht. Der xerodermakranken Haut fehlt nämlich die Fähigkeit, UV-Schäden in der DNS zu beheben (siehe Kap. 8).

Haut, die an sich nicht besonders lichtempfindlich ist, kann es durch Zufuhr von gewissen chemischen Stoffen werden. Dieses Phänomen wird vielleicht am besten durch einen Vergleich zwischen der Haut und einem photographischen Film erklärt. Wie bereits erwähnt, ist die Haut hauptsächlich für ultraviolete Strahlung empfindlich. Die Silbersalze im Film sind auch nur für kurzwellige Strahlung (UV, violettes und blaues Licht) empfindlich. Früher verwendete Filme waren unempfindlich für gelbes und rotes Licht, da dieses nicht von den Silbersalzen absorbiert wurde. Denn nur Licht, das absorbiert wird, kann eine photochemische Reaktion auslösen (siehe Seite 7). In modernen, sog. panchromatischen Filmen hat man jedoch einen oder mehrere Farbstoffe beigegeben, die auch grünes, gelbes und rotes Licht (in speziellen Filmen sogar infrarote Strahlung) absorbieren, und dadurch den Film auch für diese Farben empfindlich machen. Die Farbstoffe haben die ausschließliche Aufgabe, das Licht zu absorbieren und die Energie zu den Silbersalzen weiterzuleiten, die dabei verändert werden. Die Farbstoffe selbst bleiben unverändert. Man sagt, daß die Farbstoffe den Film *sensibilisieren.*

Auf ähnliche Weise können lichtabsorbierende Stoffe die Haut so sensibilisieren, daß sie anomal lichtempfindlich wird. Solche fremden, lichtabsorbierenden Stoffe können der Haut zugeführt werden durch Verzehr mancher Pflanzen, durch Medikamente, abnormen Stoffwechsel oder durch Gebrauch von ungeeigneten Kosmetika.

Sensibilisierende Stoffe in Pflanzen spielen für pflanzenfressende Tiere ein größere Rolle als für uns Menschen. Von den Pflanzen, die solche Substanzen enthalten, seien hier erwähnt: Johanniskraut, manche Erbsengewächse und Buchweizen. Pflanzenfressende Tiere, deren Leber nicht richtig funktioniert, können Schwierigkeiten bekommen, die mit dem Fressen eingenommenen großen Mengen Chlorophyll abzubauen. Die Umwandlungsprodukte des Chlorophylls gelangen dann in die Blutbahn und von dort in die Haut, wo sie stark sensibilisierend wirken. Unabhängig davon, welche Substanz die Sensibilisierung verursacht, wird das Ergebnis in leichten Fällen Juckreiz und Entzündungen der Hautpartien mit dünner Behaarung sein, z. B. Ohren, Maul, Lippen, Augenbereich, Euter und Zitzen. Bei schwereren Vergiftungen kann Bewußtlosigkeit und Tod sehr schnell eintreten, wenn das Tier starkem Licht ausgesetzt wird. Tiere, die im Stall gefüttert werden, sind dieser Gefährdung nicht ausgesetzt, da die Substanzen nur bei Beleuchtung eine schädliche Wirkung entfalten.

Manche doldenblütige Pflanzen (z. B. wilde Pastinake, wilde Karotte und Bärenklau), enthalten sog. Furocumarine, die stark sensibilisierend wirken. Empfindliche Menschen können Ausschläge an Hautpartien bekommen, die mit diesen Pflanzen in Kontakt gekommen sind und danach dem Licht ausgesetzt werden.

Viele Medikamente können auf die Haut sensibilisierend wirken, auch solche, die oral eingenommen werden. Sulfanilamid (und andere Sulfonamide) geben häufig eine verstärkte Sonnenbräune-Reaktion. Bei besonders empfindlichen Menschen können Hautschäden bereits durch sehr schwaches Licht entstehen.

Porphyrie nennt man eine Gruppe von Krankheiten mit unterschiedlicher Ursache. Bei manchen Formen fehlt auf Grund eines Leberschadens oder eines erblichen Enzymmangels die Fähigkeit, die Reste des Blutfarbstoffes Hämoglobin aus alten, verbrauchten roten Blutkörperchen abzubauen. Der rote Farbstoff wird daher in der Körperflüssigkeit aufgelöst und zeigt sich u. a. in Form von rotgefärbtem Urin. Der Stoff vergiftet den Körper auf verschiedene Weise, er kann u. a. das Nervensystem schädigen. Er gelangt auch in die Haut und macht sie anomal lichtempfindlich, was zu offenen Geschwüren führen kann. Diese Wunden waren natürlich früher immer entzündet, was dazu beitrug, Porphyrie zu einer schmerzhaften Krankheit zu machen. Eine erbliche Form von Porphyrie (die jedoch nichts mit Lichtempfindlichkeit zu tun hat) grassierte in europäischen Königshäusern, unterstützt auch durch die Inzucht im Hochadel. Insgesamt war das Leben der porphyriekranken Regenten nicht gerade von Erfolg gekrönt, und wenn wir schon dabei sind, können wir ja ein paar dieser Schicksale herausgreifen. Die erste Person in diesem Kreis, die unseres Wissens an Porphyrie erkrankt war, war die schottische Königin Maria Stuart, die 1587 hingerichtet wurde. Ihr Sohn Jakob I von England, der ebenfalls von dieser Krankheit befallen war, entging im Gegensatz zu seiner Mutter und seinem Sohn Karl I der Hinrichtung, er starb jedoch im Exil. Ein später Nachfahre Jakobs I war Georg III, der nach fünf dazwischenliegenden gesunden Generationen wieder an Porphyrie erkrankt war. Während seiner Zeit verlor England den Krieg gegen die abtrünnigen Amerikaner. Seine Zeitgenossen hielten ihn für irr. Sein Verhalten und auch die Tatsache, daß er zeitweise vor Schmerzen die Besinnung verlor, kann heute ganz auf seine Krankheit zurückgeführt werden. Der einzige erfolgreiche porphyriekranke Regent Europas war Friedrich der Große.

Ein die Haut sensibilisierendes, kosmetisches Präparat war der eosinhaltige Lippenstift. Eosin ist ein Farbstoff, der heutzutage für die Herstellung von Lippenstiften verboten ist, aber z. B. für rote Tinte verwendet wird. Der sensibilisierende Effekt des Eosins kann auf drastische Weise an roten Blutkörperchen in einer Blutprobe demonstriert werden. Die Blutkörperchen vertragen sowohl Licht ohne Eosin als auch Eosin ohne Licht. Wenn man eine Blutprobe mit einem kleinen

Zusatz von Eosin beleuchtet, platzen die Blutkörperchen jedoch bald. Eosin und Licht zusammen haben die Zellmembranen der Blutkörperchen zerstört. Man kann auf ähnliche Art verschiedene Mikroorganismen durch eine Kombination von Farbstoff und Beleuchtung abtöten.

Die oben genannten Sensibilisierungseffekte sind (außer bei den Sulfonamidpräparaten) Ergebnisse einer *photodynamischen Wirkung*. Darunter versteht man eine sensibilisierte Oxidation, bei der außer Farbstoff und Licht Sauerstoff erforderlich ist, um Schäden zu verursachen.

In vielen Organismen, vermutlich auch in der Haut des Menschen, sind normalerweise einige Farbstoffe vorhanden, die eine photodynamische Wirkung ergeben können. Tiere, die für das Leben in der Dunkelheit (z. B. in Höhlen) geschaffen sind, zeigen manchmal eine derartige Lichtempfindlichkeit, daß sie von normalem Tageslicht getötet werden. Dies scheint mit dem Fehlen eines schützenden (photodynamisch unwirksamen) Farbstoffes in den äußeren Teilen der Haut zusammenzuhängen. Solch ein schützender Farbstoff absorbiert bei anderen Tieren das Licht, bevor es zu weit in den Körper eindringt. Der schützende Farbstoff in der Haut der Tiere und Menschen ist funktionell mit den Carotinoiden der Pflanzen vergleichbar, die ebenfalls eine schützende Wirkung ausüben (Seite 32).

Im alten Ägypten verwendete man eine doldenblütige Pflanze (Ammi majus), die den Stoff Methoxypsoral enthält, um Vitiligo zu behandeln, eine Krankheit, die sich in weißen, unpigmentierten Hautpartien äußert. Methoxypsoral und andere ähnliche Stoffe bewirken, daß sich die weißen Hautpartien bei Sonnenbestrahlung dunkel färben. Da Sauerstoff für diesen Prozeß nicht notwendig ist, handelt es sich nicht um eine photodynamische Wirkung.

Vitamin D und Krankheiten, die von Licht verhindert werden

Vitamin D ist u. a. für den Aufbau unserer Knochen notwendig. Bei hochgradigem Vitamin-D-Mangel entsteht die «englische Krankheit» (Rachitis) mit Deformationen des Skeletts. Nahrungsmittel des Pflanzenreiches enthalten nur kleine Mengen Vitamin D. Dagegen befindet sich in Pflanzen (besonders in manchen Pilzen, z. B. Hefe) viel Ergosterin, ein mit Vitamin D verwandter Stoff. Menschen und höhere Tiere können aus «eigener Kraft» Ergosterin nicht in Vitamin D umwandeln. Aber durch Bestrahlung mit ultraviolettem Licht kann eine solche

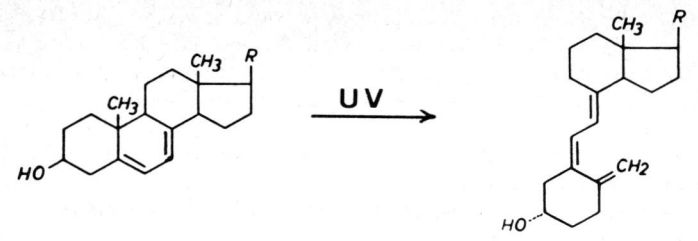

Abb. 79: Vitamin D (rechts) wird aus einem Vorstadium durch Einwirkung von ultraviolettem Licht gebildet. Der Schweif (R) hat die Zusammensetzung $-C_8H_{17}$. Abhängig davon, wie die Atome aneinander gebunden sind, zeigt die Formel entweder die Umwandlung von Ergosterin (das in Pflanzen, u. in Hefepilzen, vorkommt) in Vitamin D_2 oder die Umwandlung von Dehydrocholesterin in Vitamin D_3. Letztere Reaktion vollzieht sich in unserer Haut, und die Bezeichnung «Vitamin D_3» ist vielleicht fragwürdig, da man mit Vitaminen Stoffe meint, die nicht vom Körper selbst gebildet werden können.

Reaktion stattfinden (Abb. 79). Diese Methode wird in der Heilmittel- und Lebensmittelindustrie zur Vitamin-D-Herstellung verwendet. Eine entsprechende Umwandlung findet aber auch in unserer Haut bei Einwirkung ultravioletter Strahlung statt, also einer der nützlichen Einflüsse des Sonnenlichts auf unseren Körper. Die heutige Normalkost führt uns zwar genügende Mengen fertiges Vitamin D zu, andererseits ist die Vitamin-D-Bildung ein (vordergründiges!) Argument für das Sonnenbaden am Strand. Manche Nahrungsmittel, z. B. Milch und Margarine, werden mit synthetischem Vitamin D angereichert. Da Milch von Natur aus Ergosterin enthält, setzte man sie eine Zeitlang ultravioletter Strahlung aus. Diese Methode wurde jedoch wieder fallengelassen, weil man dabei gleichzeitig andere wertvolle Stoffe in der Milch zerstörte.

Die Hautfarbenunterschiede zwischen Nordeuropäern, Südeuropäern und den Negern sind hauptsächlich erblich bedingt. Man könnte sagen, daß die dunkle Hautfarbe bei Völkern in sonnigen Ländern wahrscheinlich eine Anpassung an die intensive Sonnenbestrahlung und Schutz gegen die schädlichen Wirkungen des Sonnenlichts sei. Da jedoch der Ursprung des Menschen in Afrika zu suchen ist (oder in einer anderen Gegend nahe am Äquator), ist es vielleicht natürlicher, die helle Hautfarbe der Nordeuropäer als Anpassung an ein sonnenarmes Klima zu betrachten. Vitaminanreicherungen in Lebensmitteln sind ja Erfindungen späterer Zeit, und die Nordeuropäer waren viele Generationen auf Vitamin D-arme, aber ergosterinreiche Lebensmittel angewiesen. In schwach pigmentierter Haut wird das Ergosterin vermutlich mit weniger Licht umgewandelt als in stark pigmentierter Haut. In den USA, in denen verschiedene Rassen unter ähnlichen Lichtverhältnissen leben, trat Rachitis bei Negerkindern häufiger auf als bei hellhäutigen Kindern. Dies kann natürlich auch auf andere Ursachen zurückgeführt werden, z. B. auf die sozialen Verhältnisse. Zum relativen Lichtmangel in Nordeuropa kommt natürlich noch das kältere Klima, das die Menschen veranlaßt, den größten Teil ihres Körpers durch Kleider zu schützen. Übrigens wird berichtet, daß in Kaschmir und in den arabischen Ländern die Frauen viel mehr an Rachitis leiden als die Männer, weil sie sich in Kaschmir selten im Freien aufhalten und in den arabischen Ländern (nach alter Sitte) den ganzen Körper bis auf einen kleinen Augenschlitz verhüllen.

Der Anteil des Sonnenlichts an ultravioletter Strahlung nimmt ab, je mehr sich die Sonne dem Horizont nähert. Somit verringert sich der Ultraviolett-Anteil auch in den Polargebieten. Aber wie steht es mit den Eskimos, die das halbe Jahr in der Dunkelheit leben? Die Tatsache, daß sie im Vergleich zu den Europäern relativ dunkelhäutig sind, scheint nicht in diese Überlegung hineinzupassen. Sie stimmt aber doch, denn die Eskimos leben zum großen Teil von Meerestieren, die sehr reich an Vitamin D sind.

Wir haben uns nun zur Genüge mit den Vitaminproblemen der Menschen beschäftigt und wenden uns jetzt denen der Tiere zu. Auch die Vögel benötigen Vitamin D und können es genau so wenig wie wir selbständig bilden. Außerdem ist fast ihr ganzer Körper mit Federn bedeckt, so daß praktisch kein Licht zum lebenden Teil der Haut vordringen kann. Hinzu kommt, daß viele Vögel von einer sehr einseitigen und Vitamin D-armen Nahrung leben. Wie schaffen sie das?

Wir haben alle schon beobachtet, wie Vögel an einer ruhigen Stelle sitzen und ihr Federkleid mit dem Schnabel putzen. Die Pflege des Federkleides ist für die Vögel genau so wichtig wie die Wartung eines Flugzeuges. Der Vogel zupft die Federn zurecht und hakt die einzelnen Strahlen der Federfahne zusammen; gleichzeitig ölt er die Federn mit dem Fett der Bürzeldrüse ein. Diese liegt auf der Oberseite des Schwanzes, eingesenkt zwischen den Muskeln, die die Steuerfedern manövrieren. Durch das Einölen werden die Federn geschmeidig und wasserabstoßend. Letzteres ist für die Wasservögel eine Lebensvoraussetzung, aber auch für andere Vögel sehr wichtig. Im Fett der Bürzeldrüse ist auch Ergosterin enthalten und wenn das Fett über die Federn verteilt ist, kann das Licht das Ergosterin in Vitamin D umwandeln. Wenn sich der Vogel das nächste Mal putzt, nimmt er gleichzeitig das Vitamin D auf.

Rachitis ist nicht die einzige Krankheit, die man mit Licht bekämpfen kann. Der dänische Arzt N. R. Finsen erhielt 1903 den Nobelpreis für seine Entdeckung, daß Hauttuberkulose mit Sonnenlicht oder mit Licht von einem elektrischen Lichtbogen geheilt werden kann. Die bekannteste Art von Hauttuberkulose – Lupus vulgaris – greift vor allem Nase und Lippen an, die allmählich ganz zerfressen werden können. Vor Finsens Entdeckung kannte man kein Heilmittel, doch heutzutage wird die Tuberkulose auch mit vielen anderen Mitteln bekämpft. Finsen glaubte, daß das Licht die Tuberkelbazillen in der Haut abtötete und somit heilend wirkte. Dies scheint nicht richtig zu sein, aber man weiß noch nicht mit Sicherheit, wie das Licht die Krankheit beseitigt.

Psoriasis ist eine Hautkrankheit, die häufig mit Hilfe von Beleuchtung der erkrankten Hautpartie erheblich gelindert werden kann (am besten durch Sonnenbäder). Man kennt die Ursache dieser Krankheit nicht exakt und man weiß auch nicht, wie das Licht die Krankheit beeinflußt.

Kapitel 8

Die Bedeutung des Lichts für die Entstehung und Entwicklung des Lebens

Die Nukleinsäuren und die kurzwellige ultraviolette Strahlung

Bis jetzt sind in diesem Buch in erster Linie photobiologische Phänomene im «sichtbaren Bereich» behandelt worden, d. h. solche, die von einer Strahlung von ungefähr 380–750 nm abhängen. Wir haben in einigen Fällen diese Grenzen etwas überschritten. Die Photosynthese der Bakterien funktioniert bis in den benachbarten infraroten Bereich, d. h. ca. 900 nm (in gewissen Fällen noch weiter). Die Sehfähigkeit der Insekten erstreckt sich bis in den ultravioletten Bereich, denselben Spektralbereich, der auch beim Entstehen von Sonnenbräune wirksam ist. Wir werden nunmehr die Wirkungen von noch kurzwelligerer Strahlung behandeln, d. h. solcher mit einer Wellenlänge zwischen etwa 200 und 300 nm.

Die wichtigste Wirkung ultravioletter Strahlung auf lebenden Zellen ist die Veränderung der Nukleinsäuren der Zelle. Auch andere Stoffe, z. B. Proteine (Eiweißstoffe), werden von den energiereichen Photonen der kurzwelligen, ultravioletten Strahlung beeinflußt.

Die Nukleinsäure ist die Substanz, in der die Erbanlagen, «der genetische Code» lokalisiert sind. Genau ausgedrückt bestehen die Erbanlagen aus einer Art Nukleinsäure: Der Desoxyribonukleinsäure (DNS). Es gibt auch eine andere Nukleinsäure, Ribonukleinsäure (RNS), die nach dem Bauplan der DNS zusammengesetzt wird. Die Struktur der RNS entscheidet ihrerseits, wie Enzyme und andere Proteine beschaffen sein werden und steuert auf diese Weise die biochemischen Prozesse in der Zelle. Diese Enzyme wiederum entscheiden schließlich über das Aussehen und Verhalten der Zelle. Man kann den Kausalzusammenhang in folgendes Schema zusammenfassen:

DNS → RNS → Enzym → biochemische Reaktion ⟨struktureller Aufbau / physiologische Funktion⟩

Wenn sich eine Zelle teilt, verdoppeln sich zuerst die DNS-Moleküle, so daß zu jedem ursprünglichen Molekül ein zweites gleichartiges entsteht. Darum enthalten die verschiedenen Zellen in einem Organismus die gleiche DNS. Bei geschlechtlicher Fortpflanzung von Organismen erhält der Nachkomme einen Teil der DNS von der Mutter, den anderen Teil vom Vater. Es ist also die DNS, die von Generation zu Generation vererbt wird. Indirekt werden dabei RNS und Enzyme, chemische Prozesse, Aussehen und Art zu reagieren und zu denken vererbt.

Wie unterscheiden sich nun die verschiedenen Typen der DNS? Wie kann ein Molekül Erbanlagen darstellen? Bevor diese Fragen beantwortet werden, müssen wir das Grundprinzip des Aufbaus eines DNS-Moleküls betrachten.

Die DNS-Moleküle haben die Form von langen, schraubenförmigen Ketten, in denen jedes Glied oder jede Einheit ein Nukleotid genannt wird. Jedes Nukleotid enthält Zucker (eine besondere Art namens Desoxyribose), eine Phosphatgruppe und entweder Adenin, Guanin, Thymin oder Cytosin. Diese vier sog. Basen werden wir im weiteren Verlauf mit den Buchstaben A, G, T und C abkürzen. Wenn wir weiter den Zucker (die Desoxyribose) mit D und die Phosphatgruppe mit P bezeichnen, können wir schematisch den Bau eines DNS-Moleküls darstellen:

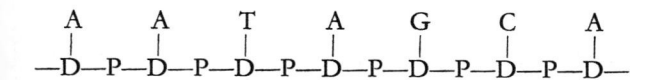

```
 A     A     T     A     G     C     A
 |     |     |     |     |     |     |
—D—P—D—P—D—P—D—P—D—P—D—P—D—
```

Die Kette ist in Wirklichkeit an beiden Seiten viel länger; ein ganzes DNS-Molekül enthält ein paar tausend Nukleotide. Der «genetische Code» ist die Reihenfolge, in der die verschiedenen Basen angeordnet sind, deshalb kann man den «genetischen Code» als eine Sprache mit nur vier Buchstaben A, G, T und C bezeichnen. Ebenso wie man mit der Reihenfolge der Buchstaben des Alphabeths eine bestimmte Aussage machen kann, vermag die Natur mit ihrer Sprache mitzuteilen, wie eine Zelle aufgebaut werden und funktionieren soll; der Natur ist das sogar besser gelungen als uns Menschen: der genetische Code ist eine universelle Sprache, also dieselbe in einem Menschen, einer Bohnenpflanze oder einem Bakterium. Die DNS-Information in einer Menschenzelle umfaßt ungefähr 1 Milliarde «Buchstaben».

DNS-Moleküle sind sehr stabil, und aus diesem Grund kann der genetische Code von Generation zu Generation weitergegeben werden. Ab und zu tritt jedoch eine Veränderung der Erbanlagen ein, eine *Mutation*, die verschiedene Ursachen haben kann. Durch Zufall kann ungewöhnlich viel Wärmeenergie in einem Teil eines DNS-Moleküls angesammelt werden und eine chemische Umwandlung verursachen. Auch ein energiereiches Teilchen der kosmischen Strahlung oder eines radioaktiven Stoffes hier auf der Erde kann ein DNS-Molekül zerstören oder verändern. Schließlich vermag auch ultraviolette Strahlung Mutationen durch chemische Veränderungen in DNS-Molekülen zu verursachen. Die ultraviolette Strahlung spielt heutzutage als Mutationsursache eine untergeordnete Rolle, im Gegensatz zu früher, aber darauf kommen wir noch zurück.

Hauptsächlich zwei Arten chemischer Veränderungen bewirkt die ultraviolette Strahlung in den Basen der DNS: die *Hydratisierung* (Anlagerung von Wasser) und die *Dimerisierung* (Paarbildung). Die beiden Reaktionstypen werden durch folgende Formeln charakterisiert:

$$\text{Hydratisierung} \quad \begin{matrix} C & & T \\ | & & | \\ -D-P-D- \end{matrix} + H_2O \xrightarrow{U.V.} \begin{matrix} H-C-OH & T \\ | & | \\ -D-P-D- \end{matrix}$$

$$\text{Dimerisierung} \quad \begin{matrix} T & & T \\ | & & | \\ -D-P-D- \end{matrix} \xrightarrow{U.V.} \begin{matrix} T\text{-----}T \\ | \quad\quad | \\ -D-P-D- \end{matrix}$$

In beiden Fällen bedeutet die Veränderung einen «Tintenklecks», der die Schrift des genetischen Code an einer Stelle «unleserlich» macht, wodurch «falsche» RNS und somit «falsche» Enzyme gebildet werden. Neue, verdoppelte DNS-Moleküle stimmen nicht ganz mit dem ursprünglichen überein: eine Erbanlage wurde verändert. In den allermeisten Fällen ist die Mutation negativ und führt oft schnell zum Absterben der betroffenen Zelle. Ein sehr kleiner Bruchteil der Mutationen bewirkt jedoch eine Veränderung der Erbanlage in eine für die Zelle oder den Organismus positive Richtung. Findet die günstige Veränderung in einer Zelle statt, aus der ein neues Individuum hervorgeht, so besitzt dieses Individuum (oder vielleicht erst sein Nachkomme) einen kleinen Vorteil gegenüber seinen Artgenossen. Die mutierte Erbanlage wird dann vielleicht im Kampf ums Dasein über die vorangegangene siegen, und hat somit einen kleinen Schritt in der langen Entwicklungsgeschichte getan, die vom einfachen einzelligen Organismus zu Blumengewächsen, Schmetterlingen und Menschen führte und noch immer vor unseren Augen weiterläuft. Mutationen, die in den meisten Fällen das betroffene Individuum schädigen, sind also notwendig, um die Entwicklung im großen voranzutreiben. Die Fähigkeit der ultravioletten Strahlung, auf Nukleinsäure mutationsauslösend zu wirken, verwendet man zum Abtöten von Bakterien und anderen Mikroorganismen. Daß die bakterientötende (sterilisierende) Strahlung auf der Absorption durch die Nukleinsäure beruht, geht aus einem Vergleich zwischen dem Wirkungsspektrum für Sterilisierungseffekte und dem Absorptionsspektrum für Nukleinsäure hervor (Abb. 80). Bei manchen Organismen deutet das Wirkungsspektrum für Sterilisierung auch darauf hin, daß Proteine erheblich geschädigt werden können. An reinen Enzymen wurde gezeigt, daß die Ultraviolettstrahlung die Enzymfunktion zerstören kann.

Zur Erzeugung sterilisierender Strahlung verwendet man mit Quecksilberdampf gefüllte Lampen. Beinahe alle Photonen, die von einer solchen Lampe ausgesandt werden, haben dieselbe Wellenlänge (253,7 nm), die nahe dem Idealwert für Sterilisierungseffekte liegt (Abb. 80). Sterilisierungslampen werden z. B. in Krankenhäusern und Labors verwendet.

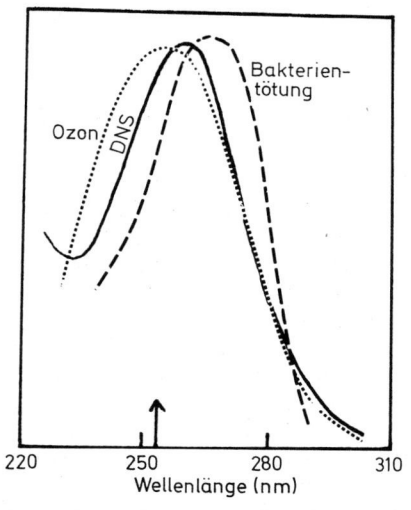

Abb. 80: Absorptionsspektrum für Ozon und DNS (Desoxyribonukleinsäure) und das Wirkungsspektrum des bakterientötenden Effekts von UV. Das Wirkungsspektrum ist etwas zum langwelligen Bereich hin im Verhältnis zum DNS-Spektrum verschoben, vermutlich, weil die Proteine der Bakterien, die stark um 280 nm absorbieren, auch zerstört werden. Das Ozon absorbiert etwa gleich wie die DNS, und wirkt deshalb als Schutz für die Nukleinsäure. Der Pfeil gibt die Wellenlänge 253,7 nm an, das ist die Wellenlänge der Strahlung von Sterilisierungslampen.

Die Sonne sendet eine beachtliche Menge ultravioletter Strahlung aus. Die Lebewesen auf der Erde würden bei unverminderter Einstrahlungsintensität bald zugrunde gehen. Die Strahlung wird jedoch in der oberen Schicht der Atmosphäre von Ozon absorbiert, das die Erbsubstanz der Erde auf beinahe ideale Weise schützt, da das Absorptionsspektrum des Ozons mit dem der DNS fast übereinstimmt; bei beiden ist die Absorption besonders stark im Wellenlängenbereich um 260 nm (Abb. 80). Ozon wird unter Einwirkung noch kurzwelligerer, ultravioletter Sonnenstrahlung aus Sauerstoff gebildet. Zwischen beiden Stoffen besteht folgendes Gleichgewicht:

$$3\ O_2 \underset{260\ nm}{\overset{150\ nm}{\rightleftarrows}} 2\ O_3$$

Die für das Leben auf der Erde so wichtige Ozonmenge ist sehr gering: würde das gesamte Ozon der Atmosphäre in einer Schicht unmittelbar auf die Erdoberfläche liegen, so wäre die Schicht mit dem hier herrschenden Druck ung. 5 mm dick. Sauerstoff, Ozon und andere Stoffe bewirken zusammen, daß keine UV-Strahlung mit kürzerer Wellenlänge als 300 nm die Erdoberfläche erreicht.

Man ist heute der Auffassung, daß beinahe der gesamte Luftsauerstoff durch Photosynthese der Pflanzen gebildet wurde. Als das Leben auf der Erde begann, muß also Ozon in der Atmosphäre gefehlt haben, und die Ultraviolettstrahlung sehr viel stärker gewesen sein. Man muß daher davon ausgehen, daß sich das erste Leben im Meer, in Seen und anderen Gewässern entwickelt hat, wobei eine 10 m dicke Wasserschicht erforderlich ist, um denselben Schutz gegen ultraviolette Strahlung zu bieten wie die heutige ozonhaltige Atmosphäre.

Eigentümlicherweise wird der schädlichen Wirkung der ultravioletten Strahlung oft durch gleichzeitige oder nachfolgende Bestrahlung mit langwelligerem ultraviolettem oder mit sichtbarem Licht entgegengewirkt. Dieser Effekt, der *Photoreaktivierung* genannt wird, wurde sowohl bei Mikroorganismen wie bei größeren Tieren und Pflanzen festgestellt. Sogar Zellen, die eine tödliche Ultraviolettstrahlendosis erhalten haben, können überleben, wenn sie innerhalb einer gewissen Zeit mit sichtbarem Licht bestrahlt werden (Abb. 81, Tafel 19).

Das ultraviolette Licht kann – wie oben erwähnt wurde – verschiedene Schäden verursachen, und es scheint auch mehrere Arten von Photoreaktivierung zu geben. Der wichtigste Typ der Photoreaktivierung geschieht durch ein Enzym, das die Thyminpaare (Dimere) spaltet, die bei der Ultraviolettbestrahlung gebildet wurden. Warum dieses Enzym nur bei Beleuchtung funktioniert, ist unbekannt.

Es kann – besonders in bestimmten Fällen – schwer sein, die biologische Bedeutung der Photoreaktivierung unter natürlichen Verhältnissen zu verstehen. Photoreaktivierung ist in Zellen innerer Organe bei Tieren festgestellt worden, die sich nur nachts im Freien bewegen. Diese Zellen werden normalerweise dem Licht kaum ausgesetzt, noch viel weniger der Ultraviolettbestrahlung. Vielleicht handelt es sich hier um Überbleibsel aus der Zeit, als die Zellen im Urmeer einer intensiven Bestrahlung ausgesetzt waren. Auffallend ist, daß die einzige Tiergruppe, der die Fähigkeit der Photoreaktivierung fehlt, die eigentlichen Säugetiere sind (einschließlich des Menschen; Kloakentiere und Beuteltiere bilden jedoch eine Ausnahme, bei ihnen wird Photoreaktivierung festgestellt). Aber diese Organismen geben auch dem Nachkommen tief im Körper der Mutter den besten Schutz. Man hat deshalb überlegt, ob die Photoreaktivierung im Embryonalstadium, in dem Licht in alle Gewebe des Individuums eindringen kann, von besonderer Bedeutung sein könnte. Unter natürlichen Verhältnissen behebt der Photoreaktivierungsmechanismus vielleicht vor allem Schäden, die auf andere Weise als durch Ultraviolettstrahlung entstanden sind (z. B. durch kosmische Strahlung oder natürliche Radioaktivität im Kalium des eigenen Organismus).

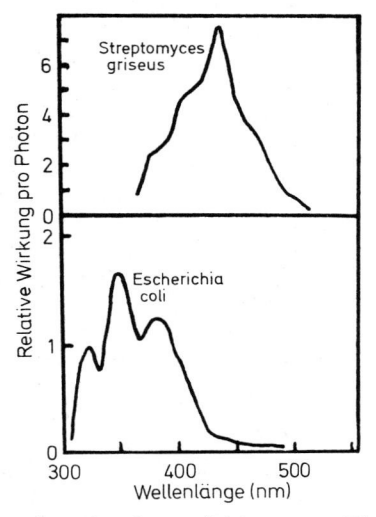

Abb. 81: Wirkungsspektren für Photoreaktivierung von Ultraviolettschäden an zwei Bakterien, Streptomyces griseus (oben) und Escherichia coli. Umgezeichnet nach A. Kelner – J. gen. Physiol. *34:* 835, 1951 und J. Jagger & R. Latarjet – Ann. Inst. Pasteur *91:* 858, 1956.

Der Ursprung des Lebens

Was ist Leben? Liegt sein Ursprung auf der Erde oder wurde es von irgendwoher «importiert»? Wie ist das Leben entstanden? Diese Fragen sind sehr alt, vielleicht beinahe so alt wie die Menschheit selbst.
Lange Zeit glaubte man, daß sich höhere Organismen immer aus anderen gleichgearteten Organismen entwickelten, aber Fliegen, Würmer und Schimmel spontan aus Schmutz und allerlei Abfall entstehen konnten. Louis Pasteur bewies jedoch vor mehr als 100 Jahren, daß nicht einmal Bakterien und andere mikroskopische Lebewesen aus etwas anderem als aus anderen Mikroorganismen entstehen können. Pasteurs Arbeit führte zu einer schärferen Trennung zwischen lebender und nicht lebender Materie.
In der Chemie ging die Entwicklung in die entgegengesetzte Richtung. Hier ging man früher davon aus, daß lebende Materie aus besonderen chemischen Stoffen zusammengesetzt sei, die nur in lebenden Organismen unter Mitwirkung der «Lebenskraft» gebildet werden könnten. Man grenzte deshalb die «anorganische» von der «organischen» Chemie scharf ab. Diese Grenze begann sich zu verwischen, als Friedrich Wöhler 1828 einen organischen Stoff, den «Harnstoff» (Urea), aus einem anorganischen Stoff, Ammoniumcyanat, herstellte. Diese Entwicklung ist weitergegangen, und heutzutage ist man so weit, einen so typischen «Baustein des Lebens» wie Chlorophyll künstlich herstellen zu können. Die Synthese von Nukleinsäuren und Proteinen wird auch nicht mehr lange auf sich warten lassen. Auch abgesehen von der chemischen Zusammensetzung sah man lebende Materie als etwas ganz Besonderes an, weil man nicht der Ansicht war, daß die lebende Materie denselben Naturgesetzen unterworfen sei wie die übrige Welt. Auch lange nachdem «Lebenskraft» als streng wissenschaftlicher Terminus verschwunden war, blieb der Sinn dieses Ausdruckes erhalten. Die Allgemeingültigkeit des zweiten Hauptsatzes der Thermodynamik, d. h. des Gesetzes von der ständigen Zunahme der Entropie (siehe Seite 11), war in diesem Zusammenhang besonders schwer zu verstehen. Ein lebendes Wesen kann ja wachsen und immer mehr Atome in seine spezielle Gesamtstruktur einordnen. Die Menge lebender Materie muß ja im Laufe der Erdgeschichte zugenommen haben, und die Lebewesen haben sich zu einer immer mehr verfeinerten Organisation hin entwickelt. Ein mehrzelliges Lebewesen, in dem jede Zelle ihren bestimmten Platz hat, stellt ohne Zweifel einen höheren Grad von Ordnung dar als eine Suspension aus einzelligen Organismen. Wie kann eine solche Entwicklung mit einem Naturgesetz in Einklang gebracht werden, nach dem die Unordnung des Universums ständig zunimmt? Wie ich am Ende des

Kapitels 1 klarzulegen versuchte, gibt es eine andere Lösung des scheinbar Paradoxen als die, besondere Naturgesetze für die lebende Materie vorauszusetzen: die Ordnung der Materie kann auf Kosten der Ordnung der Energie, die dabei umgesetzt wird, zunehmen. Die Entropieabnahme der Materie im lebenden Organismus wird übertroffen durch die Entropiezunahme, wenn die Energie der Sonnenstrahlung in Erdstrahlung umgewandelt wird (Abb. 4).

Man geht also zur Zeit davon aus, daß die lebende Materie denselben Naturgesetzen unterworfen ist wie nicht lebende. Die Lebensprozesse sind das Resultat zwischenmolekularer Kräfte, die relativ einfachen Naturgesetzen folgen. Das Wunder des Lebens besteht jedoch in der Kombination aller Kraftwirkungen. Die einzelnen Atome in einem Menschen sind ebenso tot wie andere Atome, aber das Ganze kann – wenigstens manchmal – Sonette schreiben, lieben oder Gedanken über Gott und die Entstehung des Universums fassen.

Der schwedische Chemiker Svante Arrhenius arbeitete mit der Hypothese, daß das Leben nicht hier auf der Erde entstanden sein soll. Stattdessen sei vor langer Zeit wenigstens ein Organismus aus dem Weltraum hierhergekommen, hätte sich vermehrt und zur jetzigen Flora und Fauna entwickelt. Die Triebkraft für die Reise durch das All von einem entlegenen bewohnten Himmelskörper hätte dieser Organismus vom Licht erhalten. Licht übt tatsächlich einen schwachen Druck auf Gegenstände aus, die es trifft und von denen es absorbiert wird. Diese Kraft ist jedoch sehr gering (sie entspricht der absorbierten Lichtintensität dividiert durch die Lichtgeschwindigkeit, die ja sehr groß ist). Man hat gezeigt, daß die Arrhenius-Hypothese unwahrscheinlich ist, einmal, weil der Lichtdruck so schwach ist, aber auch aus anderen Gründen. Außerdem beantwortet diese Theorie nicht die Frage, wie das Leben entstanden ist, sondern schiebt sie nur sozusagen einen Schritt zurück. Heutzutage hält man es nicht für leichter, die Entstehung des Lebens auf einem fernen, ganz unbekannten Planeten zu erklären als sein Entstehen auf der Erde. Die moderne Forschung hat sich deshalb darauf eingerichtet, den Ursprung des Lebens auf unserem eigenen Planeten zu suchen. Dies schließt nicht aus, daß man sich sehr für Spuren von Leben in Meteoriten, auf benachbarten Himmelskörpern und für Möglichkeiten interessiert, Radio- und Lichtsignale von außerirdischen Zivilisationen aufzufangen.

Viele der chemischen Verbindungen in einem Lebewesen sind sehr kompliziert gebaut und sehr instabil. Wenn das Lebewesen tot ist, «kehrt es zur Erde zurück, aus der es gekommen ist». Lebensmittel müssen kühl gelagert oder in besonderer Weise behandelt werden, damit sie nicht verderben. Trotzdem sind sie im allgemeinen nur eine begrenzte Zeit haltbar. Man kann also sagen, daß der lebenden Materie eine selbstzerstörende Tendenz innewohnt, deren Wirkung mit dem Tode einsetzt. –

Es erscheint daher auf den ersten Blick sehr unwahrscheinlich, daß die komplizierten chemischen Verbindungen, die für lebende Organismen typisch sind, von selbst entstanden sein sollen, sozusagen durch das Spiel des Zufalls mit den Atomen. Komplizierte Verbindungen wie Chlorophyll können zwar, wie erwähnt, im «Reagenzglas» hergestellt werden, es ist jedoch ein unerhört komplizierter Prozeß in vielen Stufen. Jeder Reaktionsschritt muß genau überwacht und reguliert werden. Das Chlorophyll wird also auch in diesem Fall unter dem ordnenden Einfluß lebender Wesen gebildet.

Zwei besondere Umstände tragen auf der jetzigen Erdoberfläche zur Unbeständigkeit der komplizierten organischen Stoffe bei. Da ist einmal der Sauerstoff in der Atmosphäre. Sauerstoff hat das Bestreben, mit vielen organischen Verbindungen zu reagieren und sie zu zerstören. Wenn man Lebensmittel in eine Kühltruhe legt, muß man auf luftdichte Verpackung achten. Die zweite Ursache für die Unbeständigkeit organischer Stoffe ist das Vorhandensein einer unglaublichen Menge gefräßiger Wesen in unserer Umgebung, vor allem von Bakterien. Wir wissen ja, daß Lebensmittel haltbarer werden, wenn man die Organismen darin abtötet (sie sterilisiert) oder Konservierungsmittel zusetzt, die die Lebensfunktionen dieser Mikroorganismen hemmen.

Bevor das Leben aufkam, war ein organisches Molekül in viel geringerem Maße dem Risiko einer Zerstörung ausgesetzt als heutzutage. Natürlich gab es keine Bakterien oder Schimmelpilze, die es «auffressen» konnten. Und wie bereits erwähnt, war auch der Sauerstoffgehalt in der Atmosphäre sehr gering, bevor es Pflanzen gab, die Sauerstoff durch Photosynthese bilden konnten. Wahrscheinlich enthielten Luft und Wasser stattdessen hohe Mengen reduzierter Stoffe, die schnell die kleine Sauerstoffmenge vernichteten, die eventuell durch photochemische Spaltung von Wasser und bestimmten Mineralien gebildet wurde.

Es gibt keine allgemein akzeptierte Ansicht darüber, wie die Atmosphäre der Erde während der chemischen Evolution zusammengesetzt war, die der biologischen vor ca. 4 Milliarden Jahren vorausging. Aller Wahrscheinlichkeit nach gab es anfänglich eine große Menge Wasserstoff und Helium (99,8% der Gesamtmaterie im Universum bestehen aus diesen Grundstoffen). Aufgrund des geringen Molekulargewichts und der zu jener Zeit höheren Temperatur der Erde «verdunstete» wenigstens der Wasserstoff ziemlich schnell in den Weltraum.

Die übriggebliebene «Ur-Atmosphäre» bestand vermutlich zum großen

Teil aus Wasserdampf, Methan, Ammoniak und nach und nach zunehmend mehr aus Kohlendioxid.

In den 50er Jahren begann man experimentell zu untersuchen, welche chemischen Reaktionen in einer solchen «Ur-Atmosphäre» stattfinden und welche neuen Stoffe durch Umgruppierung der Atome entstehen können. Zum Ablauf chemischer Reaktionen ist Energie erforderlich. Es kann daher von Interesse sein, zuerst eine Schätzung der verschiedenen Energieformen anzustellen, die chemische Veränderungen an der Oberfläche und in der Atmosphäre bewirkt haben können:

Ultraviolette Sonnenstrahlung mit einer Wellenlänge unter 200 nm	1,2 Watt pro m^2
Radioaktivität vor 4 Milliarden Jahren (Radioaktivität jetzt 0,1 W/m^2)	0,9 Watt pro m^2
Vulkantätigkeit (Lava mit einer Temperatur von 1.000°)	0,01 Watt pro m^2
Elektrische Entladungen (Gewitter)	0,01 Watt pro m^2
Meteoriten	0,01 Watt pro m^2

Die Radioaktivität ist für radioaktives Kalium berechnet, das während der ganzen Evolution für die natürliche Radioaktivität bestimmend war. Bei der Berechnung ist der Kaliumvorrat der ganzen Erdkruste miteinbezogen worden. Nur ein sehr kleiner Bruchteil der Strahlung von radioaktivem Kalium kann die Erdoberfläche und die Atmosphäre beeinflußt haben, weil der größte Teil der Strahlung innerhalb der Erdkruste absorbiert wird. Von den verschiedenen Energieformen nimmt die ultraviolette Strahlung also quantitativ eine Sonderstellung ein. Das soll nicht heißen, daß die anderen Energieformen ohne Bedeutung gewesen wären. Sie können sehr wohl gewisse Reaktionen ausgelöst haben, die überhaupt nicht von ultravioletter Strahlung bewirkt werden können. Deshalb wurden mit sämtlichen Energieformen Experimente durchgeführt. Anstelle von Meteoriten hat man mit anderen Mitteln die sehr schnellen Druck- und Temperaturveränderungen simuliert, die die Meteoriten in der Atmosphäre verursachen.

Schon die ersten Versuchsresultate auf diesem Gebiet waren durchschlagend. Aus einfachen Gasmischungen entstanden durch die Einwirkung der Energie eine große Anzahl organischer Verbindungen. Zwar waren die entstandenen Mengen klein, aber die Versuche dauerten ja auch nur einige Wochen statt einiger Millionen Jahre. Noch erstaunlicher war die Tatsache, daß die so erhaltenen Stoffe typisch für den Aufbau der lebenden Materie sind: Aminosäuren und einfache Fettsäuren, Zucker und stickstoffhaltige, in Nukleinsäure enthaltene Basen. Man hat sogar einfache Peptide (sozusagen den Anfang von Proteinen), ATP und andere Nukleotide und Porphyrine erhalten. In den letzten Fällen mußte man allerdings die Synthese in mehreren Stufen durchführen, mit gewissen Veränderungen der Reaktionsbedingungen zwischen den verschiedenen Stufen.

Cyanwasserstoff scheint in vielen Fällen ein wichtiges Zwischenprodukt zu sein. Abbildung 82 zeigt Beispiele für experimentell aufgezeigte Reaktionswege.

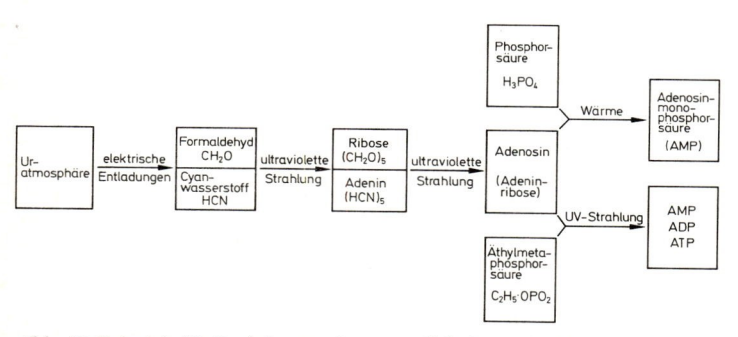

Abb. 82: Beispiele für Reaktionen, die vermutlich denen der Uratmosphäre entsprechen, und die unter experimentellen Verhältnissen nachvollzogen sind.

Diese Versuchsergebnisse haben ohne Zweifel die Entstehung des Lebens auf der Erde etwas verständlicher gemacht. Die Substanzen, die experimentell aus «primitiven Atmosphären» erhalten wurden, unterscheiden sich jedoch prinzipiell in einem sehr wesentlichen Punkt von denen, die in lebenden Wesen vorhanden sind; darauf gehen wir im nächsten Abschnitt näher ein.

Die Asymmetrie der lebenden Materie

Die meisten Moleküle in den Lebewesen mit Ausnahme der allereinfachsten sind asymmetrisch. Man kann ein asymmetrisches Molekül z. B. mit einem rechten Handschuh vergleichen. Das Spiegelbild eines rechten Handschuhs sieht ja nicht aus wie ein rechter, sondern wie ein linker Handschuh. Beispiele für Stoffe mit asymmetrischen Molekülen sind die meisten Zuckerarten und Aminosäuren, Stärke, Zellulose, Proteine, Nukleinsäuren und Chlorophyll.

In der Regel kommt bemerkenswerterweise bei den asymmetrischen Molekülen in der Natur nur die eine der beiden denkbaren Formen vor (es gibt sozusagen nur «rechte Handschuhe» aber keine «linken»). Die Nukleinsäuremoleküle wurden in einem früheren Abschnitt (Seite 163) als Ketten von vielen Nukleotiden beschrieben. Tatsächlich ist eine solche Kette nicht gerade, sondern schraubenförmig nach rechts gedreht, d. h. wie eine normale Schraube. In diesem Zusammenhang spielt dabei keine Rolle, ob die Nukleinsäure in Viren, Bakterien, Pflanzen, Tieren oder Menschen vorkommt; man findet immer nur rechts- und niemals linksgedrehte Nukleinsäuren. In einigen Fällen z. B. bei Milchsäure) ist sowohl die Rechts- wie die Linksform des betreffenden Moleküls in Organismen angetroffen worden. In Milchsäure wird die eine Form von Bakterien gebildet (wenn die Milch sauer wird), während die andere bei Betätigung unserer Muskeln entsteht. Man muß es als zweckmäßig ansehen, daß ein Organismus oder eine Zelle sich durchgehend an eine Form von asymmetrischen Molekülen hält. Es werden da weniger Enzymmoleküle benötigt um eine bestimmte chemische Veränderung in einer bestimmten Zeit zu erreichen. Die Beeinflussung von Rechts- und Linksmolekülen macht sowohl «Rechts- wie Linksenzym» notwendig.

Die molekulare Asymmetrie spiegelt sich in einer erblichen anatomischen und funktionellen Asymmetrie wieder. Wir sind äußerlich relativ spiegelsymmetrisch, während die inneren Organe eine bestimmte Asymmetrie aufweisen. Bei vielen anderen Organismen (Schnecken, Schlingpflanzen, Flundern) ist die erbliche Symmetrie viel ausgeprägter.

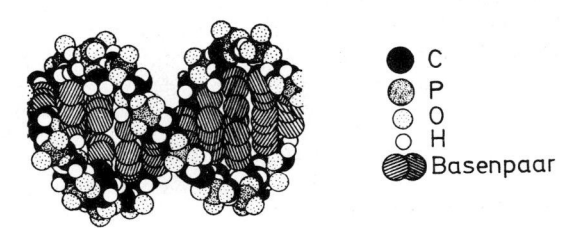

Abb. 83: Modell einer Windung der DNS-Doppelhelix. Der Schlüssel rechts erklärt die Symbole.
(C = Kohlenstoff, P = Phosphor, O = Sauerstoff, H = Wasserstoff).
In Anlehnung an C. P. Swanson – The cell. Prentice-Hall 1960.

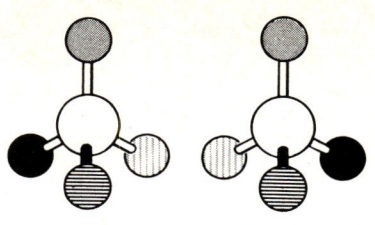

Abb. 84: Modelle der zwei spiegelsymmetrischen Formen von Milchsäure. Die Kugel in der Mitte jedes Modells stellt ein Kohlenstoffatom dar, die anderen Kugeln ein Wasserstoffatom (H), eine Hydroxylgruppe (OH), eine Carboxylgruppe (COOH) und eine Methylgruppe (CH_3). Mit Aminogruppen statt den Hydroxylgruppen erhalten wir die Rechts- bzw. Linksformen der Aminosäure Alanin. Das eine Modell kann *nicht* mit dem anderen zur Deckung gebracht werden.

Wenn ein Mensch plötzlich in sein exaktes Spiegelbild umgewandelt würde, d. h. daß alle Moleküle des Körpers (einschließlich der Enzymmoleküle) in ihre Spiegelbilder umgewandelt würden, so müßte die betreffende Person verhungern. Der Spiegelmensch könnte die Kohlenhydrate, Proteine etc. in der Nahrung nicht verwerten. Diese Tatsache wurde schon von Louis Pasteur beobachtet. Er fand heraus, daß eine bestimmte Schimmelart, die in Weinsäure aus einer Mischung von Rechts- und Linksmolekülen lebt, nur eine Molekülart konsumieren konnte. Lewis Carrol, der viele Wahrheiten in seine bekannten Kinderbücher «hineingeschmuggelt» hat, läßt seine Alice ein Weile vor dem Spiegel philosophieren, bevor sie sich in das Land hinter dem Spiegel begibt: «Wie würdest du Dich im Spiegelhaus fühlen, Miezekätzchen? Ich frage mich, ob Du dort auch Milch bekommen würdest? Spiegelmilch schmeckt vielleicht nicht so gut . . .»

Da asymmetrische Moleküle aus symmetrischen durch gewöhnliche chemische Reaktionen (ohne asymmetrischen Katalysator) gebildet werden, entsteht immer eine Mischung aus gleichen Teilen «Rechts»- und «Links»molekülen. Man hat z. B. bei den Experimenten unter Einwirkung von ultravioletter Strahlung, elektrischer Entladungen etc. auf «Ur-Atmosphären» (Seite 170) gefunden, daß gleiche Mengen Rechts- und Linksformen von Aminosäuren gebildet werden. Wie kann man dann mit Hilfe der bekannten Naturgesetze die Entstehung des Lebens mit seiner ausgeprägten molekularen Asymmetrie erklären? Es sieht so aus, so hat jemand gesagt, als ob der Schöpfer ein ausgeprägter Rechtshänder wäre. Er hat uns und alles andere Lebende ja mit lauter «rechtsdrehenden Schrauben» zusammengesetzt.

Manche Forscher glauben, die einheitliche molekulare Asymmetrie beruhe auf einem gemeinsamen Ursprung des Lebens, sodaß wir nicht nur bildlich, sondern auch buchstäblich mit Heuschrecken, Quallen und Butterblumen verwandt seien. Diese Verwandtschaft muß nicht unbedingt bedeuten, daß alle lebenden Zellen direkte Abkömmlinge einer «Urzelle» sind, die durch Zufall entstand und mit einer bestimmten Asymmetrie ausgestattet war. Wie bereits erwähnt, stellt man sich heute vor, daß der Entwicklung der Lebewesen eine vorbiologische Entwicklung chemischer Verbindungen vorausging. Während dieser chemischen Evolution kann bei irgendeiner Gelegenheit durch Zufall ein chemischer Prozeß angefangen haben, dessen asymmetrische Endpunkte den Prozeß selbst katalysierten, sodaß er immer schneller verlief. Eine asymmetrische Verbindung kann so möglicherweise einen großen Vorsprung über die spiegelbildliche Art bekommen haben, schon lange bevor die erste Zelle entstand. Diese Asymmetrie eines Stoffes kann sich danach durch weitere Reaktionen auf andere Stoffe übertragen haben.

Eine gewisse Parallele zu dem eben dargestellen hypothetischen Verlauf finden wir in der Mineralogie. Aus einer Schmelze Quarz mit ausschließlich symmetrischen Molekülen und Ionen bilden sich bei Abkühlung asymmetrische Kristalle. Im Prinzip können zwei spiegelbildliche Arten entstehen. Die Kristallart, die bei Beginn der Kristallisation zufälligerweise als kleiner «Keim» gebildet wird, beeinflußt die ganze Schmelze in Richtung einer bestimmten asymmetrischen Kristallisation. Das Prinzip hierfür ist in Modellversuchen demonstriert worden. Man kann sich auch vorstellen, daß solche asymmetrischen Kristalle eine asymmetrische Katalyse chemischer Reaktionen bewirken, die schließlich in asymmetrischen, biologischen Verbindungen resultieren.

Wenn die biologische Asymmetrie auf diese Weise entstanden ist, so ist es offensichtlich im Grunde nur ein irdischer Zufall, daß unsere Körper rechts-gedrehte Nukleinsäure enthalten. Wenn wir je in der Lage sein werden, ähnliche, aber außerirdische Lebensformen zu untersuchen, dann können sie nach obiger Theorie genauso wahrscheinlich linksgedrehte Nukleinsäure enthalten. In diesem Zusammenhang sei erwähnt, daß in einem Meteoriten gefundene Aminosäuren aus gleichen Teilen Rechts- und Linksmolekülen bestehen. Diese Moleküle werden nicht für Reste lebender Materie gehalten, aber sie können auf ähnliche Weise entstanden sein, wie bestimmte Moleküle die beim Entstehen des Lebens auf der Erde mitgewirkt haben.

Es ist irgendwie unbefriedigend, mit dem Hinweis auf den Zufall das Leben auf der Erde erklären zu wollen. Ist diese Entwicklung für alle Zukunft wirklich in eine bestimmte Spur hineingeleitet worden, nur weil sich ein einziges Atom irgendwann einmal in all den Milliarden

Jahren zufällig mit einem Atom statt mit einem anderen verbunden hat? Aus Mangel an konkreten Wissen kann man sich immer auf den Zufall berufen, aber man darf nicht aufhören, nach anderen Möglichkeiten zu suchen. Wir wollen hier eine solche anführen.

Die beiden Formen eines asymmetrischen Stoffes können leicht durch ihre Wechselwirkung mit polarisiertem Licht erkannt werden. Es gibt beim Licht zwei Arten von Polarisation, Planpolarisation (siehe Seite 2) und Zirkularpolarisation. Eine Lösung aus Zucker oder Nukleinsäure bewirkt eine Drehung der Polarisationsebene für planpolarisiertes Licht, das durch diese Polarisationsebene fällt. Die eine Molekülart bewirkt eine Drehung der Polarisationsebene nach rechts, während andere Moleküle (Spiegelbildmoleküle im Vergleich zur ersten Art) die Polarisationsebene nach links drehen. Zirkularpolarisiertes Licht hat in der Lösung verschiedene Geschwindigkeiten, je nachdem ob es links- oder rechtspolarisiert ist und ob die Lösung Links- oder Rechtsmoleküle enthält. Was ist nun eigentlich zirkularpolarisiertes Licht? Es würde an dieser Stelle zu weit führen, diesen Begriff eingehend zu erläutern. Es genügt, wenn wir uns die Zirkularpolarisation als eine Art Spiralstruktur des Lichts vorstellen, die etwas mit der Rotationsrichtung der Photonen zu tun hat. Wenn gleich viele Photonen im Uhrzeigersinn wie entgegen rotieren, liegt keine Zirkularpolarisation vor, dennoch kann das Licht planpolarisiert sein.

Die Zirkularpolarisation bedeutet eine Asymmetrie des Lichts und es ist daher verständlich, daß es unter Verwendung von zirkularpolarisiertem Licht bei photochemischen Reaktionen gelungen ist, Reaktionsprodukte mit asymmetrischen Molekülen herzustellen, wobei eine geringe Überzahl entweder an Links- oder Rechtsmolekülen entstanden ist. Kann die Asymmetrie der lebenden Materie etwas damit zu tun haben? Kann es sein, daß die ersten asymmetrischen Moleküle in der Maschinerie des Lebens unter Einwirkung von planpolarisiertem Licht oder anderer polarisierter Strahlung entstanden sind? Der Gedanke wurde schon im 19. Jahrhundert aufgeworfen, und man versuchte mit allerlei Hypothesen zu erklären, wie zirkularpolarisiertes Licht wohl in der Natur entstanden sei. U. a. gelang es zu zeigen, daß das Magnetfeld der Erde in Verbindung mit Reflexionen und Brechungen zirkularpolarisierend wirken kann. Die Theorien hatten jedoch wenig Überzeugungskraft und sind wieder vergessen worden. Eine der Ursachen ist ganz einfach der unbedeutende Anteil der in der Natur gemessenen Zirkularpolarisation und die Tatsache, daß auch beinahe vollständig zirkularpolarisiertes Licht nur eine geringe Asymmetrie in photochemischen Reaktionsprodukten ergibt.

Durch die physikalischen Entdeckungen der letzten neunzehn Jahre ist die Frage in ein neues Licht gerückt. Bis 1956 waren die Physiker fest von einer Symmetrie der grundlegenden Naturgesetze überzeugt. Es schien keinen prinzipiellen Unterschied zwischen «rechts» und «links» zu geben, außer daß die Begriffe sozusagen ihre exakten Spiegelbilder darstellten. Man hatte natürlich seit langem eine eigentümliche Asymmetrie im Bau der Materie entdeckt: alle Atome sind aus positiven Atomkernen und negativen Elektronen aufgebaut. Der entgegengesetzte Fall, die Antimaterie mit negativen Atomkernen und positiven Elektronen kann nicht zusammen mit Materie existieren, aber man konnte sich gut andere Galaxien im Universum vorstellen, die aus Antimaterie aufgebaut waren. In diesen Galaxien würden physikalische und chemische Abläufe in einer ganz unserer eigenen Welt entsprechenden Weise stattfinden.

Eine gedachte Welt, die in jeder Beziehung zur wirklichen spiegelverkehrt wäre, würde auf genau dieselbe Weise funktionieren. Diese Aussage wird das Paritätsprinzip genannt. Man maß diesem Prinzip eine ebenso grundlegende Bedeutung wie dem Energiesatz zu und betrachtete es als feste Basis für einen weiteren Theorieaufbau.

Im Laufe des Jahres 1956 erhielt man Versuchsergebnisse, die diese Basis wanken ließen, und um die Jahreswende 1956–57 stand fest, daß das Paritätsprinzip falsch war. Die Natur unterscheidet mit anderen Worten sehr genau zwischen «rechts» und «links».

Für Wissenschaftler und Philosophen, die intuitiv an eine grundlegende Einfachheit mit logischen und mathematischen Relationen hinter der Vielfältigkeit der Naturphänomene glaubten, bedeutete die Unhaltbarkeit des Paritätsprinzips etwas Störendes, ja Schockierendes. Weder die Geometrie des Euklid, noch die anderen geometrischen Systeme, die später konstruiert wurden, unterscheiden zwischen rechts und links. Auch wenn man ein asymmetrisches Axiom anderer Art einführen würde, müßte man doch ein gleich logisches System eines «Spiegelaxioms» entwickeln können. Es wurden viele Anstrengungen unternommen, um eine andere Erklärung für die Versuchsergebnisse zu finden. Man hat sich auch von der ursprünglichen Deutung entfernt und prüft ständig neue Hypothesen, aber man findet offensichtlich nicht zu der Symmetrie in unserem Dasein zurück, die unsere Intuition verlangt. Ein Physiker beschrieb 1965 die Situation: «Wenn wir nicht einen Weg aus dieser Schwierigkeit finden, müssen wir zugeben, daß zwei gleich einfache Naturgesetze denkbar sind und daß die Natur in ihrem majestätischen Gutdünken von den beiden nur das eine gewählt hat».

Ich persönlich finde diese letzte Möglichkeit recht irritierend. Da ich gewohnt bin, mehr biologisch als physikalisch zu denken, habe ich versucht, meine Ruhe mit folgender eigenen Überlegung zu finden: Könnte es am Ende gar so sein, daß das Wesen der Natur eigentlich symmetrisch ist, aber von uns als asymmetrisch aufgefaßt wird, infolge unserer eigenen Asymmetrie? Vielleicht sehen wir nicht den Schöpfer, sondern uns selbst wie in einem Spiegel! Dieser Gedanke liegt dicht an der Grenze der Naturwissenschaft, und es ist schwer zu entscheiden, ob er innerhalb oder außerhalb derselben liegt. Die Asymmetrie ist ja – wenigstens auf der molekularen Ebene – für alle irdischen Wissenschaftler gleich. Die Naturwissenschaft kann «das Ding an sich» nicht erreichen, sie kann nur Phänomene behandeln, wie sie von Menschen registriert werden. Prinzipiell nicht beweisbare Hypothesen liegen außerhalb des Wissenschaftsbereiches. Ist es prinzipiell unmöglich, daß wir in einer entfernten Zukunft mit «spiegelverkehrten Forschern» im Weltraum Kontakt aufnehmen werden? Oder können wir sie selbst auf der Erde «herstellen», ohne ihnen unsere asymmetrischen Vorurteile aufzuprägen? Ich glaube, daß die Frage über eine eventuelle Rechtshändigkeit des Schöpfers, der bestimmten Aussagen zufolge den (überwiegend) rechtshändigen Menschen als sein Ebenbild formte, nirgends anders beantwortet werden kann als in einem Land jenseits aller Spiegel, wo wir «klar sehen können von Angesicht zu Angesicht».

Nehmen wir jetzt den verlorenen roten Faden wieder auf. Ganz abgesehen davon, welcher Philosophie wir anhängen, müssen wir das Paritätsprinzip als Naturgesetz für falsch erklären. Seine Ungültigkeit zeigt sich u. a. darin, daß die Betastrahlung radioaktiver Stoffe polarisiert ist. Die Betateilchen eines bestimmten Grundstoffes ziehen immer eine bestimmte Rotationsrichtung im Verhältnis zur Strahlungsrichtung vor. Die Strahlung hat daher dieselbe Asymmetrie wie eine Spirale. Wenn die Betateilchen von Materie gebremst werden, entstehen Photonen (in erster Linie Gammastrahlung, die durch verschiedene Prozesse in ultraviolettes und sichtbares Licht umgewandelt werden kann). Die entstandene Photonenstrahlung ist zirkularpolarisiert. Wie erwähnt, kann eine derartige zirkularpolarisierte Strahlung durch photochemische Reaktionen eine molekulare Asymmetrie bewirken. 1968 berichtete ein ungarischer Forscher, daß die Rechtsform der Aminosäure Tyrosin unter bestimmten Bedingungen schneller als die Linksform zerstört wird, wenn die Moleküle einer Strahlung von radioaktivem Strontium ausgesetzt werden. Die bisher veröffentlichten Ergebnisse sind äußerst unvollständig und wenig zuverlässig, aber ohne Zweifel eröffnen sie neue Perspektiven für die molekulare Asymmetrie des Lebens.

Kapitel 9

Licht und Kosmos

Spektralanalyse

Wenn ein Atom Licht aussendet, so bedeutet das, daß ein Teil der Energie des Atoms in Lichtenergie umgewandelt wird und daß das Atom von einem Energiezustand in einen anderen übergeht. Isolierte Atome können nur Licht von bestimmten Wellenlängenwerten aussenden (oder absorbieren), d. h. mit den Photonen werden immer bestimmte Energiebeträge weg- oder zugeführt. Daraus hat man die Schlußfolgerung gezogen, daß das Atom nur bestimmte Energiemengen enthalten kann und daß die Energiewerte niemals dazwischen liegen können.

Ausgehend von dieser Folgerung wurden genaue Messungen der Wellenlänge des Lichts durchgeführt, das von verschiedenen Atomen ausgesandt wurde, und so konnte man Rückschlüsse über den Aufbau der Elektronenhülle der Atome ziehen. Tatsächlich baut sich die ganze *Atomphysik* beinahe ausschließlich auf der *Spektralanalyse* auf. In der *Kernphysik*, die sich u. a. dem Bau des Atomkerns widmet, wendet man andere Methoden an, weil die umgesetzten Energiemengen viel größer sind als die Energie der Photonen. Aber auch in der Kernphysik werden noch Methoden angewandt, die im Prinzip mit der Spektralanalyse des Lichts verwandt sind. Eine der wichtigsten dieser Methoden ist die Szintillationsspektrometrie, die auch auf Lichtmessungen beruht.

Jeder Atomart und übrigens auch jedem Molekül entspricht also ein charakteristisches Spektrum, und eine Untersuchung des Spektrums gibt wichtige Auskünfte über den Aufbau des Atoms oder Moleküls. Wenn man das Spektrum eines bestimmten Atoms oder Moleküls einmal bestimmt hat, kann man es auch als «Fingerabdruck» verwenden. Der Fingerabdruck eines Menschen kann einem Detektiv verraten, daß eine bestimmte Person an einem bestimmten Platz gewesen ist und manchmal auch Auskünfte darüber geben, was die Person getan hat. In entsprechender Weise kann ein Spektrum einem Wissenschaftler verraten, welche Atome oder Moleküle sich an einer bestimmten Stelle aufhalten und manchmal kann es auch Auskünfte darüber geben, an welchen Reaktionen sie teilnehmen. Durch Spektralanalyse hat man wichtige Kenntnisse über Zusammensetzung und Reaktionsabläufe in Lebewesen gesammelt. Eine der größten Vorteile der Spektralanalyse in diesem Zusammenhang ist, daß man «sehen» kann, was in einem Organismus vor sich geht, ohne ihn zu zerlegen oder die natürlichen Prozesse zu stören. Die dafür am häufigsten verwendete Art der Spektralanalyse ist die Absorptionsspektrophotometrie, mit der man die Schwächung eines Lichtstrahls mißt, wenn er durch das zu untersuchende Objekt hindurchgeht (z. B. ein Blatt einer Pflanze). Es gibt auch Methoden (z. B. Fluoreszenzspektrophotometrie), bei denen man das vom Objekt ausgesandte Licht mißt.

Mit der Spektralanalyse können wir nicht nur unsere unmittelbare Umgebung auf der Erde untersuchen. Die erdnahe Region des Weltalls erforschen auch Raumschiffe, aber unsere Kenntnisse über die Welt «dahinter», über die großen Zusammenhänge im Kosmos, beruhen fast ausschließlich auf der Untersuchung des Lichts, das uns von dort erreicht. In letzter Zeit untersucht man auch Radiowellen aus dem Weltraum, die ja ihrer Natur nach dem Licht nahe verwandt sind. Durch Spektralanalyse der Strahlung, die uns aus dem Weltraum erreicht, kann man «Fingerabdrücke» von Atomen und Molekülen erkennen, die in der Sonne, in Kometen und im Raum zwischen den Himmelskörpern vorhanden sind. Man kann auch «Fingerabdrücke» von Stoffen erkennen, die es auf entfernten Sternen und Galaxien vor Millionen oder Milliarden von Jahren gab, als das untersuchte Licht von ihnen entsandt wurde. Doch damit nicht genug. Abweichungen von den normalen «Fingerabdrücken», die Atome und Moleküle unter bekannten irdischen Verhältnissen hinterlassen, geben Aufschluß über Temperaturen, elektrische und magnetische Felder im Weltraum, Geschwindigkeiten usw.. Mit der Spektralanalyse kann man Reisen in Zeit und Raum unternehmen, vielleicht bis zu ihren äußersten Grenzen, wenn solche existieren.

Die Relativitätstheorie

Zum größten Teil verdanken wir verschiedenen Lichtvermessungen die Information, auf die wir unsere Auffassung von der materiellen Welt, also den Bau der Atome und Moleküle bis zum Bau der großen Sterne und Galaxien, stützen. Studien über das Licht lösten vor etwas mehr als 50 Jahren eine Revolution in der Auffassung der Physiker über das grundlegende Bezugssystem unseres Weltbildes – Zeit und Raum – aus.

Wenn man diese Dinge auf populärwissenschaftliche Weise erklären will, gehört es zur Tradition, Züge als Beispiel heranzuziehen:
Ein Zug bewegt sich mit der Geschwindigkeit V im Verhältnis zum Bahndamm und eine Person bewegt sich vorwärts in einem Waggon mit der Geschwindigkeit v im Verhältnis zum Zug. Wir finden es ziemlich selbstverständlich, daß die Geschwindigkeit der Person im Verhältnis zum Bahndamm dann V+v ist (oder V−v, wenn die Person im Zug rückwärts geht). Wir können uns auch wissenschaftlicher ausdrücken: intuitiv sieht man ein, daß die Geschwindigkeiten additiv sind.
Am Anfang dieses Buches wurde behauptet, daß die Geschwindigkeit des Lichts (im Vakuum) c=299 792 km/Sek. beträgt. Der aufmerksame Leser fragt sich natürlich (oder etwa nicht?): Geschwindigkeit im Verhältnis zu was? Wenn das Licht einer Lampe auf der Erde die Geschwindigkeit c im Verhältnis zur Erde hat, welche Geschwindigkeit im Verhältnis zur Erde hat dann das Licht von einem Stern, der sich von der Erde mit der Geschwindigkeit v entfernt? Entsprechend wie beim Zugpassagier, könnte man meinen, die Antwort sei c−v, aber merkwürdigerweise ist diese Antwort falsch. Experimentelle Untersuchungen zeigen nämlich, daß das Licht von allen möglichen Himmelskörpern die Geschwindigkeit c im Verhältnis zur Erde hat. Da man seit langem und aus guten Gründen die Erde nicht mehr als das Zentrum des Universums betrachtet, wäre die Annahme unsinnig, daß die Erde in dieser Hinsicht einmalig sei. Messungen z. B. auf dem Mond oder auf dem Mars würden auch ergeben, daß die Lichtgeschwindigkeit c ist. Ein Beobachter auf der Erde und einer auf dem Mars können also dasselbe Licht z. B. von einem Stern messen und beide hätten unabhängig voneinander die Geschwindigkeit c (im Verhältnis zur Erde bzw. zum Mars) als Ergebnis, obwohl sich wiederum Erde und Mars im Verhältnis zueinander bewegen. Dieses Phänomen ist nach unseren üblichen Vorstellungen absurd, und die Physiker (mit Albert Einstein an der Spitze) haben gefolgert, daß unsere herkömmlichen Vorstellungen von Zeit, Raum und Geschwindigkeit nicht korrekt sein können.
Unsere «übliche» Auffassung von der Welt und unsere Vorstellungen von Zeit und Raum sind biologisch bedingt. Sie sind wie unsere anderen Eigenschaften durch natürliche Auslese im Kampf um das Dasein entwickelt worden, in dem bisher kein Bedarf vorlag, so große Entfernungen wie die der Sterne oder so hohe Geschwindigkeiten wie die des Lichts zu beurteilen.
Die Welt, mit der die Physiker (nach der sog. Relativitätstheorie) heutzutage rechnen, aber die konkret zu verstehen uns unsere biologischen Schranken hindern, erscheint uns sehr seltsam. Zeitintervalle und Längen haben keinen absoluten Sinn. Man spricht von einem Raum-Zeit-

Kontinuum, in dem ein Zeitintervall t mit einem imaginären Längenintervall $t \cdot c \cdot \sqrt{-1}$ äquivalent ist. Genau so sind die Begriffe Materie und Energie miteinander verschmolzen, und die Masse m ist der Energie $E = m \cdot c^2$ äquivalent. In diesen Zusammenhängen, genau wie in anderen Formeln der Relativitätstheorie, begegnen wir ständig der Größe c, der Geschwindigkeit des Lichts im Vakuum.

Wäre die Lichtgeschwindigkeit bedeutend niedriger gewesen, beispielsweise in derselben Größenordnung, wie die unsere tierischen Vorfahren in ihrem alltäglichen Dasein für alle möglichen Vorgänge vorfanden, z. B. wenn c nur einige Male größer als die Fluchtgeschwindigkeit des gejagten Wildes gewesen wäre, dann wäre uns sicher die «relativistische» Betrachtungsweise dieser Erscheinungen angeboren. Wir würden vielleicht keinen größeren Unterschied zwischen Zeit- und Raumbegriffen machen, als wir es jetzt zwischen «hinauf» und «vorwärts» tun. Das Ganze ist nur eine Frage der «biologischen Zweckmäßigkeit».

Kapitel 10

Photochemischer Smog

Man kann darüber diskutieren, ob photochemischer Smog zum Thema «Licht und Organismen» gehört; in anderen Kapiteln habe ich mich im großen und ganzen auf die direkten Wirkungen des Lichts auf lebende Wesen beschränkt. Der Ausdruck «photochemischer Smog» kommt jedoch in den Zeitungsrubriken so häufig vor, daß man ihn kaum ganz außer acht lassen kann.
Photochemischer Smog ist nicht mit dem klassischen Londoner Nebel zu verwechseln. Dieser bildet sich aus Schwefeldioxyd (SO_2, das entsteht, wenn schwefelhaltige Steinkohle und Öl verbrannt werden oder wenn schwefelhaltiges Erz «geröstet» wird), Kohlenstoffteilchen und hoher Feuchtigkeit. Diese Art von Nebel ist sauer und reduzierend, da SO_2 dazu neigt, Sauerstoff und Wasser aufzunehmen, wobei Schwefelsäure gebildet wird.
Photochemischer Smog wirkt dagegen oxidierend. Wie aus der Bezeichnung hervorgeht, entsteht er durch photochemische Reaktionen und bildet sich am ausgeprägtesten an Stellen, wo stark verschmutzte Luft von starkem Sonnenlicht beeinflußt wird. Die Stadt Los Angeles ist von photochemischem Smog am stärksten heimgesucht und dort hat man auch das Phänomen am eingehendsten studiert. Allerdings kommt photochemischer Smog heutzutage auch an vielen anderen Orten vor, auch in Europa.
Voraussetzung für photochemische Reaktionen ist das Vorhandensein irgendeines lichtabsorbierenden Stoffes (vergleiche Seite 7). In verschmutzter Luft gibt es viele Stoffe, die ultraviolettes Licht absorbieren, und prinzipiell sind viele photochemische Reaktionen möglich und finden auch in gewissem Maße statt. Da jedoch die Intensität der Sonnenstrahlung im ultravioletten Spektralbereich mit sinkender Wellenlänge schnell abnimmt (Abb. 78), können am leichtesten solche Reaktionen stattfinden, die von langwelliger ultravioletter Strahlung und sichtbarem Licht ausgelöst werden. Es gibt nur ein Gas von Bedeutung in der Atmosphäre, das in diesem Bereich stark absorbiert, nämlich Stickstoffdioxid, NO_2. Dieses braune Gas ist jedem bekannt, der elementare

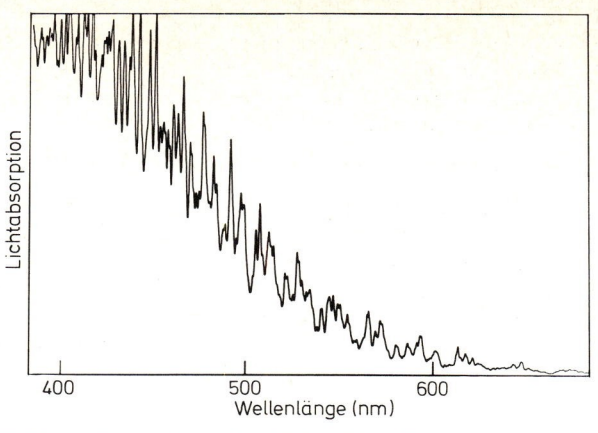

Abb. 85: Absorptionsspektrum des Stickstoffdioxids.

Kenntnisse in der Chemie besitzt. Beispielsweise kann NO_2 durch Auflösung von Kupfer in konzentrierter Salpetersäure hergestellt werden. In der Natur wird es in geringer Konzentration durch den Einfluß der Blitze auf den Sauerstoff und Stickstoff der Luft gebildet. Diese Reaktion bedeutet für die Lebewesen eine wichtige Stickstoffzufuhr, da die meisten von ihnen den Stickstoff der Luft nicht direkt ausnützen können. Die großen Mengen Stickstoffdioxid, die den photochemischen Smog verursachen, werden durch die Erhitzung und schnelle Abkühlung der Luft in Verbrennungsmotoren gebildet. Die Reaktionen sind $N_2 + O_2 \rightarrow 2\,NO$ gefolgt von $2\,NO + O_2 \rightarrow 2\,NO_2$. Die erste Reaktion ist reversibel und bei normalen Lufttemperaturen liegt das Gleichgewicht sehr weit links: grob gerechnet $10^{-12}\%$ NO in gewöhnlicher Luft. Bei den hohen Temperaturen in einem Verbrennungsmotor verschiebt sich das Gleichgewicht weiter nach rechts und entspricht rund einem Prozent NO. Aufgrund der schnellen Abkühlung des Gases, wenn es expandiert und aus dem Motor herausgeblasen wird, und der Reaktionsgeschwindigkeit, die bei der niedrigeren Temperatur beinahe Null ist, verläuft die erste Reaktion nicht rückwärts, auch wenn sie im Prinzip reversibel ist. Eine Möglichkeit, saubere Luft zu erhalten, ist daher der Versuch, die Abgase langsamer abzukühlen oder die Umkehr der ersten Reaktion durch geeignete Katalysatoren zu erleichtern.

Licht mit einer Wellenlänge über 440 nm kann von NO_2 absorbiert werden (Abb. 85), aber die Photonen sind nicht energiereich genug, um die Bindungen zwischen den Atomen aufzubrechen und photochemische Reaktionen auszulösen, an denen NO_2 selbst beteiligt ist. Angeregte NO_2-Moleküle (NO_2^*) können jedoch ihre Energie den Sauerstoffmolekülen überführen:

NO_2 + Photon→NO_2^*, gefolgt von NO_2^* + O_2 → NO_2 + O_2^*

Die angeregten Sauerstoffmoleküle (O_2^*) sind sehr reaktiv und können mit verschiedenen Luftverschmutzungspartikeln reagieren. Sauerstoff *kann* auch durch Absorption von dunkelrotem oder infrarotem Licht angeregt werden. Sauerstoff besitzt aber ein so schwaches Absorptionsvermögen, daß dieses nicht von Bedeutung ist.

Licht von einer Wellenlänge unter 440 nm kann weitere Reaktionen auslösen. Solches Licht kann NO_2 in Stickstoffoxid und *freie Sauerstoffatome* photodissozieren:

NO_2 + Photon → NO + $O^\bullet$

Der Punkt am Sauerstoffatom symbolisiert ein ungepaartes Elektron, das sich sehr schnell ein anderes Elektron für eine gemeinsame Bindung sucht. Aufgrund dieses ungepaarten Elektrons ist das Atom äußerst reaktiv – es kann mit fast allem reagieren und sogar molekularen Sauerstoff oxidieren:

$O^\bullet$ + O_2 + M → O_3 + M

M kann ein beliebiges Molekül sein und wird nur aus mechanischen Gründen gebraucht, um dem System zu ermöglichen, sowohl die totale Energie zu bewahren als auch das totale Bewegungsmoment, entsprechend den physikalischen Gesetzen. O_3 ist Ozon, von dem mehr im Kapitel 8 die Rede war. Unter natürlichen Verhältnissen ist Ozon fast ausschließlich in großer Höhe vorhanden, aber im Zusammenhang mit photochemischem Smog tritt es auch in der Nähe der Erdoberfläche auf und verursacht dort großen Ärger. Man bemerkte das Ozon zuerst in Los Angeles, als man entdeckte, daß Autoreifen dort erstaunlich schnell verbraucht wurden: Ozon macht Kautschuk hart und spröde. Ozon schadet auch den Lebewesen, insbesondere manchen Pflanzen.

Die photochemische Bildung freier Sauerstoffatome ist besonders schädlich und von erheblicher Bedeutung, da die Sauerstoffatome *Kettenreaktionen* auslösen, an denen organische Verschmutzungsstoffe beteiligt sind. So kann Absorption eines einzigen Photons in einem Stickstoffdioxid-Molekül eine beträchtliche chemische Veränderung verursachen. RH soll ein Kohlenwasserstoffmolekül symbolisieren, das der Luft durch unvollständig verbrannte Autoabgase zugeführt wurde. Wir können mit diesem Kohlenwasserstoff folgende Reaktionen erhalten.

$O^\bullet + RH \rightarrow R^\bullet + {}^\bullet OH$ und ${}^\bullet OH + RH \rightarrow R^\bullet + H_2O$

$R^\bullet$ symbolisiert *freie organische Reste* mit ungepaarten Elektronen, sogenannte Radikale. Folgende Reaktionssequenz – unter anderen freien Radikalen – kann die Folge sein.

$R^\bullet + O_2 \rightarrow RO_2^\bullet$
$RO_2^\bullet + O_2 \rightarrow RO^\bullet + O_3$
$RO^\bullet + RH \rightarrow ROH + R^\bullet$

In dieser Serie von drei Reaktionen werden gleich viel $R^\bullet$ gebildet, wie verbraucht werden, und deshalb kann sich derselbe Ablauf ständig wiederholen.

Das Endresultat sieht dann folgendermaßen aus:

$n\ RH + 2n\ O_2 \rightarrow n\ ROH$ (Alkohol) $+ n\ O_3$

Die Anzahl dieser Reaktionsabläufe (n) kann sehr groß sein, aber nicht unendlich. Früher oder später tritt eine Kettenabbruchsreaktion ein, z. B.:

$2\ RO^\bullet \rightarrow$ Aldehyd + Alkohol

(dieselbe Reaktion kann auch folgendermaßen geschrieben werden:
$2\ R' \cdot CH_2 \cdot O^\bullet \rightarrow R' \cdot CHO + R' \cdot CH_2 \cdot OH$)

Noch viele andere Reaktionen finden statt und verursachen eine große Anzahl *sekundärer Schadstoffe*. (Kohlenwasserstoffe, Kohlenmonoxid, Stickstoffdioxid u. a., die direkt aus den Auspuffrohren, Schornsteinen usw. kommen, werden *primäre Schadstoffe* genannt.) Neben Ozon ist eine der wichtigsten Komponenten im photochemischen Smog Peroxyacylnitrat, gemeinhin PAN genannt. Der Stoff hat die Formel

$$R-\overset{\overset{\displaystyle O}{\|}}{C}-O-O-N\overset{\nearrow O}{\searrow_O}$$

wobei R ein Kohlenwasserstoffrest ist.

Da es viele verschiedene R gibt, existieren auch mehrere Arten von PAN. Ähnlich wie Ozon wirkt PAN auf Pflanzen mehr oder weniger stark schädigend. In der Gegend um Los Angeles baute man früher Zitrusfrüchte an (Orangen, Zitronen, Grapefruit). Der Smog hat solche Plantagen unrentabel gemacht.

Viele sekundäre Verschmutzungen sind Flüssigkeiten oder feste Partikel, die Ursache für die Entstehung eines Aerosols – eines sichtbaren Nebels – sind. Man muß allerdings berücksichtigen (das ist keine Verteidigung für Luftverschmutzung), daß Luft auch aus natürlichen

Gründen diesig werden kann. Einer der wichtigsten Prozesse, durch die natürliche Aerosole entstehen, ist die Verdunstung von sog. Terpenen von den Blättern der Pflanzen. Manche Forscher glauben, daß diese verdunsteten Terpene eine wichtige Rolle bei der Entstehung von Petroleum gespielt haben. Möglicherweise werden Terpene durch photochemische Reaktionen in der Atmosphäre oxidiert.

Es besteht die Vermutung, daß Terpennebel, der besonders auffallend über manchen Wäldern ist, für die Waldpflanzen von Nutzen sein könnte, indem er als Kondensationskerne für Regentropfen fungiert. Terpene dienen auch als Lock- und Abschreckungsmittel für Insekten, da viele von ihnen einen durchdringenden Geruch besitzen (bekannte Beispiele für terpenbildende Arten sind Lorbeer und der Kampferbaum).

Kapitel 11

Künstliches Licht

Künstliche Lichtquellen

Die am häufigsten anzutreffende Art von Lampen sind die Glühbirnenlampen. Glühlampen werden in verschiedenen Größen, für verschiedene elektrische Spannungen und Leistungen hergestellt. Der Glühdraht heutiger moderner Glühbirnen besteht fast immer aus Wolfram, einem Metall mit sehr hohem Schmelzpunkt. Der Glühdraht muß vor Luft durch eine durchsichtige Hülle aus Glas oder Quarz geschützt werden. Der Innenraum ist deshalb entweder luftleer oder mit einem inerten Gas (Stickstoff, Argon, Krypton oder Mischungen daraus) gefüllt. Um im Verhältnis zur infraroten Strahlung einen möglichst hohen Anteil an sichtbarem Licht zu erhalten, muß der Glühdraht auf hohe Temperatur erhitzt werden, ist sie aber zu hoch, dann verdunstet das Wolfram-Metall und schwärzt die Glasbirne. Außerdem wird der Glühdraht allmählich an irgendeiner Stelle so dünn, daß er bricht. Diese Sublimation des Drahtes kann zum großen Teil durch Zusatz von Joddampf zum inerten Gas verhindert werden, unter der Voraussetzung, daß die Temperatur der Birne hoch genug ist. Die so erhaltenene Lampe nennt man Jod-Quarz-Lampe (die Birne muß wegen der hohen Temperatur aus Quarz hergestellt werden). Da die Temperatur gegenüber einer konventionellen Glühbirne höher gehalten werden kann, ist der Anteil sichtbaren und vor allem blauen Lichts größer (Abb. 86). Trotzdem wird der Hauptanteil der Energie noch als infrarote Photonenstrahlung ausgesandt. Glühbirnen sind ineffektive Umwandler elektrischer Energie in Licht, sie haben jedoch andere Vorteile: sie sind billig, besitzen eine lange Lebensdauer, können an niedrigere Spannung als die meisten anderen Lampen angeschlossen werden und benötigen kein zusätzliches elektrisches Zubehör. Daher werden Glühlampen immer noch verwendet, wenn die Energiekosten nicht ausschlaggebend sind, besonders für die Beleuchtung in Haushalten, und bei Gebrauchsgegenständen wie Autos, Taschenlampen und kleinen Projektoren.
Andere lichtaussendende Anordnungen wie Glimmlampen, Elektrolumineszenzplatten, lichtemittierende Dioden und Laser haben viele Ver-

wendungsgebiete in Signal- und Indikatorensystemen. Da sie wenigstens zur Zeit nicht zu Beleuchtungszwecken verwendet werden, lassen wir sie hier außer acht.

Abgesehen von Glühlampen werden in allen Lampen elektrische Entladungen in Gasen für Beleuchtungszwecke verwendet. Das Grundprinzip entspricht der alten Kohlenbogenlampe, die kaum mehr verwendet wird. Die *Xenonlampe* besitzt Metallelektroden in einer Quarzröhre eingeschmolzen, die mit dem Edelgas Xenon gefüllt ist. Die Röhre gibt ein sehr intensives weißes Licht, das in der Farbe sehr dem Sonnenlicht ähnelt. Leider ist die Xenonlampe sehr teuer, hat eine kurze Lebensdauer und erfordert eine komplizierte Zusatzausrüstung. Daher kommt sie nur für Spezialzwecke in Frage, wie z. B. für Kinoprojektoren, Leuchtfeuer und wissenschaftliche Experimente.

Viele verschiedene Lampen beruhen auf elektrischen Entladungen in Quecksilberdampf. Bei niedrigerem Dampfdruck wird ein großer Teil der elektrischen Energie in ultraviolette Strahlung umgewandelt mit den Wellenlängen 184,7 und 253,7 nm. Wenn die Hülle aus Quarz ist, der diese Art von Strahlung durchläßt, kann die Lampe zum Abtöten von Bakterien verwendet werden (Seite 165). Bei einer Glashülle mit fluoreszierendem Innen-Anstrich wird die ultraviolette Strahlung in sichtbares Licht umgewandelt; das ist das Prinzip der bekannten Leuchtstoffröhren.

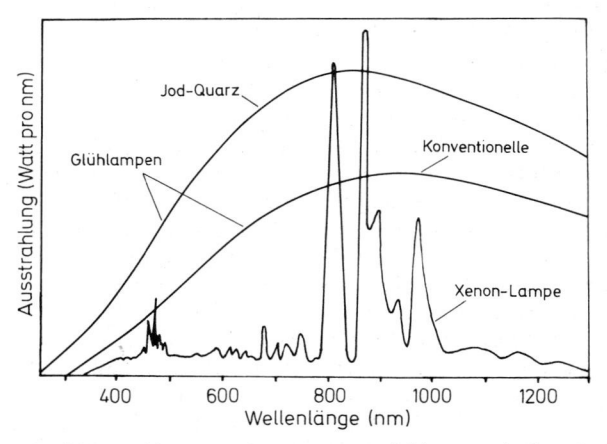

Abb. 86: Strahlungsspektren zweier Arten von Glühlampen (der konventionellen Wolframlampe und der Jod-Quarzlampe) und der Xenonlampe. Die Abbildungen 86, 87 und 88 sind hauptsächlich auf Daten von Philips (Eindhoven, Holland) begründet.

Mit steigendem Druck des Quecksilberdampfes verschwindet nach und nach die kurzwellige, ultraviolette Strahlung, und neue Spektrallinien treten auf. Die wichtigsten haben die Wellenlängen 365, 405, 436, 546 und 557–559 nm. Bei noch höherem Druck lassen sich keine einzelnen Spektrallinien mehr unterscheiden (Abb. 87). Licht von Quecksilberdampf sieht in sämtlichen Fällen blau aus, und die in solchem Licht betrachteten Gegenstände erhalten eine unnatürliche Farbe. Um die Farbwiedergabe zu verbessern, kann man für Mittel- und Hochdruckquecksilberlampen Fluoreszenzfarbe auf der Innenseite des Lampenkolbens (genau wie bei Leuchtstoffröhren) verwenden. Eine andere Möglichkeit besteht darin, dem Quecksilberdampf Natrium-, Indium- oder Talliumjodid (oder eine Mischung daraus) beizugeben. Bei einem solchen Zusatz erhält man weitere Spektrallinien in den gelben und roten Spektralbereichen und gewinnt so mit diesen Metallhalogenidlampen ein fast weißes Licht. Eine dritte Möglichkeit für eine bessere Farbbalance in

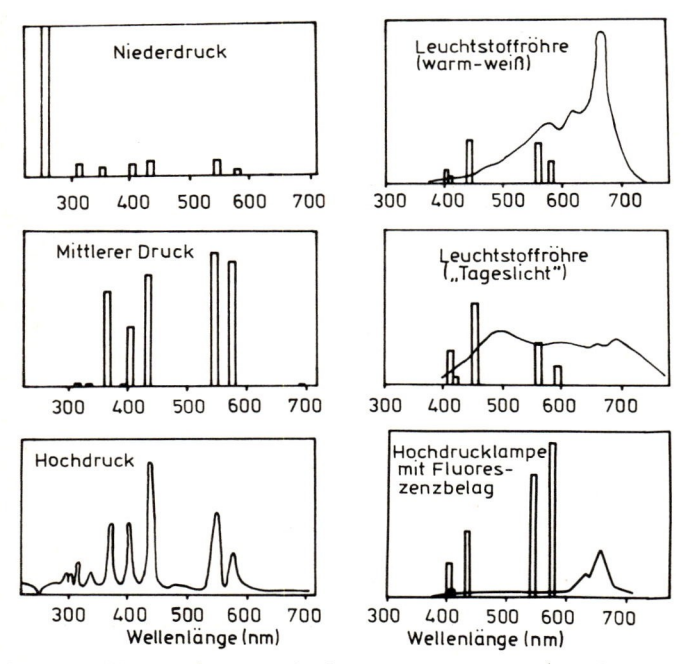

Abb. 87: Strahlungsspektren verschiedener Lampentypen, die alle auf elektrische Entladungen in Quecksilberdampf basiert sind.

den blauen Quecksilberlampen erreicht man durch Kombination der Quecksilberlampe mit einer Glühlampe in derselben Hülle. Dies hat den weiteren Vorteil, daß die elektrische Schaltung einfacher wird (die Drosselung, die normalerweise für Quecksilberlampen notwendig ist, fällt weg).

Außer Lampen mit Quecksilberdampf werden auch solche mit Natriumdampf verwendet. Natriumlampen mit niedrigem Dampfdruck geben beinahe monochromatisches, einfarbig gelbes Licht von der Wellenlänge 589 nm ab. Diese Lampen setzen elektrische Energie in Licht auf sehr effektive Weise um; man erhält bis zu 175 Lumen pro Watt (verglichen mit 40–75 Lumen pro Watt für Quecksilberlampen mit Fluoreszenzbelag, 90 für Metallhalogenidlampen und 10–20 für Glühlampen). Der theoretisch maximale Lichtaustausch ist 680 Lumen pro Watt. Dieses theoretische Maximum würde erreicht werden, wenn 100% der der Lampe zugeführten Energie in monochromatisches Licht von der Wellenlänge 556 nm umgewandelt würden. Auf diese Wellenlänge reagiert das lichtadaptierte menschliche Auge am empfindlichsten. Daß die existierenden Lampen dieses theoretische Maximum nie erreichen, hat zwei Gründe: 1.) Ein großer Teil der elektrischen Energie

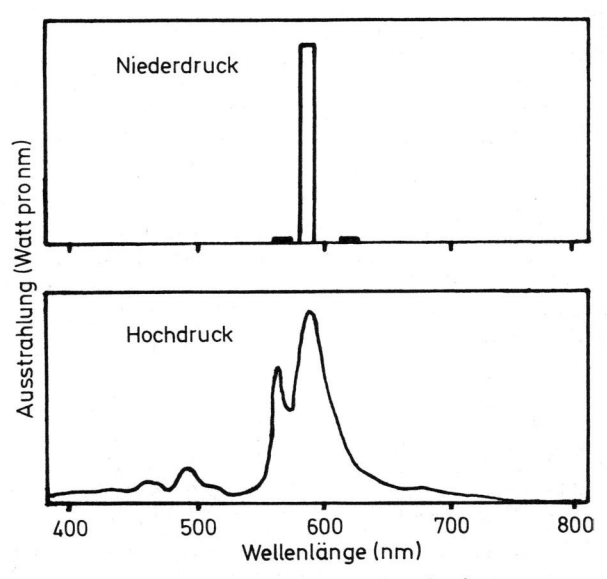

Abb. 88: Strahlungsspektren zweier Arten von Natriumlampen.

geht als Wärme verloren; 2.) Der größte Teil der in Strahlung umgewandelten Energie fällt in Spektralbereiche, für die das Auge weniger empfindlich ist als für das 556 nm-Licht. Die Niederdruck-Natriumlampe muß als sehr effektiv angesehen werden, da sie ein Viertel des theoretisch maximalen Lichtaustausches erreicht.

Da das Licht einer Niederdrucknatriumlampe im großen und ganzen aus einer einzigen Wellenlänge besteht, kann man die Farbe bestrahlter Gegenstände nicht unterscheiden. Das begrenzt natürlich in hohem Maße die Verwendungsgebiete solcher Lampen. Für manche Gegenstände zieht man Hochdruck-Natriumlampen vor, die ein bedeutend weißeres Licht machen, entsprechend ihrem breiteren Spektralbereich (Abb. 88).

Arbeitsbeleuchtung

Das menschliche Auge kann über ein sehr großes Lichtintensitätsintervall hinweg funktionieren, angefangen vom vollen Sonnenlicht (100000 Lux) bis zum Mondlicht (0,2 Lux). Das Intensitätsoptimum liegt jedoch dazwischen, d. h. das Auge arbeitet am besten bei einer bestimmten mittleren Lichtintensität. Der Beleuchtungsgrad, der für höchste Leistungsfähigkeit erforderlich ist, wechselt u. a. mit der Art der auszuführenden Arbeit, mit dem Alter usw. Ein Mensch mit 60 Jahren braucht 1000 Lux, wo 100 Lux für einen Zwanzigjährigen genügen. Die Hauptursache für den zunehmenden Lichtbedarf im Alter ist die abnehmende Durchsichtigkeit der Linse und anderer Teile des Auges. Es ist eine beklemmende Tatsache, daß viele alte Leute in Altersheimen nicht lesen können, weil das Licht zu schwach ist. Andererseits ist Sonnenlicht beispielsweise allzu hell zum Lesen eines Buches. In schneebedeckten Gebieten, besonders in den Bergen kann das natürliche Licht auch zu hell für die menschlichen Augen werden und sog. Schneeblindheit verursachen. Die Fähigkeit, starkes Licht unbeschadet zu überstehen, ist bei den Menschen sehr verschieden ausgeprägt.

Zahlreiche Untersuchungen wurden durchgeführt bezüglich der Arbeitseffektivität von Industriearbeitern als Funktion der Intensität der Arbeitsbeleuchtung. In einer Weberei wurden ca. 2000 Lux für eine maximale Arbeitsleistung ermittelt. Niedrigere Intensität verursachte folgende Produktionsverluste: 1500 Lux: 1% Verluste, 1000 Lux: 3%, 350 Lux: 7% und 150 Lux: 11%. Da die Beleuchtungskosten zu den gesamten Produktionskosten vergleichsweise niedrig sind, sprechen diese Zahlen für eine Verwendung einer hohen Beleuchtungsstärke.

Wichtig ist jedoch nicht nur die Beleuchtungsstärke. Das Auge registriert eigentlich die Helligkeit, d. h. das Produkt aus Beleuchtungsstärke und Reflexionsvermögen der betrachteten Gegenstände. Es gibt gewisse Grenzen dafür, wie die Helligkeit innerhalb des Sehfeldes variieren darf, ohne daß damit das Sehvermögen vermindert wird. Kein peripherer Teil des Sehfeldes soll heller sein als der Teil, auf den die Aufmerksamkeit konzentriert ist, aber das peripherere Sehfeld darf auch nicht ganz dunkel sein, sondern sollte 20–100% der Helligkeit des zentralen Sehfeldes betragen.

Die offizielle Empfehlung für schwedische Schulen ist mindestens 250 Lux am Arbeitstisch jedes Schulkindes, manche Experten empfehlen doppelt so viel. Eine neuerlich durchgeführte Untersuchung hat ergeben, daß die tatsächlichen Werte zwischen 20 und 1000 Lux variieren; weniger als die Hälfte der Klassenzimmer haben eine zufriedenstellende Beleuchtung. Man hat auch herausgefunden, daß die Leistung bei schriftlichen Arbeiten bei 90 Lux 7% niedriger lag als bei 550 Lux.

Licht im Straßenverkehr

Der motorisierte Verkehr bringt eine Vielzahl schwieriger Probleme mit sich. Ein noch nicht gelöstes ist die Blendwirkung entgegenkommender Autos, wie jeder Autofahrer aus eigener Erfahrung weiß. Eine Kompromißlösung dieses Problems ist das Einführen des Voll- und Abblendlichtes. Die Blendwirkung ist geblieben, besonders wenn das Abblendlicht des entgegenkommenden Autos nicht richtig eingestellt ist, bei unebener Straße, verschmutzter oder verkratzter Windschutzscheibe oder wenn der Fahrer nicht mehr ganz jung ist. (Die erhöhte Trübung der Linse bei älteren Personen verstärkt die Blendwirkung erheblich.) Außerdem wird das Sehfeld beim Abblenden stark reduziert.

Viele alternierende Lösungen sind vorgeschlagen worden. Einige Verkehrsexperten behaupten, es sei besser nur mit Vollicht zu fahren. Andere plädieren für vermehrte feste Weg- und Straßenbeleuchtung. Die Unfallstatistik zeigt, daß die Straßenbeleuchtung die tödlichen Unfälle auf 50% herabsetzen kann, aber eine allgemein ausreichende Beleuchtung aller Straßen in einem so dünn besiedelten Land wie Schweden oder USA wäre unerschwinglich teuer. Sie würde eine erhebliche Steigerung des totalen menschlichen Energieumsatzes bedeuten, was aus ökologischen Gründen unerwünscht wäre. Diese Lösung ist also kaum zu empfehlen, nicht mal im dichtbevölkerten Deutschland, denn in Landwirtschafts- und Gartengebieten kann schließlich ein lückenloser Ausbau der elektrischen Beleuchtung den natürlichen Rhythmus der Pflanzen ernsthaft stören (vergleiche Kap. 6). Dies gilt vor allem für die immer häufiger installierten Hochdruck-Natriumlampen, die erhebliche Mengen roten Lichts aussenden, das das Phytochromsystem beeinflussen kann (siehe Tafel 20).

Eine interessante Idee, die erstaunlich wenig Resonanz gefunden hat, ist die Benützung planpolarisierten Lichts für die Autoscheinwerfer. Sie müßten zu diesem Zweck mit Polarisationsfiltern versehen werden, die das Licht in 45-gradigem Winkel zur Vertikalen polarisieren. Entweder die Windschutzscheiben oder die Brille des Autofahrers müßten mit demselben Filter ausgerüstet werden. Die Polarisationsebene des Lichts des einen Fahrers würde von ihm aus gesehen so / liegen, während die Polarisationsebene vom Licht eines entgegenkommenden Autos für den Fahrer so \ läge, und somit von seinem Polarisationsfilter nicht durchgelassen werden würde. Dieses System hat allerdings auch einige Haken. Beispielsweise würde das Licht eines nachfolgenden Autos wie bisher den Fahrer über den Rückspiegel blenden. Fußgänger und Radfahrer bräuchten bei diesem System auch irgendeinen Blendschutz.

Eine andere kontroverse Frage ist die Farbe der blinkenden Warnlichter bei Polizeiautos, Krankenwagen und Feuerwehr. In großen Teilen Europas ist diese Farbe von rot auf blau geändert worden, eine begreiflicherweise umstrittene Handlung, wenn man bedenkt, daß das Wahrnehmungsvermögen für verschiedene Farben auch erheblich bei Personen schwankt, die eine anerkannt normale Sehfähigkeit besitzen. Die Empfindlichkeit für blaues Licht variiert besonders stark, sowohl wegen der unterschiedlichen Anzahl empfindlicher Zapfen in der Netzhaut, als auch weil die «unnütze» Absorption blauen Lichts beispielsweise in der Augenlinse bei den Menschen so verschieden ist.

Warum haben manche Autos gelbe Scheinwerfer oder gelbe Nebelscheinwerfer (in Frankreich ist gelbes Licht sogar obligatorisch)? Der Sinn liegt darin, die Lichtstreuung im Nebel durch Weglassen der blauen Lichtkomponente zu verringern. Das blaue Licht wird nämlich am stärksten von kleinen Teilchen, z. B. von den Wassertröpfchen im Nebel, gestreut. Die besondere Farbe des Scheinwerferlichts erleichert außerdem den Verkehrsteilnehmern ein gefährliches Auto von anderen Lichtquellen zu unterscheiden. Da Straßenbeleuchtung sehr viel Energie braucht, wurden große Anstrengungen unternommen, um den Lichtaustausch in Lampen zu erhöhen. Glühlampen werden heutzutage nur ausnahmsweise für Straßenbeleuchtung verwendet. Sie sind nach und nach durch Leuchtstoffröhren, Hochdruckquecksilberlampen und in manchen Fällen durch Natriumlampen ersetzt worden. Lampen mit

Natriumdampf unter niedrigem Druck setzen, wie bereits erwähnt, elektrische Energie auf sehr effektive Weise in Licht um, erlauben aber keine Unterscheidungsmöglichkeit verschiedener Farben. Der vorübergehende Verlust des Farbensehens ist nur ein geringfügiger Nachteil; er kann uns sogar dazu verhelfen, verschiedenfarbige Warnlichter auf jeden Fall zu bemerken, seien sie nun blau oder rot.

Beleuchtung bei Haustieren

Obwohl korrekte Beleuchtung auch für andere Haustiere von Bedeutung ist, will ich die Erörterung auf die Hühnerzucht beschränken. Für die Hühnerzucht ist richtige Beleuchtung so wichtig für die maximale Produktivität, daß heutzutage empfohlen wird, Hühnerfarmen ohne Fenster zu bauen, damit die Beleuchtung ganz genau reguliert werden kann.

Das Licht bewirkt dreierlei:

1. Es reguliert das Einnehmen von Nahrung, da die Vögel nicht in Dunkelheit fressen. Daher werden Hähnchen, die möglichst rasch wachsen sollen, in Langtagsverhältnissen gehalten oder sogar in kontinuierlichem Licht, um sie zu größtmöglicher Nahrungsaufnahme zu bewegen. Für Leghühner ist die Situation, wie wir sehen werden, komplizierter.

2. Licht reguliert das soziale Verhalten der Vögel untereinander. Die Verhältnisse in einer modernen «Hähnchen- oder Eierfabrik» sind höchst unnatürlich. Um einen maximalen wirtschaftlichen Ertrag zu erhalten, hält man die Vogeldichte bei einem Wert von etwa 15 Tieren pro

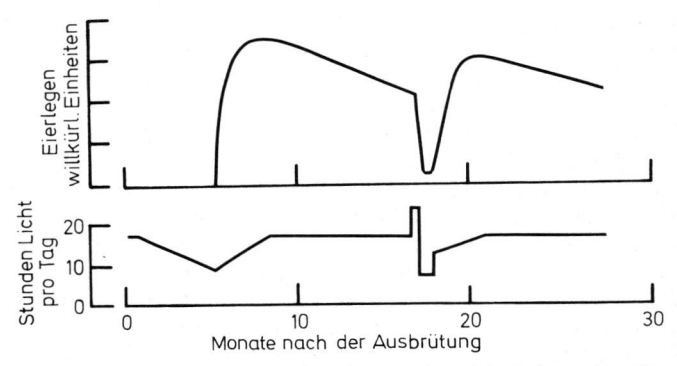

Abb. 89: Belichtungsprogramm und Eierlegen während des Lebens einer Henne.

m². Das große Gedränge und die Monotonie des Daseins steigert die Aggressivität der Tiere, sodaß sie sich gegenseitig ernsthaft verletzen oder sogar töten können. Man kann die Vögel beruhigen, wenn man die Beleuchtung niedrig hält – höchstens 10 Lux. Andere Methoden, die dem Laien grausamer erscheinen, sind das «Abschnäbeln» und Entfernen des Kamms. Der Kamm fungiert als eine Art soziales Kennzeichen, die den Vögeln das Wiedererkennen untereinander erleichtert. Wenn der Kamm entfernt wird, können sie sich nicht für ein bestimmtes «Hackopfer» entscheiden.

3. Der Hell-Dunkelrhythmus reguliert das Fortpflanzungsverhalten: sexuelles Auftreten und Eierlegen. Die für die Aufzucht von Hühnchen zur Eierproduktion empfohlenen Beleuchtungszyklen sind wie folgt (Abb. 89):

a) Während der ersten Wochen 18 Stunden Licht pro Tag, um den ausgeschlüpften Küken genügend Zeit zum Fressen zu geben.

b) Während der folgenden Wochen immer kürzere Tageslichtperioden, bis zu 8 oder 9 Stunden in einem Alter von 20 Wochen. Durch eine derartige Verkürzung der Lichtperiode spart man Futter, während die Hühner heranwachsen.

c) Wenn die Vögel in einem Alter von 5 Monaten oder etwas mehr mit dem Eierlegen beginnen, wird die tägliche Lichtperiode nach und nach um 1 Stunde pro Monat verlängert, bis 17 Stunden Licht pro Tag nach 8 Monaten erreicht sind. Das Eierlegen wird durch zunehmende Tageslänge gefördert, jedoch nur bis zu einer Tageslichtlänge von 17 Stunden.

d) Die Tageslänge wird in den nächsten 7–9 Monaten konstant gehalten. In dieser Periode nimmt das Legen allmählich wieder ab. Man muß zu einer von zwei Methoden greifen, um zu verhindern, daß die Hühnerzucht nun unrentabel wird. Entweder werden die Hühner nach 9 Monaten geschlachtet oder man beginnt einen neuen Legerhythmus mit den alten Hühnern.

e) Um letztere Alternative zu verwirklichen, induziert man das Mausern durch eine Woche kontinuierlichen Lichts, gefolgt von 3 Wochen mit 7 Stunden Licht pro Tag. (Das Mausern kann man auch dadurch hervorrufen, daß man den Vögeln einige Zeit keine Nahrung und Wasser gibt.) Aufgrund dieser Behandlung hören die Hühner fast auf, Eier zu legen, aber eine nachfolgende Periode mit steigender Tageslänge steigert die Eierproduktion fast wieder auf das erste Maximum. Nach einer Endperiode von 17-Stundentagen werden die Hühner geschlachtet.

Elektrische Beleuchtung im Gartenbau

Kunstlicht im Zusammenhang mit Pflanzen wird nur im Gartenbau verwendet. Es wird sich vermutlich unter keinen Umständen jemals lohnen, Kornfelder oder Wälder künstlich zu beleuchten.
Elektrisches Licht kann verwendet werden:
a) in großen Mengen, um die Photosynthese in Gang zu setzen und zu erhalten oder
b) in viel geringeren Mengen, um photoperiodische oder andere regulatorische Wirkungen zu erzielen.
a) Elektrisches Licht mit photosynthetisch wirksamer Intensität wird für den Anbau von Gurken und Tomaten während der Wintermonate verwendet, meistens komplementär zum natürlichen Licht im Gewächshaus. Tomaten werden auch in fensterlosen Häusern ohne natürliches Licht gezüchtet. Im kalten Klima – wie z. B. in Nordeuropa – bewirken Gewächshäuser ohne Fenster einen so viel besseren Wärmehaushalt mit exakter Temperaturkontrolle, daß es sich nicht lohnt, das bißchen Tageslicht im Winter zu verwerten. Tomatenanbau unter elektrischem Licht erfordert den Einsatz von ca. 60 Watt pro Quadratmeter, die natürlich auch zur Heizung beitragen. Die Tomatenpflanzen wachsen schneller, je länger das Licht jeden Tag eingeschaltet ist, gedeihen sie aber bei konstanter Temperatur, so brauchen sie pro Nacht mindestens 4 Stunden vollständige Dunkelheit, wenn sie gesund bleiben sollen (vergleiche Seite 145).
Manchmal lohnt es sich, künstliches Photosyntheselicht auch für Salat und Zierpflanzen zu verwenden. Die gebräuchlichsten Lampen für Photosyntheselicht sind Leuchtstoffröhren und Hochdruckquecksilberlampen.
b) Schwächeres Licht findet Verwendung, um die Entwicklung der Pflanzen auf mannigfaltige Weise zu steuern. Kartoffeln werden am Keimen gehindert durch eine Kombination von niedrigen Temperaturen (2–4° C) und Licht. Am wichtigsten ist jedoch die Steuerung der pflanzlichen Blütenbildung durch photoperiodisch wirksames Licht. Mit solchen Methoden können große Mengen Zierblumen exakt zu den Zeiten produziert werden, an denen die Nachfrage groß ist, z. B. zum Muttertag oder zu Weihnachten. Dies gilt für viele Arten. Da aber nicht alle aufgezählt werden können, greifen wir die Beleuchtungsprozedur der Chrysanthemen heraus. Das Chrysanthemum ist eine Kurztagpflanze, bei der Blütenknospen induziert werden, wenn die zusammenhängende tägliche Lichtperiode 14,5 Stunden unterschreitet. Ein mögliches Beleuchtungsprogramm für die volle Blütenentfaltung zum Verkauf Mitte Dezember sieht folgendermaßen aus: Nachdem die

Stecklinge am 25. August ausgepflanzt wurden, werden sie unter Langtagbeleuchtung bis 17. September gehalten. Die Blütenknospen werden dann durch neun «kurze Tage» induziert. Vom 26. September bis 8. Oktober werden die Pflanzen wieder in Langtagbeleuchtung gehalten, um die Anzahl der Strahlenblüten (das sind die flachen Blüten am Rand von z. B. wilden Margeriten) zu erhöhen auf Kosten der Scheibenblüten. Schließlich wendet man bis zur Blütenbildung Kurztagbehandlung an. Für Chrysanthemen sind kurze Tage nicht nur für die Blütenbildung notwendig, sondern auch für eine ordnungsgemäße Entwicklung der Blumen. In Deutschland sinkt Anfang August die Länge des natürlichen Tages unter 14,5 Stunden. Um allzu frühes Blühen zu verhindern (im November ist die Nachfrage nach Blumen nicht groß), muß man daher vom Anfang an elektrisches Licht benützen. Im erwähnten Fall genügt es, Ende August und in der ersten Hälfte des Septembers den natürlichen Tag um ca. 2 Stunden zu verlängern. Will man im Frühjahr Blumen produzieren – sagen wir zu Ostern – muß man die kurzen Tage mitten im Winter um 8 Stunden verlängern, um zu frühes Blühen zu verhindern. Es ist aber unwirtschaftlich, die elektrische Beleuchtung unmittelbar in der Dämmerung anzuschalten, und zwar wegen der Nachwirkung des natürlichen Lichts; die Beleuchtung der ersten Stunde wäre dann vergeudet. Besser ist eine *Lichtunterbrechung* in der Nacht, da 5 Stunden elektrische Beleuchtung bei einer Lichtintensität von 0,2 Watt pro m^2 in diesem Fall genügen. Noch rentabler ist allerdings eine mehrmalige Wiederholung der Lichtunterbrechung in der Nacht, bestehend aus 10 Lichtperioden à 6 Minuten mit 24 Minuten Dunkelheit zwischen zwei nacheinander folgenden Lichtperioden. Zwar ist eine etwas höhere Lichtintensität erforderlich, um eine solche Behandlung effektiv zu gestalten, aber der tägliche Energieverbrauch beträgt dennoch nur 72% einer einzigen zusammenhängenden Lichtunterbrechung und weniger als die Hälfte der Energie, die eine effektive Verlängerung des natürlichen Tages in Anspruch nimmt.

Appendix

Vergleich von natürlichen Lichtquellen und der Lichtempfindlichkeit für biologische Prozesse. Außer bei der Photosynthese sind die unteren Grenzwerte für einen biologischen Effekt gemeint.

Watt pro m^2

1 000	klares Sonnenlicht um die Mittagszeit im Juni, 100 000 Lux
	Lichtsättigung der Photosynthese des Weizens 20 000 Lux
100	Tageslicht, bedeckter Himmel 1 000–10 000 Lux
10	Kompensationspunkt der Photosynthese (Atmung und Photosynthese gleich), 100–1 000 Lux
1	photoperiodische Blütenkontrolle, ca. 100 Lux
0,1	spätes Dämmerungslicht
	Samenkeimung (8 Minuten rotes Licht)
0,01	Mondlicht, maximal 0,2 Lux
0,001	menschliches Farbsehen, Phototaxis bei Flagellaten
0,0001	wahrnehmbare Chlorophyllbildung (rotes Licht)
0,00001	Phototropismus bei Haferkoleoptile (blaues Licht)
	Strecken der Spitze der Bohnenpflanze (rotes Licht)
0,000001	Phototropismus bei Schimmelpilzen (20 Minuten blaues Licht).
0,0000001	schwarz-weißes Bildsehen des Menschen (Strahlungswert bedeutet Beleuchtung betrachteter Gegenstände).
0,00000001	
0,000000001	Licht von einem kräftigen Stern (Sirius)
0,0000000001	formgebende Wirkung von Licht (Verkürzungseffekt auf den unteren Teil eines Haferkeimlingsstiels, rotes Licht).
0,00000000001	
0,000000000001	Licht von einem Stern der 6. Größenordnung, mit bloßem Auge kaum sichtbar (0,000000002 Lux an der Pupille).
0,00000000000000000001	Licht von den schwächsten Sternen, die gerade noch mit dem größten Teleskop photographiert werden können.

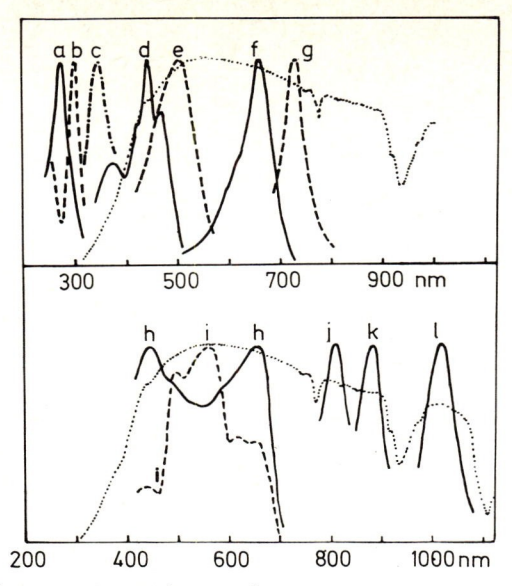

Abb. 90: Übersicht über Wirkungsspektren:
a) bakterientötender Effekt
b) Sonnenbräune (Hautrötung)
c) UV-empfindliche Sehzellen bei Bienen
d) Phototropismus bei Pflanzen
e) Dämmerungssehen des Menschen
f) Phytochromumwandlung $P_R \to P_{DR}$
g) Phytochromumwandlung $P_{DR} \to P_R$
h) Photosynthese in Blättern einer Landpflanze
i) Photosynthese in einer Rotalge
j, k, l) langwellige Absorptionsmaxima für verschiedene Purpurbakterien, wahrscheinlich auch Maxima der Wirkungsspektren für ihre Photosynthese. Die gestrichelte Kurve zeigt das ungefähre Spektrum des Sonnenlichts an der Erdoberfläche (Photonen pro Wellenlängenintervall). Die exakte Zusammensetzung des Lichts ist von Wetter und Sonnenhöhe abhängig.

Literaturverzeichnis

Allgemeines über Photobiologie

R. K. Clayton: Light and living matter (2 vol.). MacGraw-Hill 1970–1971.
A. C. Giese (Herausg.): Photophysiology, vol. I–VIII. Academic Press 1964–1973.
J. Jagger: Introduction to research in ultraviolet photobiology. Prentice Hall, Englewood Cliffs, N. J. 1967.
Y. LeGrand: An introduction to photobiology. Faber 1970 (Franz. Original 1967).
H. H. Seliger & W. D. McElroy: Light: Physical and Biological action. Academic Press 1965.
J. B. Thomas: Einführung in die Photobiologie (Deutsche Übersetzung Gustav Schoser). George Thieme Verlag, Stuttgart 1968.

Kapitel 1

H. F. Blum: Time's arrow and evolution. Harper, New York 1962.
H. Meier & E. Müller: Licht als Reaktionspartner. – Umschau 73 (1973) Heft 5, S. 138–144.
H. J. Morowitz: Energy flow in biology. Academic Press 1968.
R. Riedel: Energie, Information und Negentropie in der Biosphäre. Naturw. Rdsch. 26. Jahrg., Okt. 1973, Heft 10, S. 413–419.
E. Schrödinger: What is life? Cambridge University Press 1967.
W. Schönborn: Der natürliche Kreislauf der Stoffe. – Umschau 72, (1972), Heft 20, S. 655–657.

Kapitel 2

R. M. Devlin & A. V. Barker: Photosynthesis. Van Nostrand Reinhold 1971.
K. Egle: Die Photosynthese der grünen Pflanzen. – Umschau 1966 Heft 17, S. 549–557.
R. P. F. Gregory: Biochemistry of photosynthesis. Wiley 1971.
O. V. S. Heath: Physiologie der Photosynthese. Thieme/Enke, Stuttgart 1972 (Engl. Original 1969).
W. Kreutz: Röntgenographische Strukturuntersuchungen in der Photosyntheseforschung. – Umschau 1966. Heft 24, S. 806–813.
K. Mühlethaler: Der Feinbau des Photosynthese-Apparates. – Umschau 1966, Heft 20, S. 659–662.
E. Rabinowitch & Govindjee: Photosynthesis. Wiley 1969.

H. G. Schlegel: Die Schwefelpurpurbakterien. – Umschau 1963, Heft 18, S. 573–577.

H. T. Witt: Neuere Ergebnisse über die Primärvorgänge der Photosynthese. – Umschau 1966, Heft 18, S. 549–557.

Kapitel 3

W. Adam: Biologisches Licht. – Chemie in unserer Zeit. 7 Jahrg. 1973/Nr. 6.

H. E. Gruner: Leuchtende Tiere. Neue Brehm-Bücherei: A. Ziemsen Verlag, Wittenberg, Lutherstadt 1954.

E. N. Harvey: Living light. Princeton Univ. Press. 1940.

E. N. Harvey: Bioluminescence. Academic Press 1952.

W. D. McElroy: Biolumineszenz – Chemie und biologische Bedeutung. – Umschau 69 (1969) Heft 15, S. 472–474.

M. Rodewald: Leuchträder des Meeres. – Umschau 61, (1961), S. 17.

F. Schaller: Das Licht der Tiere. – Umschau 63, 1963, S. 663–665.

F. Schaller: Weshalb leuchten Glühwürmchen? – Umschau 61 (1961) S. 4–6.

D. L. Tiermann: Nature's toy train, the railroad worm. National Geographic, Juli 1970.

F. G. Vosburgh: Torchbearers of the Twilight. National Geographic, Mai 1951.

P. A. Zahl: Fishing in the whirlpool of Charybdis.
  Sailing a sea of fire.
  Wing-borne lamps of the summer night.
  Nature's night lights.
– National Geographic, Nov. 1953, Juli 1960, Juni 1962 und Juli 1971.

Kapitel 4

H. Autrum et al. (Herausg.): Handbook of sensory physiology Vol. VII, band 1–4. Springer 1972–1973.

C. G. Bernhard u. Mitarb.: Modification of specular reflexion and light transmission by biological surface structures. – Quart. Rev. Biophys. Vol. 1 s. 89 (1968).

R. Braun: Der Leichtsinn augenloser Tiere. – Umschau 58, (1958) S. 3.

P. S. Callahan: A hight frequency dielectric waveguide on the antennae of night-flying moths (Saturnidae). – Applied Optics Vol. 7, s. 1425 (1968).

A. Hajos: Die optischen Fehler des Auges. – Umschau 64 (1964) S. 491.

B. Hassenstein & W. Reinhardt: Wie sehen Insekten Bewegungen? – Umschau 59 (1959), S. 302.

G. A. Horridge (Herausg.): The compound eye and vision of insects. Oxford Univ. Press 1974.

J. de la Motte: Über die augenunabhängige Lichtwahrnehmung bei Fischen. – Naturwiss. 50, (1963), S. 363, Ref. in Naturwiss. Rdsch. 16 (1963), S. 487.

A. Portmann: Tarnung im Tierreich. Springer Verlag 1956,

H. Stieve: Mechanismen der Erregung von Lichtsinneszellen. – Naturw. Rdsch. 27. Jahrg., Heft 2, 1972. S. 45–56.

Kapitel 5

G. Birukow & E. Busch: Lichtkompassorientierung beim Wasserläufer Velia currens. – Zchr. Tierpsych. Vol. 14, S. 184 (1957).

J. T. Emlen & R. L. Penney: The navigation of penguins. – Scientific American Okt. 1966, S. 105.

G. S. Fraenkel & D. L. Gunn: The orientation of animals. Dover 1961.

K. von Frisch: Aus dem Leben der Bienen. Springer-Verlag 1959.

K. von Frisch: Tanzsprache und Orientierung der Biene. Springer-Verlag, 1965.

Hasler et al.: Sun-orientation and homing in fishes. – Limn. Oceanogr. Vol. 3, s. 353 (1958).

W. Haupt: Orientierung der Pflanzen zum Licht. – Naturw. Rdsch. *18*, (1965), Heft 7, S. 261–267.

R. Jander: Die Hauptentwicklungsstufen der Lichtorientierung bei den tierischen Organismen. – Naturw. Rdsch. *18*, (1965), Heft 8, S. 318–324.

R. M. Lockley: Animal navigation. Barker, London 1967.

G. V. T. Matthews: Bird navigation. Cambridge Univ. Press. 1960.

F. Sauer: Die Sternenorientierung nächtlich ziehender Grasmücken. – Zschr. Tierpsych. Vol. 14, S. 29 (1957).

K. Schmidt-Koenig: Neue Versuche zum Orientierungsvermögen von Brieftauben. – Umschau *65* (1965), Heft 16, S. 502–507.

W. Wiltschke: Die Orientierung der Zugvögel. – Umschau *74* (1974) Heft 5, S. 137–143.

Kapitel 6

J. Aschoff: Tagesrhythmus des Menschen bei völliger Isolation. – Umschau *66* (1966), Heft 12, S. 378–383.

S. D. Beck: Insect photoperiodism. Academic Press 1968.

S. D. Beck: Animal photoperiodism. Holt, Rinehart & Winston, New York 1963.

E. Bünning: Die physiologische Uhr, 2. Aufl. Springer Verlag 1963.

A. S. Danilevskii: Photoperiodism and seasonal development of insects. Oliver & Boyd, Edinburgh & London 1965.

J. E. Harker: The physiology of diurnal rhythms. Cambridge Univ. Press. 1964.

B. Lofts: Animal photoperiodism. Arnold, London 1970.

K. Mitrakos & W. Shropshire, Jr (utg.): Phytochrome, Academic Press 1972.

H. Mohr: Die Steuerung der pflanzlichen Entwicklung durch Licht. – Umschau 1963, Heft 1, S. 20–24.

H. Mohr: Die Photomorphogenese der Dikotylenkeimlinge. – Naturwiss. Rdsch. *16* (1963), Heft 1, S. 1–9.

H. Mohr: Lectures on photomorphogenesis. Springer Verlag 1972.

H. J. Müller: Tageslänge als Regulator des Gestaltwandels bei Insekten. – Umschau 1959, Heft 2, S. 36–39.

B. M. Sweeney: Rhythmic phenomena in plants. Academic Press 1969.

Kapitel 7

H. F. Blum: Photodynamic action and diseases caused by light. Reinhold 1941.

D. Krämer: Sonnenbrand und Photosensibilisierung. – Umschau 70 (1970), Heft 16, S. 509–510.

R. Lotmar: Die Ultraviolett-Strahlung und ihre biologisch-medizinische Bedeutung. Naturw. Rdsch. 25 (1972), Heft 3, S. 89–99.

Kapitel 8

M. Calvin: Chemical evolution. Oxford Univ. Press. 1969.

C. Dose: Chemische Evolution und die Ursprünge präbiologischer Systeme. – Umschau 67 (1967), Heft 21, S. 683–688.

M. Gardner: Das gespiegelte Universum. Friedr. Vieweg & Sohn, Braunschweig, 1967.

G. Hägg: Rechts und links in toter und lebender Materie. – Umschau 64 (1964), Heft 10, S. 307–311.

W. Harm: Reparatur von Ultraviolett-Schäden in der Erbsubstanz. Umschau 70 (1970), Heft 15, S. 469–472.

R. W. Kaplan: Der Ursprung des Lebens. Thieme, Stuttgart 1972.

W. Loos: 50 Jahre «Mitogenetische Strahlung». – Naturw. Rdsch. 27 (1974) Heft 3, S. 108–110.

J. M. Olson: The evolution of photosynthesis. – Science Vol. 168, s. 438 (1970).

A. I. Oparin: The origin life. Macmillan 1938, Dover 1953.

C. Ponnamperuma: The origins of life. Thames and Hudson, London 1972.

Kapitel 9

W. Braunbek: Die Sprache der Spektren. – Umschau 1963, Heft 3, S. 77–81.
A. Einstein: Grundzüge der Relativitätstheorie. Braunschweig 1965.

Kapitel 10

K. H. Becker: Physikalisch-chemische Probleme der Luftverunreinigung – Chemie in unserer Zeit 5 (1971), S. 9–18.

H. Güsten & R. D. Penzhorn: Photochemische Reaktionen atmosphärischer Schadstoffe. – Naturw. Rdsch. 27 (1974), Heft 2, S. 56–68.

M. Juhrén & R. Knapp: Eigenschaften und Wirkungen von «Smog» – Umschau 62 (1972), Heft 24, S. 774–775.

Kapitel 11

E. D. Bickford & S. Dunn: Lighting for plant growth. The Kent State University Press 1972.

A. E. Canham: Artificial light in horticulture. Centrex Publishing Co., Eindhoven 1966.

J. Kalich: Wissenschaftliche Untersuchungen im Dienste der modernen «Hühnerfarm». – Umschau 62 (1962), Heft 23, S. 741–744.

E. L. Nuernbergk: Kunstlicht und Pflanzenkultur. BLV, München, Bonn, Wien 1961.

E. L. Nuernbergk: Die Kunstlichtbeleuchtung von Pflanzen. – Umschau 62 (1962), Heft 4, S. 113–116.

K. W. Riegel: Light pollution. – Science 179 (1973): 1285.

U. Ruge: Welches Kunstlicht entspricht den Bedürfnissen der Pflanze? – Umschau 67 (1967), Heft 2, S. 47–51.

Register

Absorptionsspektrum 6
Aktionsspektrum, siehe Wirkungsspektrum
akzessorische Pigmente 44
Acetylcholin 91
Adaptation, siehe Adaption
Adaption 51, 93
Adenin 34, 37, 163, 171
Adenosin 37, 171
Adenosin-Mono- (Di-, Tri-) Phosphat siehe AMP, ADP, bzw. ATP
ADP 37, 38, 41–44
Adrenalin 63
Akkomodation 71, 75
Alphateilchen 4
Aminosäure 172, 173
AMP 37, 38, 60
Antennenpigmente 44
Antireflexionsschicht 81
Araschnia 144
Arrhenius 169
Asymmetrie 172
ATP 37, 38, 41–44, 60, 107, 171, 172

Bakterien 39, 56, 63
Basalzellen 172
Base 163
Beta-Carotin 31
Beta-Strahlung 178
Beta-Teilchen 4, 178
Bildsehen 69
Biolumineszenz 56
Blinder Fleck 88
Brechungsindex 76, 81
Bürzeldrüse 160

Carotin (-oid) 30, 44, 111
Carotinproteid 111
chemische Energie 15
Chinon 17
Chlorella 23, 25
Chlorolab 86, 95, 96
Chlorophyll 15, 22, 24–30

Chloroplast 22
chromatische Aberration 72
chromatische Adaption 51
Chromatium 106
cis-Form 84
Cyanolab 86, 95, 96
Cypridina 59
Cytochrom 33, 40
Cytochromoxidase 92
Cytocin 163

Dämmerungssehen 94
Desoxyribonukleinsäure 162–166, 173
Diadema 116
Dimorphismus 143, 144
Diphosphoglycerinsäure 42
dualistische Betrachtungsweise 2–3
Dunkelreaktion 9
dunkelrotes Licht 3, 135

Einstein (Gesetz) 8
Einsteins Relativitätstheorie 180
Einzelaugen 76
elektromagnetische Wellenbewegung 1
Elektronenvolt 34
Energie 3, 9
Energiequantum 1, 11
energiereiche Phosphatbindung 38
energiereiche Verbindung 16
Entropie 12, 168
Eosin 157
Ergosterin 158
Erregungsübertragung 112
Erythrolab 86, 95, 96
etioliert 135
Euglena 107

Facettenauge 76
Farbensehen 96, 101–103
Ferredoxin 33
Feuerfliegen 56, 59–62

Flagellaten 64, 105, 108, 128
Flavin 111
Flavo-Proteid 33, 54
Frequenz 3
Fukoxanthin 44
Fumarsäure 83
Furocumarin 156

Gammastrahlung 5
Gartenbau 197
Gelber Fleck 68, 73, 75, 88, 100
Genetischer Code 13, 163
Glycerinaldehyd 43
Gonyaulax 64, 128
Grana 22
Grotthuß-Drapergesetz 7

Hohlleiter 80
Hämoglobin 26, 157
Hormon 63, 112
Hornhaut 68, 71, 75, 76
Hornschicht 152
Hühnerzucht 195

Information 14, 162
Infrarotstrahlung 3, 12, 40
Iris, siehe Regenbogenhaut
isomer 84
Isomerisierung, 84, 101

Jahreszeitdimorphismus siehe Saisondimorphismus

Kalanchoe 148
Kamouflage 103
Kohlendioxid 19–21, 41, 60
Kohlendioxidassimilation 41
Kohlenhydrat 19–20, 43
Kohlenmonoxid 92
Koleoptile 112
konjugierte Bindungen 25, 32, 85
Kurztagpflanze 145

Lampen 188–192
Langtagpflanze 145
Lederhaut 152

Lichtdruck 169
Lichtquantum 1
Linse 67, 68, 70–71, 74–76, 107, 194
Linsenauge 67, 68, 70
Lochkameraauge 70
Luziferase 58–59
Luziferin 58–60

Maleinsäure 84
malpighische Zellen 152
Malve 115
Medialauge 74–76
Melanin 153
Membran 22, 90–92, 140
Metoxipsoral 158
Mikrometer 3, 4
Mimikry 103
molekulare Asymmetrie 173
Mutation 163

Nachahmung 103
NAD 39, 89
NADP 34
Nanometer 3, 4
navigieren 123
Nautilus 67, 68, 69
Netzhaut 71, 74–76, 83–101
Nikotinamid-Adenin-Dinukleotid (-Phosphat), siehe NAD bzw. NADP
Nippel 81
Noctiluca 64
Nukleinsäure 162–167, 173, 175

Oberhaut 152
Ommatidium 76
Oxydation 17

Paritätsprinzip 177
Pasteur 168
Perzeptionsgebiet 112
P_{DR} 137–139
Phobo-Phototaxis 106
Phospho-Glycerin-Aldehyd 43
Phospho-Glycerinsäure 42
Phosphorylierung 35

Photinus 59
photodynamische Wirkung 158
photophil 149
photokinetisch 108
Photon 1
Photonastie 110
Photoperiodismus 141–151, 195–198
Photoreaktivierung 166
Photosynthese 10, 15–55, 106, 108, 199, 200
Phototaxis 106
Phototropismus 110–115
Phycocyanin 44, 138
Phycoerythrin 44, 48, 138
Phycomyces 111
Phytochrom 133–141, 147, 150, 151
Pi-Elektron 83, 85
Pigment 7
Pilobolus 110
Planck'sche Konstante 4
planpolarisiert 2
Plastochinon 33
Plastocyanin 34
Polarisationsebene 2
Porphyrie 157
P_R 137
primäre photochemische Reaktion 8, 9
primitive Atmosphäre 172
Protochlorophyll 50
Proton 4, 20, 21, 35
Psoriasis 161
Pupille 69, 71
Purpurbakterien 105

Quantenaustausch 8
Quantentheorie 2

Rachitis 158
Rauschen 98
Reaktionsgebiet 112
Redoxreaktion 18
Reduktion 17
Regenbogenhaut 71
Relativitätstheorie 180
Retinal 84

Retinol, siehe Vitamin A
Reizleitung siehe Erregungsübertragung
Rhodopsin 8, 50, 86, 109
Rhodospirillum 106
Ribonukleinsäure, siehe RNS
Ribulose-di-Phosphat 42
Ribulose-Phosphat 41
Richtungssehen 69
RNS

Saisondimorphismus 144
Sanduhrhypothese 146
Sehpurpur (Rhodopsin) 8, 86
sensibilisieren 156
skotophil 149
skotopisches Sehen, siehe Dämmerungssehen
Sonnenbräune 152
Sonnenkompaß 117
Spaltöffnung 22, 51–53
Spektralanalyse 179
Spektrum 3, 6, 13, 46–50, 95–98, 100, 108, 111, 112, 137, 140, 154, 165–167, 179–180, 184, 189–192, 200
Spiegel 172, 177, 178
Springspinne 76
Sulfonamidpräparate 157, 158
Schleuderschimmel 110
Schutzfarbe 103, vergl. Carotin, Melanin
Schwefelwasserstoff 39
Schwellenintensität 94
Schwingungstheorie siehe Wellenbewegung
schützende Verkleidung 103
Smog 183
Stäbchen 86–88, 92, 99

Teilchentheorie siehe Quantentheorie
Thylakoid 22, 92
Thymin 163, 164
Topo-Phototaxis 106
trans-Form 84
Tuberkulose 161

Uhr (physiologische oder innere) 128
ultraviolette Strahlung 3, 73, 102, 152, 155, 158–160, 162–166, 171
unmittelbare Dunkelfärbung 152
UV, siehe ultraviolette Strahlung

Vanessa, siehe Araschnia
Verkehr 193
Vitamin A 89
Vitamin B2, siehe Flavin
Vitamin D 158
Vulkanismus 171

Wasserläufer 121
Wellenleiter siehe Hohlleiter
Wellenlänge 3
Wellenbewegung 1
Winkelauflösung 70, 72, 77–78, 82
Wirkungsspektrum 8
Wolfsspinne 119
Wöhler 168

Zapfen 86–88, 96–98
Zirkadian-Rhythmus 128
Zirkularpolarisation 2, 176

gustav fischer taschenbücher

Abercrombie/Hickman/Johnson · **Taschenlexikon der Biologie**
1971. 257 S., DM 12,80

Heywood · **Taxonomie der Pflanzen**
1971. 112 S., DM 8,80

Vogellehner · **Botanische Terminologie und Nomenklatur**
1972. VIII, 84 S., DM 8,80

Cavalli-Sforza · **Biometrie**
1974. VIII, 212 S., DM 9,80

Ashworth · **Zelldifferenzierung**
1974. VIII, 95 S., DM 8,80
(Führer zur modernen Biologie)

Davies · **Funktionen biologischer Membranen**
1974. VIII, 94 S., DM 8,80
(Führer zur modernen Biologie)

Träger · **Einführung in die Molekularbiologie**
1975. 378 S., DM 22,–

Garrod · **Zellentwicklung**
1974. VIII, 95 S., DM 8,80
(Führer zur modernen Biologie)

Frädrich/Frädrich · **Zooführer Säugetiere**
1973. XVI, 304 S., DM 14,80

Herre/Röhrs · **Haustiere – zoologisch gesehen**
1973. VIII, 240 S., DM 12,80

Woods · **Biochemische Genetik**
1974. VIII, 94 S., DM 8,80
(Führer zur modernen Biologie)

Steward · **Immunchemie**
1975. VIII, 88 S., DM 9,80
(Führer zur modernen Biologie)

Bachelard · **Biochemie des Gehirns**
1975. Etwa 96 S., etwa DM 8,80
(Führer zur modernen Biologie)

Gustav Fischer Verlag Stuttgart

Weitere Fachliteratur

Strasburger · **Lehrbuch der Botanik**
30., neubearbeitete Aufl., 1971. XII, 842 S., 759 Abb., 1 farbige Karte, Gzl. DM 46,–

In Verbindung mit »**Studienhilfe**« **Botanik**
1971. VI, 178 S., 1551 Fragen und Antworten, Ringheftung DM 12,–

Frohne/Jensen · **Systematik des Pflanzenreichs**
unter besonderer Berücksichtigung chemischer Merkmale und pflanzlicher Drogen
1973. X, 305 S., 131 Abb., 32 Baupläne, 210 Formelbilder, kart. DM 38,–

Weber · **Grundriß der biologischen Statistik**
Anwendung der mathematischen Statistik in Naturwissenschaft und Technik
7., überarbeitete Aufl., 1972. 706 S., 107 Abb., 1 Tafelanhang, Gzl. DM 48,–

Braune/Leman/Taubert · **Pflanzenanatomisches Praktikum**
Zur Einführung in die Anatomie der Vegetationsorgane der höheren Pflanzen
2., überarbeitete Aufl., 1971. 331 S., 96 Abb. mit 427 Einzeldarstellungen, Randleistenschemata auf 34 S., Gzl. DM 28,–

Brauner/Bukatsch · **Das kleine pflanzenphysiologische Praktikum**
Anleitung zu bodenkundlichen und pflanzenphysiologischen Versuchen
8., überarbeitete und erweiterte Aufl., 1973. 352 S., 157 Abb., kart. DM 29,80

Libbert · **Lehrbuch der Pflanzenphysiologie**
1973. 472 S., 341 Abb., kart. DM 42,–

Gustav Fischer Verlag
Stuttgart